束論と量子論理

POD版

前田周一郎　著

森北出版株式会社

まえがき

束の理論には，大きく分けて次の4つの重要な分野がある．

(1) 代数系としての束の一般的理論．

(2) Boole 束の理論．これは集合論や論理学に関連をもつ．

(3) マトロイド束とモジュラー可補束の理論．これは幾何学に関連をもつ．

(4) オーソモジュラー束の理論．これは Hilbert 空間論や量子力学に関連をもつ．

歴史的には(2)が最も古く19世紀の半ばからその研究が始っており，(1)と(3)は今世紀のはじめ頃から，また(4)は今世紀の後半になって本格的な研究が進展したものである．

はじめの3分野についてはこれまでにいくつかの著書も出版されているので，本書では新しい分野である(4)に重点をおいて記述し，さらにその応用として量子論理の解説を第2部として加えることにした．したがって，(1)，(2)，(3)についての説明は，大体において(4)に関係のある範囲にとどめている．

本書の第1部を読む際に必要な予備知識は，代数系や位相等についてごく初歩的なものがあれば十分であって，これらについては付録で簡単に解説した．第2部の量子論理において，束論を直接に利用しているところは前半の第6章である．量子論理にとくに興味をもつ読者は，第1部の§4の前半までと，§11から§14までを読んでおけば，第6章にはいることができ，ここでも他の予備知識は殆ど不要である．第7章の標準量子論理は，束論よりはむしろ Hilbert 空間論とくに有界線形作用素の理論の応用であって，その方面のある程度の知識を必要とする（付録で必要な結果を証明なしで列挙した）．また，ここは第1部の第4章の後半とも関連の深いところである．

それぞれの章について，これまでの研究の様子や参考文献に関して，章末に参考ノートを付記した．十分なものではないが少しでも読者の参考になれば幸いである．

おわりに，本書の執筆をおすすめ下さりいろいろ御配慮をいただいた北村泰一先生に厚く御礼を申上げたい．また，校正等を手伝ってもらった高橋功君，ならびに出版に当って終始お世話になった槇書店の佐藤恒雄氏に深く感謝の意を表する．

昭和 55 年 6 月

著　者

本書は，1980 年 12 月に槇書店から出版されたものを，森北出版から継続して発行することになったものです．

目　　次

第1部　束　　論

第1章　束の一般的理論

§1.　束についての諸定義 …… 3
§2.　分配法則とモジュラー法則 …… 9
§3.　可　　補　　束 …… 12
§4.　束　の　中　心 …… 17
§5.　配景性と中心包 …… 20
問　　題 …… 24
参考ノート …… 25

第2章　原子的束

§6.　原子的束の既約分解 …… 26
§7.　原子的束におけるカバリング性 …… 28
§8.　有限モジュラー性 …… 33
§9.　原子的束の上連続性と原子元空間 …… 38
§10.　原子的束と線形空間 …… 43
問　　題 …… 48
参考ノート …… 49

第3章　Boole束

§11.　Boole束と集合体 …… 50
§12.　σ　集　合　体 …… 54
§13.　σ完備Boole束とσ集合体 …… 56
問　　題 …… 59
参考ノート …… 60

第 4 章 オーソモジュラー束

§14. オーソモジュラー束における可換性 ……61
§15. 完備直可補束の構成 ……65
§16. Baer ＊環……67
§17. Hermite 形式をもつ線形空間 ……71
§18. 内積空間と Hilbert 空間 ……75
§19. 有界線形作用素の作る Baer ＊環 ……79
問　　題 ……83
参考ノート ……84

第 5 章 束と半群

§20. 半群における零化集合 ……86
§21. 束の半群による表現 ……88
§22. オーソモジュラー束と＊半群 ……92
問　　題 ……97
参考ノート ……98

第2部 量子論理

第 6 章 量子論理と力学系

§23. 量子論理の構造 ……101
§24. オブザーバブルと質問 ……105
§25. 古典力学の論理にともなうオブザーバブル ……109
§26. オブザーバブルの値域と同時観測可能性 ……111
§27. 状　　態 ……114
§28. 正則な状態空間 ……120
§29. 状態の重ね合わせ ……124
問　　題 ……127

参考ノート ……128

第7章　標準量子論理

§30. オブザーバブルより生ずる測度 ……129
§31. オブザーバブルと Borel 関数より定まる線形作用素 ……132
§32. オブザーバブルと自己共役作用素との対応 ……135
§33. 原子元を台とする状態 ……139
§34. 状態と von Neumann 作用素との対応 ……140
§35. 3次元実 Hilbert 空間におけるフレーム関数 ……146
§36. 非負値フレーム関数の正則性 ……152
§37. 完全加法的な状態と台をもつ状態との一致 ……155
問　　題 ……158
参考ノート ……159

付　録

A. 代　数　系 ……160
B. 位相空間と距離空間 ……161
C. 測度と積分 ……163
D. ノルム空間と位相線形空間 ……165
E. Hilbert 空間における直交系と次元 ……166
F. 有界線形作用素 ……167
G. 有界線形作用素のスペクトル ……170

参考文献 ……171
索　　引 ……174

第1部　束　　　論

第1章

束の一般的理論

§1.　束についての諸定義

定義 1.1.　集合 L において，2元の間の大小関係 $a \leqq b$ が定められ，次の3法則が成立つとき，L は**順序集合**（または**半順序集合**）と呼ばれる．

(1.1)　$a \leqq a$,　　　　　　　　　　（反射法則）

(1.2)　$a \leqq b$ かつ $b \leqq a$ ならば $a=b$,　　（反対称法則）

(1.3)　$a \leqq b$ かつ $b \leqq c$ ならば $a \leqq c$.　　（推移法則）

$a \leqq b$ はまた $b \geqq a$ とも書く．$a \leqq b$ かつ $a \neq b$ のとき $a<b$ と書く．順序集合 L がさらに次の条件をみたすとき，**全順序集合**と呼ばれる．

(1.4)　任意の2元 a, b に対して $a \leqq b$ または $b \leqq a$.

順序集合が最大元をもつとき，これを1で表し，最小元をもつとき，これを0で表す．

順序集合の任意の部分集合は同じ順序によってまた1つの順序集合と考えられる．順序集合 L において $a<b$ であるとき，部分集合 $\{x \in L;\ a \leqq x \leqq b\}$ は最大元 b と最小元 a をもつ順序集合である．これを**区間**といい，$[a, b]$ で表す．

順序集合 L において，$\leqq$ を $\geqq$ でおきかえる（すなわち逆の順序をつける）とまた1つの順序集合ができる．これを L の**双対**といい，L^* で表す．

定義 1.2.　順序集合 L の部分集合 S と L の元 a について，

$$\text{すべての } x \in S \text{ に対して } x \leqq a \ (x \geqq a)$$

であるとき，a は S の**上界**（**下界**）であるという．L の任意の2元 a, b に対して $\{a, b\}$ の最小上界と最大下界が存在するとき，L は**束**と呼ばれる．ここで，$\{a, b\}$ の最小上界，最大下界をそれぞれ $a \vee b$, $a \wedge b$ で表し，a と b の**結び**，

交わりという．明らかに，$a \leqq b$ ならば $a \vee b=b$ かつ $a \wedge b=a$ である．よって，全順序集合は束である．

順序集合を図示するとき，順序のつく2元は線分で結び[1]，大きい方を上方に書く．図1の左からの3つはいずれも4元から成る順序集合であるが，一番左は全順序集合，次は全順序集合でない束，3番目は束でない順序集合の簡単な例である．また，4番目の6元順序集合も束ではない．実際，$\{a, b\}$ の最小上界は存在していない．

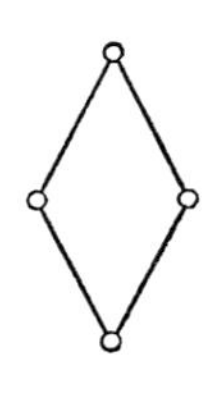
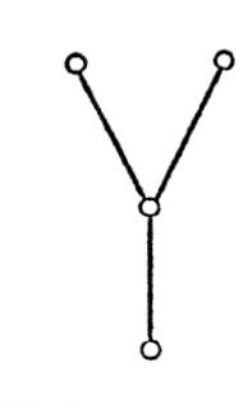
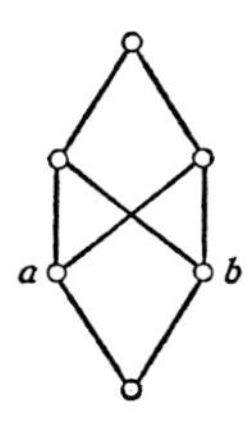

図 1

束 L においては，明らかに次の3法則が成立つ．

(1.5)　$a \vee b=b \vee a,\ \ a \wedge b=b \wedge a,$　　　　(交換法則)

(1.6)　$a \vee(b \vee c)=(a \vee b) \vee c,\ \ a \wedge(b \wedge c)=(a \wedge b) \wedge c,$　　　　(結合法則)

(1.7)　$a \vee(a \wedge b)=a,\ \ a \wedge(a \vee b)=a.$　　　　(吸収法則)

定理 1.1.　集合 L において，(1.5)，(1.6)，(1.7) をみたす2つの演算 $\vee$，$\wedge$ が与えられているとき，$a \vee b=b$ と $a \wedge b=a$ とは同値であり，このとき $a \leqq b$ と定義すれば，L は順序集合で，さらに束となる．ここで，$a \vee b$ と $a \wedge b$ はそれぞれ a, b の結び，交わりと一致する．

証明.　(i)　$a \vee b=b$ ならば，(1.7) の第2式より $a \wedge b=a$．次に，(1.7) の第1式で a と b を入れかえて，(1.5) を用いれば，$(a \wedge b) \vee b=b$ が成立つ．よって，$a \wedge b=a$ ならば $a \vee b=b$.

(ii)　$a \leqq b$ が (1.1)，(1.2)，(1.3) をみたすことを示す．(1.7) の2つの式より，$a \vee a=a \vee\{a \wedge(a \vee b)\}=a$．よって，$a \leqq a$ である．次に，$a \leqq b$ かつ $b \leqq a$ ならば，$b=a \vee b=b \vee a=a$．また，$a \leqq b$ かつ $b \leqq c$ ならば，(1.6) より

$$a \vee c=a \vee(b \vee c)=(a \vee b) \vee c=b \vee c=c$$

であるから，$a \leqq c$．以上より，L は順序集合である．

1)　正確にいえば，定義1.8の意味で1元が他の元をカバーしているとき，両者を線分で結ぶ．

(iii)　(1.7) の第2式より，$a \leqq a \vee b$ が成立つ．a と b を入れかえて $b \leqq a \vee b$．次に，$a \leqq c$ かつ $b \leqq c$ ならば，

$$(a \vee b) \vee c = a \vee (b \vee c) = a \vee c = c$$

であるから，$a \vee b \leqq c$．以上より，$a \vee b$ は $\{a, b\}$ の最小上界である．同様に，$a \wedge b$ は $\{a, b\}$ の最大下界であることが示される．　(証終)

この定理から，束は2つの演算 $\vee$，$\wedge$ をもつ代数系とも考えられ，この演算を和（＋）と積（・）で表すこともある．

定義 1.3.　束 L では，任意の有限部分集合 $\{a_1, \cdots, a_n\}$ に対して，その結び（最小上界）と交わり（最大下界）とが存在する．これを $a_1 \vee \cdots \vee a_n$，$a_1 \wedge \cdots \wedge a_n$ または $\bigvee_{i=1}^{n} a_i$，$\bigwedge_{i=1}^{n} a_i$ と書く．無限部分集合 $\{a_\alpha;\ \alpha \in I\}$ についても，その結びや交わりが存在するときに，$\bigvee_{\alpha \in I} a_\alpha$，$\bigwedge_{\alpha \in I} a_\alpha$ と書く．

束 L の任意の無限部分集合に対して，その結びと交わりが存在するとき，L は**完備束**と呼ばれる．L の任意の可算無限部分集合に対して結びと交わりが存在するとき，L は σ **完備束**と呼ばれる．

明らかに，完備束は必ず1と0をもっている．

注意 1.1.　1をもつ順序集合 L において，任意の空でない部分集合が最大下界をもつならば，L は完備束である．実際，L の空でない部分集合 S を任意にとるとき，その上界の全体を S' とすれば，S' は1を含むから空ではない．したがって，仮定より S' の最大下界が存在するが，これが S の最小上界であることは容易にわかる．よって，L は完備束である．

双対的に，0をもつ順序集合において，任意の空でない部分集合が最小上界をもてば，これは完備束である．

なお，1, 0をもつ束では，空集合の結びは0，交わりは1であると考えると都合がよい．

例 1.1.　集合 X の部分集合の族 $\mathcal{M}$ が次の2条件をみたすとする．

(1.8)　$X \in \mathcal{M}$,

(1.9)　任意個の $M_\alpha \in \mathcal{M}$ $(\alpha \in I)$ に対して，その共通集合 $\bigcap_{\alpha \in I} M_\alpha$ は $\mathcal{M}$ に属する．

このとき，$\mathcal{M}$は包含関係を順序として（$M_1 \subset M_2$ のとき $M_1 \leqq M_2$ とする）明らかに順序集合であるが，これは (1.8) より最大元 X をもち，また $\mathcal{M}$ の空でない部分集合に対しては (1.9) よりその最大下界が存在する．よって，注意1.1より $\mathcal{M}$ は完備束である．ここで，交わり $\bigwedge_\alpha M_\alpha$ は $\bigcap_\alpha M_\alpha$ と一致し，結び $\bigvee_\alpha M_\alpha$ は合併集合 $\bigcup_\alpha M_\alpha$ を含むような最小の $\mathcal{M}$ の元である．

例 1.2.　各種の代数系において，上のような部分集合族の例が表れる．例えば，1つの群 $\boldsymbol{G}$（付録A 1参照）を考えるとき，その部分群の全体を $L(\boldsymbol{G})$ とすれば，これは例1.1の2条件をみたし，包含関係を順序として完備束を作る．また，正規部分群の全体を $L_N(\boldsymbol{G})$ とすれば，これも例1.1の2条件をみたし，完備束を作る．

例 1.3.　位相空間 X（付録B 1参照）において，開集合全体 $\mathcal{O}$ が包含関係によって作る順序集合を考えると，注意1.1よりこれは完備束を作り，ここで結びは合併集合で，交わりは共通集合の開核である．また，閉集合の全体も完備束を作り，ここでは交わりが共通集合で，結びは合併集合の閉包である．

定義 1.4.　束 L の空でない部分集合 S が次の条件をみたすとき，S は L の**部分束**と呼ばれる．

(1.10)　$a, b \in S$ ならば $a \vee b$,　$a \wedge b \in S$.

このとき，S はまた1つの束であって，S における結びと交わりは L におけるものと一致する．L の区間は明らかに部分束である．

注意 1.2.　L の部分集合 S が，L と同じ順序で束を作っていても，図2の例のように，その結び，交わりは L におけるものと一致するとは限らない．部分集合 S が束であっても (1.10) が成立たなければ部分束とは呼ばない．例1.2の束 $L(\boldsymbol{G})$ は，$\boldsymbol{G}$ の部分集合全体の作る束の部分集合であるが，2元の結びが合併集合と一致しないので部分束にはならない．

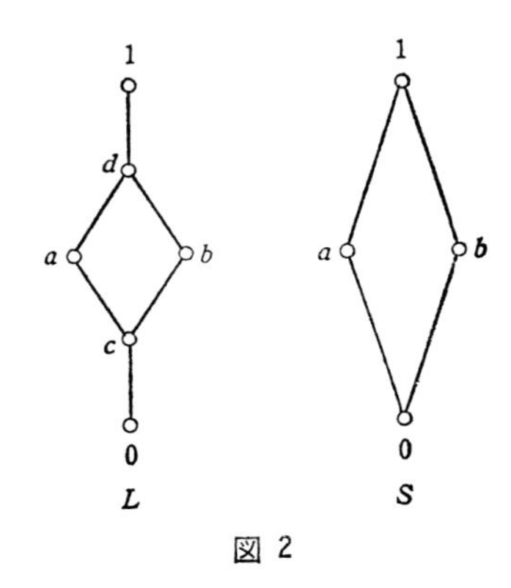

図 2

定義 1.5.　束 L の空でない部分集合 J が次の2条件をみたすとき，L の**イデアル**と呼ばれる．

(1.11)　$a, b \in J$ ならば $a \vee b \in J$,

(1.12)　$a \leqq b$ かつ $b \in J$ ならば $a \in J$.

明らかに，イデアルは部分束である．また，任意の $a \in L$ に対して

$$J_a = \{x \in L;\ x \leqq a\}$$

はイデアルである．これを a から生成される**主イデアル**という．L 自身は最大のイデアルである．また，L が0をもつときは，すべてのイデアルは 0 を含み，$J_0 = \{0\}$ が最小のイデアルである．

0をもつ束Lのイデアル全体を$\mathcal{J}(L)$と書く．これは，例1.1の2条件をみたしているから，包含関係を順序として完備束を作る．(Lが0をもたないときは，空集合もイデアルと考えることにすれば，イデアル全体はやはり完備束である.)

定義 1.6.　順序集合L_1から順序集合L_2への写像φが順序を保つ（すなわち，$a\leqq b$ならば$\varphi(a)\leqq\varphi(b)$）のとき，$\varphi$は**同調写像**と呼ばれる．$L_1$と$L_2$が束の場合，$\varphi$が次の条件をみたすならば**準同形写像**と呼ばれる．

(1.13)　$\varphi(a\vee b)=\varphi(a)\vee\varphi(b)$，$\varphi(a\wedge b)=\varphi(a)\wedge\varphi(b)$.

明らかに，準同形写像は同調である．準同形写像がさらに単射（すなわち，$a\neq b$ならば$\varphi(a)\neq\varphi(b)$）であるとき**同形写像**と呼ばれる．同形写像φが全射（すなわち，$\varphi(L_1)=L_2$）のとき，L_1とL_2はφによって**束同形**（または，単に**同形**）であるという．φが準同形写像ならば，その像$\varphi(L_1)$は明らかにL_2の部分束である．よって，φが同形写像ならば，L_1はL_2の部分束と同形である．

束L_1から束L_2への写像φが全単射（全射かつ単射）であって，φと逆写像φ^{-1}がともに同調であれば，φが(1.13)をみたして同形写像であることは容易に確かめられる．

例 1.4.　0をもつ束Lからそのイデアル全体の作る完備束$\mathcal{J}(L)$への写像φを$\varphi(a)=J_a$として定義すれば，φは同形写像である．実際，$a,b\in L$に対し$J_{a\wedge b}=J_a\cap J_b=J_a\wedge J_b$は明らか．また$J_{a\vee b}$は$\{J_a,J_b\}$の上界であり，$J\in\mathcal{J}(L)$が$\{J_a,J_b\}$の上界ならば，$a,b\in J$より$a\vee b\in J$．よって，$J_{a\vee b}\subset J$となる．故に，$J_{a\vee b}=J_a\vee J_b$が成立ち，$\varphi$は準同形写像である．さらに，$\varphi$が単射であることは明らか．

定義 1.7.　2つの順序集合L_1,L_2に対し，その直積集合

$$L=\{(x_1,x_2);x_1\in L_1,x_2\in L_2\}$$

をとり，ここでの順序を

(1.14)　$x_1\leqq y_1$かつ$x_2\leqq y_2$のとき$(x_1,x_2)\leqq(y_1,y_2)$

と定義すれば，Lはまた順序集合である．このLをL_1とL_2との**直積順序集合**といい，$L_1\times L_2$と書く．L_1,L_2がそれぞれ最大元$1_1,1_2$をもつとき，$(1_1,1_2)$は$L_1\times L_2$の最大元である．最小元も同様である．

L_1,L_2がともに束であるとき，直積順序集合$L_1\times L_2$はまた束であって

$$(x_1, x_2)\vee(y_1, y_2)=(x_1\vee y_1, x_2\vee y_2),\ (x_1, x_2)\wedge(y_1, y_2)=(x_1\wedge y_1, x_2\wedge y_2)$$

が成立つ．L_1, L_2 がともに完備束（あるいは σ 完備束）ならば，$L_1\times L_2$ も同様である．

任意個の順序集合，あるいは任意個の束 $L_\alpha(\alpha\in I)$ の直積も同様に定義され，これを $\Pi_{\alpha\in I}L_\alpha$ と書く．

定義 1.8. 順序集合 L の2元 a, b について，$a<b$ でありかつ $a<c<b$ となる $c\in L$ が存在しないとき，b は a を**カバー**するといい，$a\lessdot b$ と書く．L が 0 をもつとき，$0\lessdot p$ となる元 p を L の**原子元**という．よって，p は $L-\{0\}$ における極小元であり，また $a\in L$ に対して $p\nleqq a$ と $p\wedge a=0$ とは同値である．L が 1 をもつとき，$h\lessdot 1$ となる元 h を L の**双対原子元**[1]という．

0 をもつ束 L において，0 でない元 a が必ず $p\leqq a$ となる原子元 p 全体の結びであるとき，L は**原子的束**と呼ばれる．次に，これと同値な条件を求める．

定理 1.2. 0 をもつ束 L について，次の3命題は同値である．

(α) L は原子的である．

(β) L において $a<b$ ならば，$p\leqq b$ かつ $p\nleqq a$ となる原子元 p が存在する．

(γ) L において $b\nleqq a$ ならば，$p\leqq b$ かつ $p\nleqq a$ となる原子元 p が存在する．

証明. $(\alpha)\Rightarrow(\gamma)$．もし $p\leqq b$ となるすべての原子元 p に対して $p\leqq a$ であるならば，(α) よりこのような p 全体の結びが b だから，$b\leqq a$ となって不合理.

$(\gamma)\Rightarrow(\beta)$ は自明.

$(\beta)\Rightarrow(\alpha)$．$0\neq a\in L$ を任意にとる．$p\leqq a$ となる原子元 p の全体を S とすれば，(β) より S は空ではない．また，a は S の上界である．b を S の上界とするとき，もし $a\nleqq b$ ならば，$a\wedge b<a$ であるから，(β) より $p\in S$ で $p\nleqq a\wedge b$ となるものが存在する．しかるに，$a\wedge b$ は S の上界であるから，これは不合理．よって，$a\leqq b$ となり，a は S の最小上界，すなわち結びである．（証終）

最後に，束と直接の関係はないが，先でたびたび利用される Zorn の補題をここで述べておく．

Zorn の補題. 順序集合 L において，その任意の全順序部分集合が上界をもつならば，L は少なくとも1つ極大元（それより大きい元が存在しないもの）

1）幾何学をモデルとする束では，原子元を点と呼び，双対原子元を超平面と呼ぶことがある．

をもつ.

この補題はZermeloの選択公理と同値であることが知られている. そこで, ここではこれは公理として成立つものとする.

§2. 分配法則とモジュラー法則

定義 2.1. 束 L の3つの元 a, b, c に対して分配法則

(2.1) $(a\vee b)\wedge c=(a\wedge c)\vee(b\wedge c)$,

(2.2) $(a\wedge b)\vee c=(a\vee c)\wedge(b\vee c)$

が成立つとき, それぞれ $(a, b, c)D$, $(a, b, c)D^*$ と書く. この式は a と b については対称的だから, $(a, b, c)D\Leftrightarrow(b, a, c)D$, $(a, b, c)D^*\Leftrightarrow(b, a, c)D^*$ である. 分配法則の成立しない例は, 図3の5元束に現れる. (一般に, 不等式 $(a\vee b)\wedge c\geqq(a\wedge c)\vee(b\wedge c)$, $(a\wedge b)\vee c\leqq(a\vee c)\wedge(b\vee c)$ はつねに成立つ.)

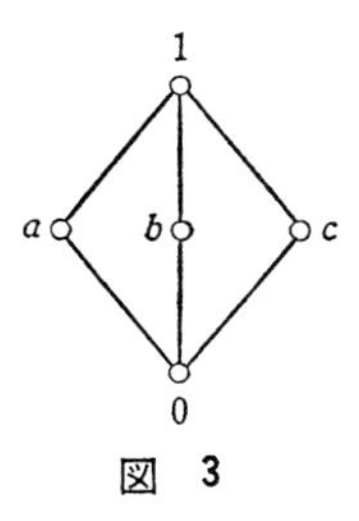

図 3

補題 2.1. 束 L について次の2命題は同値である.

(α) すべての $a, b, c\in L$ に対し $(a, b, c)D$.

(β) すべての $a, b, c\in L$ に対し $(a, b, c)D^*$.

証明. $(\alpha)\Rightarrow(\beta)$. $(a, c, b\vee c)D$ と $(b, c, a)D$ を用いて,

$$(a\vee c)\wedge(b\vee c)=\{a\wedge(b\vee c)\}\vee\{c\wedge(b\vee c)\}=\{(b\vee c)\wedge a\}\vee c$$
$$=(b\wedge a)\vee(c\wedge a)\vee c=(b\wedge a)\vee c.$$

よって, $(a, b, c)D^*$ が成立つ.

$(\beta)\Rightarrow(\alpha)$ も双対的に証明される. (証終)

定義 2.2. 上の補題の命題の成立つ束は, **分配束**と呼ばれる. すなわち, 分配束ではすべての a, b, c について $(a, b, c)D$ かつ $(a, b, c)D^*$ である. 分配束の部分束は明らかにまた分配束である.

定理 2.1. 分配束において, $a\vee b=a\vee c$ かつ $a\wedge b=a\wedge c$ ならば, $b=c$.

証明. $(a, c, b)D$ と $(a, b, c)D$ より,

$$b=(a\vee b)\wedge b=(a\vee c)\wedge b=(a\wedge b)\vee(c\wedge b)=(a\wedge c)\vee(b\wedge c)$$
$$=(a\vee b)\wedge c=(a\vee c)\wedge c=c.$$

(証終)

例 2.1. 集合 X の部分集合の族 $\mathcal{M}$ が次の条件をみたすとする.

(2.3) $A, B \in \mathcal{M}$ ならば $A \cup B, A \cap B \in \mathcal{M}$.

このとき，$\mathcal{M}$ は包含関係を順序として束を作り，$A, B \in \mathcal{M}$ の結びと交わりはそれぞれ $A \cup B, A \cap B$ と一致する. したがって，$\mathcal{M}$ は分配束である. このような $\mathcal{M}$ を**集合束**と呼ぶ. 集合束は，X の部分集合全体の作る完備分配束の部分束である.

定義 2.3. 束 L の2元 a, b に対して，

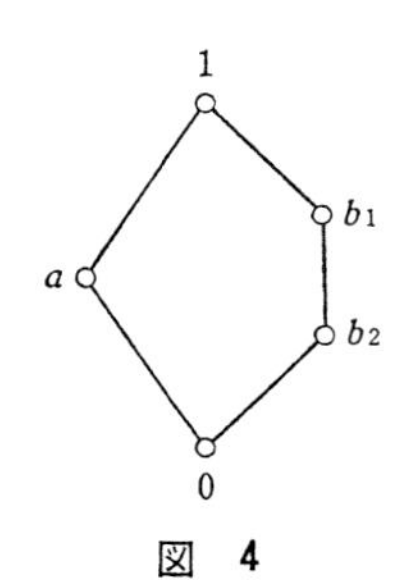

図 4

(2.4) $c \leqq b$ ならば $(c \vee a) \wedge b = c \vee (a \wedge b)$

が成立つとき，(a, b) は**モジュラー対**であるといい，$(a, b)M$ と書く.

(2.5) $c \geqq b$ ならば $(c \wedge a) \vee b = c \wedge (a \vee b)$

が成立つとき，(a, b) は**双対モジュラー対**であるといい，$(a, b)M^*$ と書く. $a \leqq b$ のときは，$(a, b)M$, $(b, a)M$, $(a, b)M^*$, $(b, a)M^*$ がすべて成立つことが容易に確かめられる. モジュラー法則の成立たない例は，図4の5元束に現れる. この束で，(a, b_1) はモジュラー対でなく，(a, b_2) は双対モジュラー対でない. (一般には，$c \leqq b$ ならば $(c \vee a) \wedge b \geqq c \vee (a \wedge b)$.)

補題 2.2. 束 L の元 a について次の2命題は同値である.

(α) すべての $b \in L$ に対し $(a, b)M$.

(β) すべての $b \in L$ に対し $(a, b)M^*$.

証明. $(\alpha) \Rightarrow (\beta)$. $c \geqq b$ ならば，$(a, c)M$ を用いて

$$(c \wedge a) \vee b = b \vee (a \wedge c) = (b \vee a) \wedge c = c \wedge (a \vee b).$$

よって，$(a, b)M^*$ が成立つ.

$(\beta) \Rightarrow (\alpha)$ も双対的に証明される. (証終)

定義 2.4. 束 L において，すべての2元 a, b に対して $(a, b)M$ であるとき L は**モジュラー束**（または **Dedekind 束**）と呼ばれる. このとき，上の補題より，すべての $a, b \in L$ に対して $(a, b)M^*$ である. 分配束は明らかにモジュラー束である. 図3の5元束は分配束ではないがモジュラー束である. モジュラー束の部分束は明らかにまたモジュラー束である.

例 2.2. $\boldsymbol{G}$ を加群（付録A2参照）とするとき，その部分群全体 $L(\boldsymbol{G})$ は例1.2で示したように包含関係を順序として完備束を作る（$\boldsymbol{G}$ は可換群だから $L_N(\boldsymbol{G})$ も $L(\boldsymbol{G})$ と

一致する). $A, B\in L(G)$ に対し，$A\wedge B=A\cap B$ であり，また，

$$A+B=\{x+y;\ x\in A,\ y\in B\}$$

とおくとき，これは $A\cup B$ を含む最小の部分群であるから，$A\vee B=A+B$. これより $L(G)$ がモジュラー束であることが次のように示される．$C\leqq B$ とし，$x\in(C\vee A)\wedge B$ を任意にとる．$x\in C\vee A=C+A$ より，$x=y+z,\ y\in C,\ z\in A$ と書ける．$x\in B,\ y\in C\subset B$ より $z=x-y\in B$. よって，$z\in A\cap B=A\wedge B$. これより，$x=y+z\in C\vee(A\wedge B)$ となるから，$(C\vee A)\wedge B\leqq C\vee(A\wedge B)$. この逆の不等式は明らかであるから両辺は一致し，$(A, B)M$ が成立つ．故に，$L(G)$ はモジュラー束である[1].

非可換群については，束 $L(G)$ は一般にモジュラーにはならないが，正規部分群の全体 $L_N(G)$ はモジュラー束であることが上と同様にして証明される．

次に，モジュラー対の特性を示す定理を述べる．

定理 2.2. 束 L の2元 a, b をとり，$(a, b)M$ かつ $(b, a)M^*$ であるとする．$x\in[a, a\vee b]$ に対し $\varphi(x)=x\wedge b$, $y\in[a\wedge b, b]$ に対し $\psi(y)=y\vee a$ とおけば，φ と ψ は互いに他の逆写像で，この写像により $[a, a\vee b]$ と $[a\wedge b, b]$ は束同形である．

証明. $x\in[a, a\vee b]$ のとき，$\varphi(x)\in[a\wedge b, b]$ は明らか．また，$(b, a)M^*$ より

$$\psi(\varphi(x))=(x\wedge b)\vee a=x\wedge(b\vee a)=x.$$

一方，$y\in[a\wedge b, b]$ のとき，$(a, b)M$ より

$$\varphi(\psi(y))=(y\vee a)\wedge b=y\vee(a\wedge b)=y.$$

よって，φ は $[a, a\vee b]$ から $[a\wedge b, b]$ への全単射で，$\varphi^{-1}=\psi$ である．さらに，φ と ψ は同調であるから，同形写像である．　(証終)

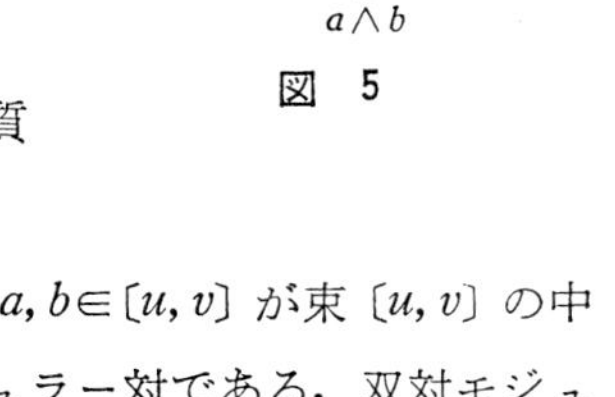

図 5

さらに，モジュラー対についていくつかの性質を述べておく．

補題 2.3. 束 L において区間 $[u, v]$ をとる．$a, b\in[u, v]$ が束 $[u, v]$ の中でモジュラー対であるならば，L においてもモジュラー対である．双対モジュラー対についても同様．

証明. L において $c\leqq b$ とする．$c\vee u\in[u, v]$ で $c\vee u\leqq b$ であるから，(a, b) が $[u, v]$ の中でモジュラー対であることから

1) モジュラーという語は module (加群) より出たものと思われる．

$$(c\vee a)\wedge b=(c\vee u\vee a)\wedge b=(c\vee u)\vee(a\wedge b)=c\vee(a\wedge b).$$

よって，L において $(a,b)M$ である．　（証終）

補題 2.4.　(i)　$(a,b)M$ かつ $(a\wedge b,c)M$ ならば，任意の $a_1\in[a\wedge c,a]$ に対して $(a_1,b\wedge c)M$ である．

(ii)　$(a,b)M$ ならば，任意の $a_1\in[a\wedge b,a]$，$b_1\in[a\wedge b,b]$ に対して $(a_1,b_1)M$ である．

証明.　(i)　$d\leqq b\wedge c$ とすれば $d\leqq b, d\leqq c$ であるから

$$(d\vee a_1)\wedge(b\wedge c)\leqq(d\vee a)\wedge(b\wedge c)=\{d\vee(a\wedge b)\}\wedge c=d\vee(a\wedge b\wedge c)$$
$$=d\vee(a_1\wedge b\wedge c)\leqq(d\vee a_1)\wedge(b\wedge c).$$

よって，$(a_1,b\wedge c)M$ である．

(ii)　$b_1\in[a\wedge b,b]$ より，$(a\wedge b,b_1)M$ かつ $a\wedge b_1=a\wedge b$．よって，(i)において $c=b_1$ とすればよい．

補題 2.5.　$(a,b)M$，$(c,a\vee b)M$ かつ $c\wedge(a\vee b)\leqq a$ ならば，$(c\vee a,b)M$ かつ $(c\vee a)\wedge b=a\wedge b$ である．

証明.　$d\leqq b$ とするとき，

$$(d\vee c\vee a)\wedge b=\{(a\vee d)\vee c\}\wedge(a\vee b)\wedge b=[(a\vee d)\vee\{c\wedge(a\vee b)\}]\wedge b$$
$$=(a\vee d)\wedge b=d\vee(a\wedge b)\leqq d\vee\{(c\vee a)\wedge b\}\leqq(d\vee c\vee a)\wedge b.$$

よって，$(c\vee a,b)M$ である．さらに，

$$(c\vee a)\wedge b=(a\vee c)\wedge(a\vee b)\wedge b=[a\vee\{c\wedge(a\vee b)\}]\wedge b=a\wedge b.$$　（証終）

§3.　可　補　束

定義 3.1.　1, 0 をもつ束 L において，$a\in L$ に対して

$$a\vee b=1,\quad a\wedge b=0$$

となる $b\in L$ を a の**補元**という．0は1の補元で，1は0の補元である．L のすべての元が補元をもつとき，L は**可補束**（または**相補束**）と呼ばれる．定義2.1で例示した5元束では，a,b,c はそれぞれ2つの補元をもち，可補束となっている．

束 L (1, 0 はもたなくてもよい) のすべての区間が可補束であるとき，L は**相対可補束**と呼ばれる．1, 0 をもつ相対可補束は可補束であるが，逆は成立しない．実際，定義2.3で例示した5元束は可補束であるが，相対可補束にはな

らない．

定理 3.1. $1, 0$をもつ束Lにおいて，任意の元aが$(a', a)M$かつ$(a, a')M^*$となるような補元a'をもつとき，Lは相対可補束である．特に，モジュラー可補束は相対可補束である．

証明. (i) 任意の$b \in L$に対して，$[b, 1]$が可補束であることを示す．$a \in [b, 1]$を任意にとるとき，その補元a'で$(a', a)M$となるものが存在する．このとき，$b \vee a' \in [b, 1]$で，$(b \vee a') \vee a = b \vee 1 = 1$．また，$(a', a)M$によって，$(b \vee a') \wedge a = b \vee (a' \wedge a) = b$．よって，$b \vee a'$は$[b, 1]$における$a$の補元である．

(ii) 任意の区間$[b, c]$をとり，cの補元c'で$(c', c)M$かつ$(c, c')M^*$となるものをとる．定理2.2より，$[0, c]$は$[c', 1]$と写像$\phi(x) = x \vee c'$ $(x \in [0, c])$によって同形である．よって，ϕにより，$[b, c]$は$[b \vee c', 1]$と同形である．(i)より$[b \vee c', 1]$は可補束であるから，$[b, c]$も可補束である．(証終)

$(a', a)M$かつ$(a, a')M^*$をみたすaの補元a'は**独立補元**と呼ばれることがある．モジュラー束では，すべての補元が独立補元である．

注意 3.1. 0をもつ相対可補束Lにおいて，次の条件がみたされればLは原子的である．

(3.1) 0でない任意の$a \in L$に対し$p \leqq a$となる原子元pが存在する．

実際，$a < b$のとき，$[0, b]$におけるaの補元cは0でないから，$p \leqq c$となる原子元pが存在する．このとき，$p \leqq b$かつ$p \nleqq a$であるから，定理1.2の(β)がみたされている．

定義 3.2. $1, 0$をもつ分配束Lでは，$a \in L$の補元は，定理2.1より，たかだか1個しか存在しない．可補分配束は**Boole束**と呼ばれる．Boole束Lの各元aに対してその補元がただ1つ定まるから，これを$a^{\perp}$で表す．図6で示した2つの束はともにBoole束である．

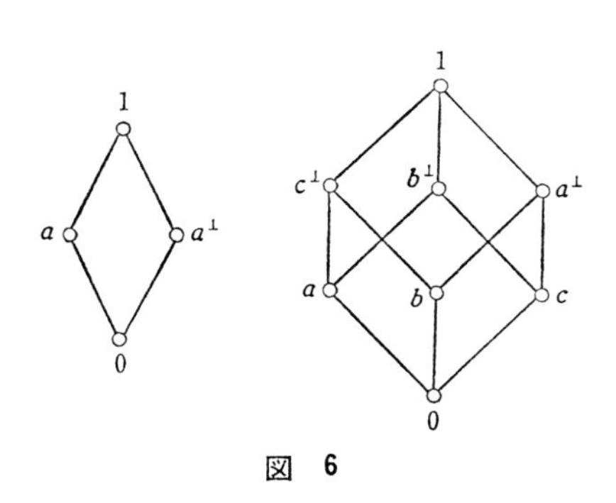

図 6

定理 3.2. (分配法則の一般化) $1, 0$をもつ束Lにおいて，元bが$(b', b)M$となるような補元b'をもつとする．任意個の$a_\alpha \in L$ $(\alpha \in I)$に対して，$(b, b', a_\alpha)D$でかつ$\bigvee_{\alpha \in I} a_\alpha$が存在するならば，$\bigvee_{\alpha \in I}(a_\alpha \wedge b)$も存在して

$$\bigvee_{\alpha\in I}(a_\alpha\wedge b)=\bigvee_{\alpha\in I}a_\alpha\wedge b.$$

元 b が $(b',b)M^*$ となるような補元 b' をもち，$(b,b',a_\alpha)D^*$ かつ $\bigwedge_\alpha a_\alpha$ が存在するならば，$\bigwedge_\alpha(a_\alpha\vee b)$ も存在して

$$\bigwedge_\alpha(a_\alpha\vee b)=\bigwedge_\alpha a_\alpha\vee b.$$

証明. $\bigvee_\alpha a_\alpha=a$ とおくとき，$a\wedge b$ は $\{a_\alpha\wedge b;\alpha\in I\}$ の上界である．一方，c を $\{a_\alpha\wedge b;\alpha\in I\}$ の上界とすれば，すべての $\alpha\in I$ に対して

$$a_\alpha=(b\vee b')\wedge a_\alpha=(b\wedge a_\alpha)\vee(b'\wedge a_\alpha)\leqq(c\wedge b)\vee b'$$

よって，$a\leqq(c\wedge b)\vee b'$ であるから，$(b',b)M$ を用いて

$$a\wedge b\leqq\{(c\wedge b)\vee b'\}\wedge b=(c\wedge b)\vee(b'\wedge b)=c\wedge b\leqq c.$$

故に，$a\wedge b=\bigvee_\alpha(a_\alpha\wedge b)$ である．後半も双対的に証明される． (証終)

系. Boole 束 L において，$\bigvee_\alpha a_\alpha$ が存在すれば，任意の $b\in L$ に対し $\bigvee_\alpha(a_\alpha\wedge b)$ も存在して，$\bigvee_\alpha(a_\alpha\wedge b)=\bigvee_\alpha a_\alpha\wedge b$. また，$\bigwedge_\alpha a_\alpha$ が存在すれば，$\bigwedge(a_\alpha\vee b)$ も存在して，$\bigwedge_\alpha(a_\alpha\vee b)=\bigwedge_\alpha a_\alpha\vee b$.

証明. L は分配束，したがってモジュラー束でもあるから，上の定理より明らかである． (証終)

次に，Boole 束をある程度一般化したものを考える．

定義 3.3. 1, 0 をもつ束 L において，各元 a に対して元 $a^\perp$ が定まり，次の3条件がみたされているとき，L は**直可補束**と呼ばれ，$a^\perp$ は a の**直補元**と呼ばれる．

(3.2) $a^\perp$ は a の補元である．

(3.3) $a\leqq b$ ならば $b^\perp\leqq a^\perp$.

(3.4) $(a^\perp)^\perp=a$.

補題 3.1. 直可補束 L において次の式が成立つ．

(i) $1^\perp=0,\ 0^\perp=1$.

(ii) $(a\vee b)^\perp=a^\perp\wedge b^\perp,\ (a\wedge b)^\perp=a^\perp\vee b^\perp$.

(iii) $\bigvee_\alpha a_\alpha$ が存在すれば，$(\bigvee_\alpha a_\alpha)^\perp=\bigwedge_\alpha a_\alpha{}^\perp$.

$\bigwedge_\alpha a_\alpha$ が存在すれば，$(\bigwedge_\alpha a_\alpha)^\perp=\bigvee_\alpha a_\alpha{}^\perp$.

証明. L からその双対 L^* への写像 φ を $\varphi(a)=a^\perp$ で定義すれば，(3.3) より φ は同調であり，(3.4) より全単射で $\varphi^{-1}=\varphi$ である．よって，φ は同形写像であるから，上式はすべて成立つ（このような φ は L の自己双対同形写像と呼ばれる）．

注意 3.2. 直可補束の定義における条件 (3.2) は次のものにおきかえてもよい.

(3.2′) $a \wedge a^{\perp}=0$ (または, (3.2″) $a \vee a^{\perp}=1$).

なぜならば, 補題 3.1 は (3.3) と (3.4) だけで証明されているから, (3.2′) が成立つとき, $a \vee a^{\perp}=(a^{\perp} \wedge a)^{\perp}=0^{\perp}=1$. よって, (3.2) が成立つ.

定義 3.4. 直可補束 L において, 明らかに $a \leqq b^{\perp}$ と $b \leqq a^{\perp}$ とは同値である. このとき, a と b は**直交**するといい, $a \perp b$ と書く. 0 はすべての元と直交する. また, $a \perp b$ のとき, 明らかに $a \wedge b=0$ である. L の空でない部分集合 $\{a_{\alpha}; \alpha \in I\}$ は, その中の 2 元がすべて直交しているとき**直交系**と呼ばれ, $(a_{\alpha}; \alpha \in I) \perp$ と書く.

定理 3.3. Boole 束 L は直可補束であり, ここでは $a \wedge b=0$ と $a \perp b$ とは同値である.

証明. $a \in L$ に対してその補元はただ 1 つだから, それを $a^{\perp}$ として, (3.3) と (3.4) が成立つことを示そう. $a \leqq b$ のとき, $c=a^{\perp} \wedge b$ とおけば, $c \vee b^{\perp}$ は a の補元となる. なぜならば, 分配法則より

$$(c \vee b^{\perp}) \wedge a=(c \wedge a) \vee (b^{\perp} \wedge a) \leqq (a^{\perp} \wedge a) \vee (b^{\perp} \wedge b)=0,$$
$$(c \vee b^{\perp}) \vee a=c \vee c^{\perp}=1.$$

よって, 補元の一意性より, $a^{\perp}=c \vee b^{\perp} \geqq b^{\perp}$. 次に, a も $(a^{\perp})^{\perp}$ もともに $a^{\perp}$ の補元であるから, (3.4) も成立つ. 最後に, $a \wedge b=0$ ならば,

$$a=a \wedge (b \vee b^{\perp})=(a \wedge b) \vee (a \wedge b^{\perp})=a \wedge b^{\perp} \leqq b^{\perp}$$

であるから, $a \perp b$. この逆は明らかである. (証終)

定理 3.4. 直可補束 L について, 次の 5 条件はすべて同値である.

(α) $a \perp b$ ならば $(a, b)M$.

(β) すべての $a \in L$ に対し $(a, a^{\perp})M$.

(β^*) すべての $a \in L$ に対し $(a, a^{\perp})M^*$.

(γ) $a \leqq b$ ならば $b=a \vee (b \wedge a^{\perp})$.

(δ) $a \leqq b$ ならば $a \perp c$ かつ $a \vee c=b$ となる $c \in L$ が存在する.

証明. (α)⇒(β) と (γ)⇒(δ) は明らかである. また, $(a, b)M^*$ と $(a^{\perp}, b^{\perp})M$ とが同値であることから, (β)⇔(β^*) がわかる.

(β^*)⇒(γ). $a \leqq b$ のとき, (β^*) より $(a^{\perp}, a)M^*$ であるから

$$a \vee (b \wedge a^{\perp})=(b \wedge a^{\perp}) \vee a=b \wedge (a^{\perp} \vee a)=b.$$

(δ)⇒(α). $a \perp b$ とし, $c \leqq b$ をとる. $c \leqq (c \vee a) \wedge b$ であるから, (δ) により $c \perp d$, $c \vee d=$

$(c \vee a) \wedge b$ となる $d \in L$ が存在する．このとき，

$$d \leqq b \wedge c^{\perp} \leqq a^{\perp} \wedge c^{\perp} = (a \vee c)^{\perp}.$$

一方，$d \leqq c \vee a$ であるから，$d=0$ でなければならない．よって，$(c \vee a) \wedge b = c = c \vee (a \wedge b)$ となるから，$(a, b)M$ が成立つ．　　　　　　　　　　　　　　　　　　　　(証終)

定義 3.5.　直可補束 L が定理3.4の条件をみたすとき，**オーソモジュラー束**と呼ばれる（条件 (γ) が最もよく用いられる）．モジュラー直可補束はオーソモジュラー束であり，また定理3.1より，オーソモジュラー束は相対可補束である．この節で定義された各種の束の関係は次のようになる．

Boole 束 ⇒ モジュラー直可補束 ⇒ オーソモジュラー束 ⇒ 直可補束
⇓　　　　⇓　　　　⇓
モジュラー可補束 ⟹ 相対可補束 ⟹ 可補束
(1, 0 をもつ)

図7で示された束のうち，はじめの2つはモジュラー直可補束（Boole 束でない）であり，次の2つはオーソモジュラー束（モジュラーでない）であり，最後のはオーソモジュラーでない直可補束である．

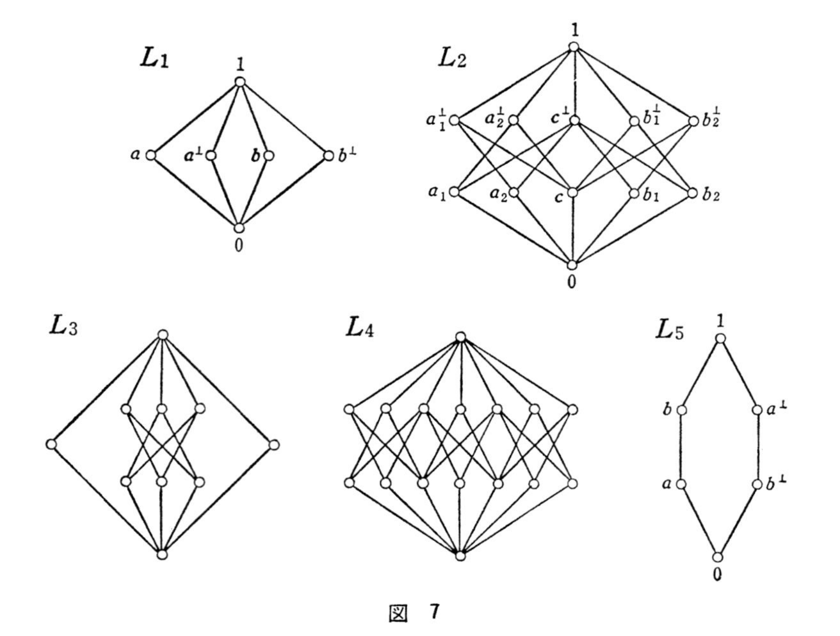

図　7

§4. 束の中心

この節と次の節では，分配法則と深い関係をもつ中心元について述べる．

定義 4.1. 束 L の元 z が次の性質をもつとき，L の**中立元**と呼ばれる．

(4.1) 任意の $a, b \in L$ に対し $(z, a, b)D$, $(a, b, z)D$, $(z, a, b)D^*$, $(a, b, z)D^*$.

L が 1 または 0 をもつとき，それらは中立元であることは容易に確かめられる．

補題 4.1. 束 L の中立元の全体は，L の部分束で，分配束である．

証明. z_1, z_2 を中立元として，$z_1 \vee z_2$ がまた中立元であることを示す．

$$(z_1 \vee z_2 \vee a) \wedge b = (z_1 \wedge b) \vee \{(z_2 \vee a) \wedge b\} = (z_1 \wedge b) \vee (z_2 \wedge b) \vee (a \wedge b)$$
$$= \{(z_1 \vee z_2) \wedge b\} \vee (a \wedge b) \quad \text{より} \quad (z_1 \vee z_2, a, b)D,$$
$$(a \vee b) \wedge (z_1 \vee z_2) = \{(a \vee b) \wedge z_1\} \vee \{(a \vee b) \wedge z_2\} = (a \wedge z_1) \vee (b \wedge z_1) \vee (a \wedge z_2) \vee (b \wedge z_2)$$
$$= \{a \wedge (z_1 \vee z_2)\} \vee \{b \wedge (z_1 \vee z_2)\} \quad \text{より} \quad (a, b, z_1 \vee z_2)D,$$
$$\{(z_1 \vee z_2) \wedge a\} \vee b = (z_1 \wedge a) \wedge (z_2 \wedge a) \vee b = (z_1 \wedge a) \vee (z_1 \wedge b) \vee (z_2 \wedge a) \vee b$$
$$= \{z_1 \wedge (a \vee b)\} \vee \{(z_2 \vee b) \wedge (a \vee b)\} = (z_1 \vee z_2 \vee b) \wedge (a \vee b),$$
$$(a \wedge b) \vee z_1 \vee z_2 = \{(a \vee z_1) \wedge (b \vee z_1)\} \vee z_2 = (a \vee z_1 \vee z_2) \wedge (b \vee z_1 \vee z_2)$$

より $(z_1 \vee z_2, a, b)D^*$, $(a, b, z_1 \vee z_2)D^*$. 以上より，$z_1 \vee z_2$ は中立元であり，同様にして $z_1 \wedge z_2$ も中立元であるから，中立元の全体は部分束である．これが分配束であることは明らか． （証終）

定義 4.2. 1, 0 をもつ束 L が 2 つの束 L_1, L_2 の直積と同形であるとき，$(1_1, 0_2) \in L_1 \times L_2$ に対応する L の元を，L の**中心元**という．中心元の全体を L の**中心**といい，$Z(L)$ と書く．1 と 0 は L の中心元である．なぜならば，L_1 または L_2 が 1 個の元から成る束である場合を考えればよい．なお，$(0_1, 1_2)$ は $(1_1, 0_2)$ の補元であるから，中心元は補元をもつ．

1, 0 をもつ束 L は，1 と 0 以外に中心元をもたないとき，**既約**と呼ばれる．

定理 4.1. 1, 0 をもつ束 L の元 z について，次の 3 命題は同値である．

(α) z は L の中心元である．

(β) z は L の中立元で補元をもつ．

(γ) z は補元 z' をもち，すべての $a \in L$ に対し次の式が成立つ．

(4.2) $a = (a \wedge z) \vee (a \wedge z') = (a \vee z) \wedge (a \vee z')$.

証明. $(\alpha) \Rightarrow (\beta)$. a_1, a_2 がそれぞれ L_1, L_2 の中立元ならば，明らかに (a_1, a_2) は $L_1 \times$

L_2 の中立元である．よって，$(1_1, 0_2)$ は $L_1 \times L_2$ の中立元だから，L の中心元は中立元である．

$(\beta) \Rightarrow (\gamma)$．(4.2) の式は $(z, z', a)D$ と $(z, z', a)D^*$ を示しているから，z が中立元ならば成立する．

$(\gamma) \Rightarrow (\alpha)$．$L_1 = [0, z]$，$L_2 = [0, z']$ とおき，L から $L_1 \times L_2$ への写像 φ を

$$\varphi(a) = (a \wedge z, a \wedge z') \in L_1 \times L_2 \quad (a \in L)$$

と定義すると，φ は同調で，$a = (a \wedge z) \vee (a \wedge z')$ より単射である．任意の $(a_1, a_2) \in L_1 \times L_2$ に対して，$a = a_1 \vee a_2$ とおけば，$\varphi(a) = (a_1, a_2)$．実際，

$$a \wedge z \geqq a_1 \wedge z = (a_1 \vee z) \wedge (a_1 \vee z') \wedge z = (a_1 \vee z') \wedge z \geqq (a_1 \vee a_2) \wedge z = a \wedge z$$

より $a \wedge z = a_1 \wedge z = a_1$ で，同様に $a \wedge z' = a_2 \wedge z' = a_2$ となる．これより，φ は全射であり，φ^{-1} も同調で，φ によって L と $L_1 \times L_2$ は同形である．ここで，$\varphi(z) = (1_1, 0_2)$ であるから，z は中心元である．　(証終)

系． 1, 0 をもつ束 L において，z が中心元ならば，z の補元はただ1つであって，それはまた中心元である．

証明． z が中立元であることから，定理2.1のようにして補元はただ1つであることが示される．また，z が $(1_1, 0_2)$ に対応するとき，補元は $(0_1, 1_2)$ に対応するから，やはり中心元である．

定理 4.2. 1, 0 をもつ束 L の中心 $Z(L)$ は，L の部分束で，Boole 束である．

証明． z_1, z_2 を中心元とすれば，これは中立元で，補題4.1より $z_1 \vee z_2, z_1 \wedge z_2$ も中立元である．z_1, z_2 の補元を z_1', z_2' とすれば，$z_1' \wedge z_2'$ と $z_1' \vee z_2'$ はそれぞれ $z_1 \vee z_2$ と $z_1 \wedge z_2$ の補元であることが，分配法則を用いて容易に確かめられるから，$z_1 \vee z_2, z_1 \wedge z_2$ は中心元で，中心は L の部分束である．これは明らかに分配束かつ可補束である．　(証終)

定理 4.3. 1, 0 をもつ相対可補束 L の元 z が中心元であるための必要十分条件は，z がただ1つの補元をもつことである．

証明． z がただ1つの補元 z' をもつとして，(4.2) が成立つことを示す．$a_1 = (a \wedge z) \vee (a \wedge z')$ とおき，区間 $[0, a]$ における a_1 の補元を a_1' とすれば

$$a_1' \wedge z = a_1' \wedge a \wedge z \leqq a_1' \wedge a_1 = 0.$$

そこで，$[a_1', 1]$ における $a_1' \vee z$ の補元を b とすれば，

$$b \vee z = b \vee a_1' \vee z = 1, \quad b \wedge z = b \wedge (a_1' \vee z) \wedge z = a_1' \wedge z = 0.$$

よって，b は z の補元だから z' と一致し，これより $a_1' \leqq a \wedge b = a \wedge z' \leqq a_1$ であるから，$a_1 = a_1 \vee a_1' = a$．双対的に，$a_2 = (a \vee z) \wedge (a \vee z')$ とおいて，$a_2 = a$ が証明される．よって，z は中心元である．逆は明らか．　(証終)

以下，中心元 z の補元を $z^{\perp}$ と書くことにする．

定義 4.3. 1, 0 をもつ束 L において，$z\in Z(L)$ ならば，L は $[0, z]\times[0, z^{\perp}]$ と同形である．これを L の**直和分解**という．$z_1, \cdots, z_n\in Z(L)$ で，$z_i\wedge z_j=0$ $(i\neq j)$，$\vee_{i=1}^{n}z_i=1$ のとき，L は $[0, z_i]$ $(i=1, \cdots, n)$ の直和に分解される．次に，完備束 L についての無限直和分解，すなわち L が無限個の区間 $[0, z_\alpha]$ $(\alpha\in I)$ の直積と同形になる条件を考えてみよう．

完備束 L が次の 2 条件をみたすとき，**Z 完備束**と呼ばれる．

(4.3)　$z_\alpha\in Z(L)$ $(\alpha\in I)$ ならば $\vee_\alpha z_\alpha$, $\wedge_\alpha z_\alpha\in Z(L)$,

(4.4)　$z_\alpha\in Z(L)$ $(\alpha\in I)$ ならば，任意の $a\in L$ に対し $\vee_\alpha z_\alpha\wedge a=\vee_\alpha(z_\alpha\wedge a)$．

補題 4.2. 1, 0 をもつ束 L において，z は中心元とする．$a_\alpha\in L$ $(\alpha\in I)$ について，$\vee_\alpha a_\alpha$ が存在すれば，$\vee_\alpha a_\alpha\wedge z=\vee_\alpha(a_\alpha\wedge z)$．

証明. 明らかに，$(z^{\perp}, z)M$, $(z^{\perp}, z)M^*$ であるから，定理 3.2 より成立つ．

定理 4.4. L が Z 完備束のとき，$z_\alpha\in Z(L)$ $(\alpha\in I)$ で，$z_\alpha\wedge z_\beta=0$ $(\alpha\neq\beta)$，$\vee_{\alpha\in I}z_\alpha=1$ ならば，L は直積 $\Pi_{\alpha\in I}[0, z_\alpha]$ と同形である．

証明. L から $\Pi_\alpha[0, z_\alpha]$ への写像 φ を

$$\varphi(a)=(z_\alpha\wedge a;\ \alpha\in I)\in\Pi_\alpha[0, z_\alpha]$$

と定義するとき，φ は同調で，(4.4) より $a=\vee_\alpha(z_\alpha\wedge a)$ であるから，φ は単射である．任意の $(a_\alpha;\ \alpha\in I)\in\Pi_\alpha[0, z_\alpha]$ に対して，$a=\vee_\alpha a_\alpha$ とおけば，$\alpha\neq\beta$ のとき $a_\alpha\wedge z_\beta\leqq z_\alpha\wedge z_\beta=0$ であるから，補題 4.2 を用いて

$$a\wedge z_\beta=\vee_\alpha(a_\alpha\wedge z_\beta)=a_\beta\wedge z_\beta=a_\beta.$$

よって，$\varphi(a)=(a_\alpha;\alpha\in I)$ となり，φ は全射であって，φ^{-1} も同調である．（証終）

この定理は条件 (4.4) より導かれたが，次に (4.3) より導かれる性質について述べる．

定義 4.4. Z 完備束 L の任意の元 a に対して，(4.3) より $a\leqq z$ となる中心元の中で最小のものが存在する．これを a の**中心包**といい，$e(a)$ と書く．

定理 4.5. Z 完備束 L の元 $a_\alpha(\alpha\in I)$, a をとる．

(i)　$e(\vee_{\alpha\in I}a_\alpha)=\vee_{\alpha\in I}e(a_\alpha)$．

(ii)　$z\in Z(L)$ ならば，$e(z\wedge a)=z\wedge e(a)$．

証明. (i)　$a=\vee_\alpha a_\alpha$ とすれば，明らかに $a\leqq\vee_\alpha e(a_\alpha)\leqq e(a)$ である．(4.3) より $\vee_\alpha$

$e(a_\alpha)\in Z(L)$ だから，これは $e(a)$ と一致する．

(ii)　z の補元 $z^\perp$ をとれば，(i)より $e(a)=e(z\wedge a)\vee e(z^\perp\wedge a)$ である．しかるに，$e(z\wedge a)\leqq z$ かつ $e(z^\perp\wedge a)\leqq z^\perp$ であるから

$$z\wedge e(a)=\{z\wedge e(z\wedge a)\}\vee\{z\wedge e(z^\perp\wedge a)\}=e(z\wedge a)$$ （証終）

最後に，完備束が Z 完備になるための十分条件を求めておく．

定理 4.6.　完備束 L が次の2条件をみたすならば Z 完備である．

(SSC)[1]　$a>b$ ならば，$0<c\leqq a, c\wedge b=0$ となる $c\in L$ が存在する．

(SSC*)　$a<b$ ならば，$1>c\geqq a, c\vee b=1$ となる $c\in L$ が存在する．

証明． (i)　$z_\alpha\in Z(L)(\alpha\in I)$ とし，$z=\bigvee_{\alpha\in I}z_\alpha$，$z'=\bigwedge_{\alpha\in I}z_\alpha{}^\perp$ とおいて (4.2) が成立つことを示す．もし，$a>(a\wedge z)\vee(a\wedge z')$ であるとすれば，(SSC) より $0<c\leqq a$，$c\wedge\{(a\wedge z)\vee(a\wedge z')\}=0$ となる c が存在する．このとき

$$c\wedge z=c\wedge a\wedge z=0,\quad c\wedge z'=c\wedge a\wedge z'=0.$$

これより，すべての $\alpha\in I$ に対し $c\wedge z_\alpha\leqq c\wedge z=0$ だから

$$c=(c\wedge z_\alpha)\vee(c\wedge z_\alpha{}^\perp)=c\wedge z_\alpha{}^\perp\leqq z_\alpha{}^\perp.$$

よって，$c\leqq z'$ となり，$c=c\wedge z'=0$ となって不合理．故に，$a=(a\wedge z)\vee(a\wedge z')$ が成立つ（とくに，$1=z\vee z'$）．双対的に，(SSC*) を用いて，$a=(a\vee z)\wedge(a\vee z')$ が示される（とくに，$0=z\wedge z'$）．以上より，$z\in Z(L)$ が証明された．

(ii)　$z_\alpha{}^\perp$ は中心元だから，(i)より $\bigvee_\alpha z_\alpha{}^\perp$ も中心元で，その補元は $\bigwedge_\alpha z_\alpha$ である．よって $\bigwedge_\alpha z_\alpha$ は中心元である．

(iii)　次に，(4.4) を証明する．もし，$z\wedge a>\bigvee_\alpha(z_\alpha\wedge a)$ であるとすれば，(SSC) より $0<c\leqq z\wedge a$，$c\wedge\bigvee_\alpha(z_\alpha\wedge a)=0$ となる c が存在する．このとき，すべての $\alpha\in I$ に対し $c\wedge z_\alpha=c\wedge a\wedge z_\alpha=0$ であるから，上と同様に $c\leqq z'$ となり，$c\leqq z\wedge z'=0$ となって不合理である．（証終）

系．　完備相対可補束は Z 完備である．

§5.　配景性と中心包

定義 5.1.　0をもつ束 L において2元 a, b をとる．

(5.1)　$a\vee x=b\vee x,\ \ a\wedge x=b\wedge x=0$

となるような $x\in L$ が存在するとき，a と b は**配景的**であるといい，$a\sim_x b$ または x を略して $a\sim b$ と書く．明らかに，$a\sim_0 a$ であり，また $a\sim 0$ ならば $a=0$

1) SSC は section semicomplemented の略である．1, 0 をもつ束は，各元 $a<1$ に対し $a'>0$ で $a\wedge a'=0$ となるものが存在するとき，半可補的と呼ばれる．条件 (SSC) は，区間 $[0, a]$ がすべて半可補的であることを意味している．

である．

(5.2)　$b \leqq a \vee x,\ b \wedge x = 0$

となるような $x \in L$ が存在するとき，b は a に**劣配景的**であるという．$b \sim a_1 \leqq a$ となる a_1 が存在すれば，b は a に劣配景的である．また，b が a に劣配景的で，$d \leqq b$, $a \leqq c$ ならば，d は c に劣配景的である．

注意 5.1.　0をもつ束 L がモジュラーであるとき，$a \sim_x b$ ならば，定理2.2より，$[0, a]$ と $[x, a \vee x] = [x, b \vee x]$ は $y \to y \vee x$ によって同形で，$[x, b \wedge x]$ と $[0, b]$ は $y' \to y' \wedge b$ によって同形である．よって，$[0, a]$ と $[0, b]$ は写像 $\varphi(y) = (y \vee x) \wedge b$ によって同形となる．このことから，配景性はモジュラー束において特に重要な意味をもっている．しかし，ここではモジュラー性は仮定せずに中心包に関係した事柄だけを述べるので，劣配景性の方が重要となる．

補題 5.1.　L が0をもつ相対可補束であるとき，b が a に劣配景的ならば，$b \sim a_1 \leqq a$ となる a_1 が存在する．

証明.　$b \leqq a \vee x$, $b \wedge x = 0$ とする．区間 $[x, a \vee x]$ における $b \vee x$ の補元 y をとれば，

$$b \vee y = b \vee x \vee y = a \vee x, \quad b \wedge y = b \wedge (b \vee x) \wedge y = b \wedge x = 0.$$

さらに，$a \vee y = a \vee x \vee y = a \vee x$ であるから，$[0, a]$ における $a \wedge y$ の補元 a_1 をとれば，

$$a_1 \vee y = a_1 \vee (a \wedge y) \vee y = a \vee y = a \vee x, \quad a_1 \wedge y = a_1 \wedge a \wedge y = 0.$$

よって，$b \sim_y a_1 \leqq a$.　(証終)

補題 5.2.　0をもつ束 L において，2元 a, b をとる．

(5.3)　すべての $x \in L$ に対して $(x, a, b)D$

であって，b が a に劣配景的ならば，$b \leqq a$ である．

とくに，b が中立元 z に劣配景的ならば，$b \leqq z$.

証明.　$b \leqq a \vee x$, $b \wedge x = 0$ のとき，$(x, a, b)D$ より

$$b = (x \vee a) \wedge b = (x \wedge b) \vee (a \wedge b) = a \wedge b \leqq a.$$

(証終)

そこで，劣配景性と対立する概念が次のように定義される．

定義 5.2.　0をもつ束 L の2元 a, b について

(5.4)　すべての $x \in L$ に対して $(x \vee a) \wedge b = x \wedge b$

が成立つとき，$a \triangledown b$ と書く．$a \triangledown b$ ならば，$x = 0$ とおいて，$a \wedge b = 0$ が成立つ．したがって，$a \triangledown b$ は，(5.3) が成立ちかつ $a \wedge b = 0$ であることと明らかに同値である．

補題 5.3.　0をもつ束Lの2元a, bをとる．

(i)　$a\bigtriangledown b, a_1\leqq a, b_1\leqq b$ ならば $a_1\bigtriangledown b_1$.

(ii)　b が a に劣配景的で $a\bigtriangledown b$ ならば，$b=0$.

(iii)　$a\sim b$ かつ $a\bigtriangledown b$ ならば，$a=b=0$.

証明.　(i)　$(x\vee a_1)\wedge b_1=(x\vee a_1)\wedge(x\vee a)\wedge b\wedge b_1=(x\vee a_1)\wedge x\wedge b\wedge b_1=x\wedge b_1$.
(ii)は補題5.2より明らか．また，(iii)は(ii)より明らか．　（証終）

定理 5.1.　0をもつ束Lの2元a, bをとる．$a\bigtriangledown b$ のとき，

(5.5)　$b_1\leqq b$ で b_1 が a に劣配景的ならば $b_1=0$.

Lが条件 (SSC) をみたすときは，$a\bigtriangledown b$ と (5.5) とは同値である．

証明.　$a\bigtriangledown b$ のとき，補題5.3の(i)と(ii)より (5.5) が成立つ．次に，$a\bigtriangledown b$ でないとすれば，$(x\vee a)\wedge b>x\wedge b$ となる $x\in L$ が存在する．L が (SSC) をみたすならば，

$$0<b_1\leqq(x\vee a)\wedge b,\quad b_1\wedge x\wedge b=0$$

となる b_1 がとれる．このとき $b_1\leqq b$ より $b_1\wedge x=0$. よって，b_1 は a に劣配景的となり，(5.5) が成立しない．　（証終）

この定理と補題5.1により，

系.　L が0をもつ相対可補束であるとき，Lの2元a, bについて，$a\bigtriangledown b$ は次の命題と同値である．

(5.6)　$a\geqq a_1\sim b_1\leqq b$ ならば $a_1=b_1=0$.

定理 5.2.　1, 0をもつ束Lが条件 (SSC*) をみたすとする．Lの2元a, bについて，次の3条件は同値である．

(α)　$a\bigtriangledown b$.

(β)　$x\vee a=1$ ならば $b\leqq x$.

(γ)　すべての $x\in L$ に対して $x=(x\vee a)\wedge(x\vee b)$.

証明.　(γ)⇒(α)⇒(β) は容易に確かめられる（(SSC*) は不要）．
(β)⇒(γ) を示す．$y=(x\vee a)\wedge(x\vee b)$ とおき，もし $y>x$ であるとすれば，(SSC*) より $c\in L$ が存在して

$$1>c\geqq x,\quad c\vee y=1.$$

このとき，$c\vee a=c\vee x\vee a\geqq c\vee y=1$ より $c\vee a=1$. 同様に，$c\vee b=1$. しかるに，(β) によって，$c\vee a=1$ より $b\leqq c$ であり，$c=c\vee b=1$ となって不合理．故に，(γ) が成立つ．

系.　1, 0をもつ束が (SSC*) をみたすとき，$a\bigtriangledown b\Leftrightarrow b\bigtriangledown a$.

補題 5.4. 1, 0をもち (SSC*) をみたす束 L において，すべての $\alpha\in I$ に対し $a_\alpha\nabla b$ で $a=\bigvee_{\alpha\in I}a_\alpha$ が存在するならば，$a\nabla b$ である．とくに，$a_1\nabla b$，$a_2\nabla b$ ならば $a_1\vee a_2\nabla b$.

証明. 定理5.2の (α) ⇔ (β) を用いると，次のことが容易にわかる．

$$b\nabla a \Leftrightarrow \text{すべての } \alpha \text{ に対し } b\nabla a_\alpha.$$

よって，上の系よりこの補題が成立つ． (証終)

定義 5.3. 0をもつ束 L において2元 a, b をとる．$a_0=a$，$a_n=b$ となる有限個の元の列 $\{a_i; i=0, 1, \cdots, n\}$ が存在して，すべての $i=1, \cdots, n$ に対し $a_{i-1}\sim a_i$ のとき，a と b は**射影的**であるといい，$a\approx b$ と書く．また，すべての i に対し a_{i-1} が a_i に劣配景的のとき，a は b に**劣射影的**であるという．L が相対可補束のとき，a が b に劣射影的ならば，補題5.1によって $a\approx b_1\leqq b$ となる b_1 が存在する．

補題 5.5. Z 完備束において，a が b に劣射影的ならば，$e(a)\leqq e(b)$.

$$a\approx b \text{ ならば } e(a)=e(b).$$

証明. z が中立元で，a が z に劣射影的ならば，補題5.2をくりかえし適用して $a\leqq z$ をうる．よって，a が b に劣射影的ならば，$a\leqq e(b)$ となり，したがって，$e(a)\leqq e(b)$.

(証終)

定理 5.3. 完備束 L が2条件 (SSC)，(SSC*) をみたすとする．任意の $a\in L$ に対し，a に劣射影的な元全体の結びは，中心包 $e(a)$ と一致する．

証明. 定理4.6より L は Z 完備である．x が a に劣射影的ならば，補題5.5より $x\leqq e(a)$ であるから，このような x 全体の結びを z とするとき，$a\leqq z\leqq e(a)$ が成立つ．よって，z が中心元であることを証明すればよい．

$$z'=\bigvee(y\in L; y\nabla z)$$

とおくとき，補題5.4より $z'\nabla z$. よって，$z\wedge z'=0$ で，定理5.2より，すべての $u\in L$ に対し $u=(u\vee z)\wedge(u\vee z')$．そこで，$u=(u\wedge z)\vee(u\wedge z')$ を示せば (これより $z\vee z'=1$)，定理4.1より z は中心元である．もし，$u>(u\wedge z)\vee(u\wedge z')$ であるとすれば，(SSC) より $c\in L$ が存在して

$$0<c\leqq u,\quad c\wedge\{(u\wedge z)\vee(u\wedge z')\}=0.$$

このとき，$c\wedge z=c\wedge u\wedge z=0$，$c\wedge z'=c\wedge u\wedge z'=0$．さらに，$x$ を a に劣射影的な元とするとき，$x\nabla c$ であることが定理5.1を用いて示される．実際，$c_1\leqq c$ で c_1 が x に劣配景的ならば，c_1 は a に劣射影的だから，$c_1\leqq z$ となり，$c_1\leqq c\wedge z=0$．故に，補題5.4より $z\nabla c$，し

たがって $c\nabla z$ となるから，$c \leqq z'$ である．これより，$c=c\wedge z'=0$ となって不合理．（証終）

系. 完備束 L が (SSC), (SSC*) をみたすとき，$z\in L$ が中心元であるための必要十分条件は，z に劣射影的なすべての x について $x\leqq z$ となることである．

問 題

1. 束 L について次の3命題は同値である．

(α) L は全順序集合である．

(β) L における空でない部分集合はすべて部分束である．

(γ) L からそれ自身への同調写像はすべて準同形写像である．

2. 完備束 L からそれ自身への同調写像 φ は不動点（$\varphi(a)=a$ となる $a\in L$）をもつ．（ヒント：$a=\bigvee\{x\in L; x\leqq\varphi(x)\}$ とせよ．）

3. 束 L がモジュラー束であるための必要十分条件は，L の任意の3元 a, b, c に対し次の等式が成立つことである．

$$a\vee\{b\wedge(a\vee c)\}=(a\vee b)\wedge(a\vee c).$$

また，分配束であるための必要十分条件は，

$$(a\wedge b)\vee(b\wedge c)\vee(c\wedge a)=(a\vee b)\wedge(b\vee c)\wedge(c\vee a).$$

4. 束 L がモジュラーでないならば，図4の5元束と同形な L の部分束が存在する．

5. モジュラー束 L が分配束でないならば，図3の5元束と同形な L の部分束が存在する．

6. モジュラー束の3元 a, b, c について，$(a, b, c)D$，$(b, c, a)D$，$(c, a, b)D$，$(a, b, c)D^*$，$(b, c, a)D^*$，$(c, a, b)D^*$ の6つはすべて同値である．

7. 束 L の元 z が中立元であるための必要十分条件は，L から直積 $L_1\times L_2$ への同形写像 φ（全射と限らない）が存在して，$\varphi(z)=(1_1, 0_2)$ となることである．

8. $1, 0$ をもつ束 L において，$z\in L$ が中心元であるための必要十分条件は，次の2条件をみたすような $z'\in L$ が存在することである．

(i) $z\wedge z'=0$，$(z, z')M$，$(z', z)M$.

(ii) すべての $a\in L$ に対し $a=(a\wedge z)\vee(a\wedge z')$.

9. X を無限集合とし，その2元 a, b をとり，$X-\{a, b\}=A$ とおく．X と A と X の有限部分集合全体とからなる部分集合族 $\mathcal{M}$ は包含関係を順序として束を作る．この束では，$\{a\}\nabla A$ は成立つが，$A\nabla\{a\}$ は成立たない．

10. $1, 0$ をもつ相対可補束において，2元 a, b が配景的であるための必要十分条件は a と b が共通の補元をもつことである．

11. 0をもつ相対可補束において

(i) $a\vee x=b\vee x$，$a\wedge x=b\wedge x$ ならば，a と b は配景的である．

(ii) $c \leqq b$ ならば，$(c \vee a) \wedge b$ と $c \vee (a \wedge b)$ は配景的である.

12. 完備束 L が (SSC), (SSC*) をみたすとする．L の 2 元 a, b について，$e(a) \wedge e(b) = 0$ は次の条件と同値である.

$$b_1 \leqq b \text{ で } b_1 \text{ が } a \text{ に劣射影的ならば } b_1 = 0.$$

L が完備な相対可補束のときは，次の条件とも同値である.

$$a \geqq a_1 \approx b_1 \leqq b \text{ ならば } a_1 = b_1 = 0.$$

参考ノート

束の研究の発端は，Boole による論理代数の研究（〔9〕[1]，1847 年）にあると考えられる．それから約 50 年の後，Dedekind によってモジュラー束の概念が導入され（〔10〕），1930 年代になって Birkhoff, von Neumann をはじめとする多くの学者達の手によって束論は急速に発展した．束論についての最も標準的な著書とされる Birkhoff の本〔6〕は，初版が 1940 年に出され，1948 年に第 2 版，1967 年に第 3 版と，次々に拡大充実されて，束論の発展のあとがしのばれる．束の結びと交わりの記号は，はじめのうち∪, ∩を使用していたが（一部では，和と積を用いる〔52〕)，集合演算との混同を避けるため〔6〕の第 3 版で ∨, ∧ が使用され，それ以後多くの著書や論文でこの記号を用いるようになった．束の一般的理論を扱った本としては，上記の〔6〕,〔52〕の他に〔22〕,〔55〕等がある.

§3 で定義を与えたモジュラー可補束についての理論は，“連続幾何学”として von Neumann によって 1930 年代中頃に作られ，その後さらに整備されてその全容は〔58〕,〔36〕に詳述されている．オーソモジュラー束は，はじめのうち弱モジュラー直可補束と呼ばれ，その理論が注目されるようになったのは 1950 年代からである.

§4 と §5 の内容は〔37〕の第 1 章から取っており，1967 年に Janowitz 達によって可成り改良の行われた結果である.

1) 巻末の文献表における番号を示す.

第2章

原　子　的　束

§6.　原子的束の既約分解

前章の§4, §5の結果を原子的束に適用してみよう.

定理 6.1.　1, 0をもつ束Lが原子的であって次の条件をみたすならば，既約である.

(6.1)　2つの異なる原子元p, qに対し$r\leqq p\vee q$となる第3の原子元rが存在する.

証明.　$0<z<1$となる$z\in Z(L)$が存在したとすれば，$p\leqq z$, $q\leqq z^{\perp}$となる原子元p, qがとれて，(6.1)より$r\leqq p\vee q$, $r\neq p$, $r\neq q$となる原子元rが存在する. このとき，$r\leqq z\vee q$, $r\wedge q=0$よりrはzに劣配景的であるから，補題5.2より$r\leqq z$. 同様に，$r\leqq z^{\perp}$となり，$r\leqq z\wedge z^{\perp}=0$となって不合理である.

補題 6.1.　Z完備束Lにおいて，pが原子元ならば，その中心包$e(p)$は中心$Z(L)$の原子元である. Lが原子的ならば，$Z(L)$も原子的である.

証明.　(i)　$0<z\leqq e(p)$となる$z\in Z(L)$をとるとき，定理4.5の(ii)より$e(z\wedge p)=z\wedge e(p)=z\neq 0$だから$z\wedge p\neq 0$. pは原子元だから$p\leqq z$, したがって$e(p)\leqq z$となる. よって，$e(p)$は$Z(L)$の原子元である.

(ii)　Lが原子的ならば，$z\in Z(L)$をとるとき，$z=\vee(p; p\leqq z)$. このとき，定理4.5の(i)より$\vee(e(p); p\leqq z)=e(z)=z$. $e(p)$は$Z(L)$の原子元であるから，$Z(L)$は原子的である.　(証終)

定理 6.2.　**(既約分解定理)**　原子的Z完備束Lは，既約な原子的完備束の直和に分解される.

証明.　$Z(L)$の原子元全体を$\{z_\alpha; \alpha\in I\}$とおくとき，明らかに$\alpha\neq\beta$ならば$z_\alpha\wedge z_\beta=0$である. また，$Z(L)$が原子的だから，$\vee_{\alpha\in I}z_\alpha=1$. よって，定理4.4より$L$は直積$\Pi_{\alpha\in I}[0, z_\alpha]$と同形である. さらに，$z_\alpha$が$L$の中心元であることから，$[0, z_\alpha]$の中心元

は明らかに L の中心元である．よって，z_α が $Z(L)$ の原子元であることから，$[0, z_\alpha]$ は既約である．（証終）

注意 6.1. 原子的束は明らかに定理 4.6 の条件 (SSC) をみたしている．したがって，完備な原子的束は (SSC*) をみたせば Z 完備である．

次の定理は，定理 5.3 より明らかである．

定理 6.3. 原子的完備束 L は (SSC*) をみたすとする．任意の $a \in L$ に対し，a に劣射影的な原子元全体の結びは a の中心包 $e(a)$ と一致する．

次に，既約分解を行なったとき，2つの原子元が同じ既約因子に属するための条件を求める．

補題 6.2. 原子的束 L の2元 a, b をとる．すべての原子元 $p \leqq b$ に対して $a \triangledown p$ ならば $a \triangledown b$.

証明. $a \triangledown b$ でないとすれば，$(x \vee a) \wedge b > x \wedge b$ となる $x \in L$ が存在し，

$$p \leqq (x \vee a) \wedge b \text{ かつ } p \nleqq x \wedge b$$

となる原子元 p がとれる．このとき，$p \leqq b$ より $p \nleqq x$. よって，$x \wedge p = 0$. 一方，$(x \vee a) \wedge p = p$ だから，$a \triangledown p$ は成立しない．（証終）

補題 6.3. 1, 0 をもち (SSC*) をみたす束 L において，2つの原子元 p, q について次の3命題は同値である．

(α)　$p \sim q$.

(β)　q は p に劣配景的である．

(γ)　$p \triangledown q$ は成立しない．

証明. (α)⇒(β) は自明で，(β)⇒(γ) は補題 5.3 の(ii)より明らか．

(γ)⇒(α) を示す．定理 5.2 より $x < (x \vee p) \wedge (x \vee q)$ となる $x \in L$ が存在する．(SSC*) より $c \in L$ が存在して

$$1 > c \geqq x, \quad c \vee \{(x \vee p) \wedge (x \vee q)\} = 1.$$

このとき，$c \vee p = c \vee x \vee p = 1$. また，もし $c \wedge p \neq 0$ ならば，$p \leqq c$ となり，$c = c \vee p = 1$ となって不合理であるから，$c \wedge p = 0$. 同様に，$c \vee q = 1$ かつ $c \wedge q = 0$. よって $p \sim_c q$ である．

（証終）

補題 6.4. 1 をもつ原子的束 L が (SSC*) をみたすとし，$a \in L$ とする．

(i)　原子元 p が a に劣配景的ならば，原子元 q で $p \sim q \leqq a$ となるものが存在する．

(ii)　原子元 p が a に劣射影的ならば，原子元の列 $q_0, q_1, \cdots, q_n$ が存在して

$$q_0=p,\ \ q_n \leqq a,\ \ q_{i-1} \sim q_i \quad (i=1, \cdots, n).$$

証明.　(i)　補題5.3の(ii)より $a \triangledown p$ は成立せず，定理5.2の系より $p \triangledown a$ も成立しない．よって，補題6.2より原子元 $q \leqq a$ で $p \triangledown q$ とならないものがある．このとき，補題6.3より $p \sim q$．(ii)は(i)より明らか．　(証終)

定理 6.4.　原子的完備束 L が (SSC*) をみたしているとき，L は既約な原子的完備束の直和に分解され，2つの原子元 p, q が同じ直和因子に属するための必要十分条件は，$p \approx q$ である．とくに，L が既約ならば，すべての原子元は互いに射影的である．

証明.　定理6.2より，L は既約な原子的完備束の直和に分解されるが，ここで p, q が同じ直和因子に属することは $e(p)=e(q)$ と同値である．$p \approx q$ ならば，補題5.5より $e(p)=e(q)$．逆に，$e(p)=e(q)$ ならば，定理6.3より p は q に劣射影的であるから，補題6.4の(ii)より $p \approx q$ である．　(証終)

§7.　原子的束におけるカバリング性

定義 7.1.　1, 0をもつ順序集合において，有限個の元の列 $\{a_i; i=0, 1, \cdots, n\}$ が次の条件をみたすとき，**組成列**と呼ばれる．

(7.1)　$a_0=0,\ \ a_n=1,\ \ a_{i-1} \lessdot a_i\ \ (i=1, \cdots, n).$

ここで，n を組成列の長さという．

順序集合 L についての次の条件を **Jordan-Dedekind の連鎖条件**という．

(7.2)　L の区間 $[a, b]$ が2つの組成列をもてば，両者の長さは一致する．

原子的束において，この連鎖条件を引き出す役をするのが，この節の主題となるカバリング性である．

補題 7.1.　束 L の2元 a, b をとる．

(i)　$a \wedge b \lessdot b$ ならば $(a, b)M$.

(ii)　$b \lessdot a \vee b$ ならば $(a, b)M^*$.

(iii)　$a \lessdot a \vee b$ かつ $(a, b)M$ ならば $a \wedge b \lessdot b$.

(iv)　$a \wedge b \lessdot a$ かつ $(a, b)M^*$ ならば $b \lessdot a \vee b$.

証明.　(i)　補題2.3より $[a \wedge b,\ a \vee b]$ において $(a, b)M$ であることを示せばよいが，

$c\in[a\wedge b, a\vee b]$ かつ $c\leqq b$ とすれば，仮定より $c=a\wedge b$ または $c=b$ である．よって，$(c\vee a)\wedge b=c\vee(a\wedge b)$ が成立つ．(ii)は双対的に証明される．

(iii)　$a\lessdot a\vee b$ かつ $(a,b)M$ とする．(ii)より $(b,a)M^*$ であるから，定理2.2より $[a, a\vee b]$ と $[a\wedge b, b]$ は同形．よって，$a\wedge b\lessdot b$．(iv)も双対的に証明される．　（証終）

定義 7.2.　0をもつ束において，次の性質を**カバリング性**と呼ぶ．

(7.3)　p が原子元で $a\wedge p=0$ ならば，$a\lessdot a\vee p$.

次の定理によって，0をもつモジュラー束はカバリング性をもつ．

定理 7.1.　0をもつ束 L について，カバリング性は次の2命題のどちらとも同値である．

(7.4)　p が原子元ならば，すべての $x\in L$ に対し $(p,x)M$.

(7.5)　p が原子元ならば，すべての $x\in L$ に対し $(p,x)M^*$.

証明.　補題2.2より (7.4) と (7.5) は同値である．(7.3)⇒(7.5)．$x\wedge p=0$ のとき (7.3) より $x\lessdot x\vee p$ だから，補題7.1の(ii)より $(p,x)M^*$．$x\wedge p\neq 0$ のときは $p\leqq x$ だから $(p,x)M^*$ が成立つ．(7.5)⇒(7.3)．$a\wedge p=0$ とすれば，$p\wedge a=0\lessdot p$ だから，(7.5) と補題7.1の(iv)より $a\lessdot p\vee a$ が成立つ．　（証終）

定理 7.2.　0をもつ束 L について，次の2命題を考える．

(7.6)　p, q が原子元で，$p\leqq q\vee a$，$p\nleqq a$ ならば，$q\leqq p\vee a$．（p と q が入れかわるので**交換性**と呼ばれる．）

(7.7)　L において，$a\wedge b\lessdot a$ ならば $b\lessdot a\vee b$.

このとき，(7.7)⇒カバリング性⇒(7.6) であり，L が原子的ならば，3つは同値である．

証明.　(7.7)⇒(7.3) は明らか．(7.3)⇒(7.6)．$p\leqq q\vee a$，$p\nleqq a$ ならば，$a<p\vee a\leqq q\vee a$ である．これより $q\nleqq a$，すなわち $q\wedge a=0$ だから，(7.3) より $a\lessdot q\vee a$．よって $p\vee a=q\vee a\geqq q$.

L が原子的のとき，(7.6)⇒(7.7) を示す．$a\wedge b\lessdot a$ ならば，$(a\wedge b)\vee p=a$ となる原子元 p がとれる．このとき，$b\vee p=a\vee b$．$b<a\vee b$ は明らかなので，$b<c\leqq a\vee b$ として $c=a\vee b$ を示す．原子元 q で $q\leqq c, q\nleqq b$ となるものをとれば，$q\leqq a\vee b=b\vee p$ だから (7.6) より $p\leqq b\vee q\leqq c$．よって，$a\vee b=b\vee p\leqq c$．これで $b\lessdot a\vee b$ が示された．　（証終）

定義 7.3.　0をもつ束 L の元 a が有限個の原子元の結びであるとき，a は**有限な元**という．0も有限な元とする．0でない有限な元 a については，有限個の原子元 $\{p_1, \cdots, p_n\}$ で

(7.8)　$\bigvee_{i=1}^{n} p_i = a,\quad (p_1 \vee \cdots \vee p_{i-1}) \wedge p_i = 0\quad (i=2, \cdots, n)$

となるものが存在する．実際，$p_1 \vee \cdots \vee p_m = a$ となる $\{p_j\}$ をとり，$j=2$ から始めて $p_j \leqq p \vee \cdots \vee p_{j-1}$ となるような p_j を除いてゆけばよい．(7.8) をみたす $\{p_1, \cdots, p_n\}$ を a の**基**という．L の有限な元全体を $F(L)$ と書く．

定理 7.3.　0をもつ束 L がカバリング性をもつとする．L の原子元 p_i, q_i $(i=1, \cdots, n)$ について

(7.9)　$(p_1 \vee \cdots \vee p_{i-1}) \wedge p_i = 0\quad (i=2, \cdots, n)$ かつ

$$p_i \leqq q_1 \vee \cdots \vee q_n \qquad (i=1, \cdots, n)$$

ならば，$p_1 \vee \cdots \vee p_n = q_1 \vee \cdots \vee q_n$ である．

証明.　$n=1$ のときは明らか．$n-1$ のとき成立つと仮定し，(7.9) をみたす p_i, q_i をとる．もし，すべての $i=1, \cdots, n$ に対して $p_i \leqq q_1 \vee \cdots \vee q_{i-1}$ であるとすれば，仮定より $p_1 \vee \cdots \vee p_{n-1} = q_1 \vee \cdots \vee q_{n-1} \geqq p_n$ となって不合理．よって，$p_{i(1)}$ が存在して $p_{i(1)} \not\leqq q_1 \vee \cdots \vee q_{n-1}$ である．$p_{i(1)} \leqq q_1 \vee \cdots \vee q_{n-1} \vee q_n$ だから，交換性より $q_n \leqq q_1 \vee \cdots \vee q_{n-1} \vee p_{i(1)}$．よって，

$$\text{すべての } i=1, \cdots, n \text{ に対し } p_i \leqq q_1 \vee \cdots \vee q_{n-1} \vee p_{i(1)}$$

が成立つ．前と同様にして，$p_{i(2)}$ が存在して $p_{i(2)} \not\leqq q_1 \vee \cdots \vee q_{n-2} \vee p_{i(1)}$ である．このとき，$i(2) \neq i(1)$ で，

$$q_1 \vee \cdots \vee q_{n-2} \vee p_{i(1)} \vee p_{i(2)} = q_1 \vee \cdots \vee q_{n-1} \vee p_{i(1)}.$$

これをくり返せば，$i(1), i(2), \cdots, i(n)$ はすべて異なり，

$$p_{i(1)} \vee \cdots \vee p_{i(n)} = q_1 \vee p_{i(1)} \vee \cdots \vee p_{i(n-1)} = \cdots = q_1 \vee \cdots \vee q_{n-1} \vee p_{i(1)} = q_1 \vee \cdots \vee q_n.$$

よって，$p_1 \vee \cdots \vee p_n = q_1 \vee \cdots \vee q_n$ で，帰納法によりすべての n について成立する．(証終)

系.　0をもつ束 L がカバリング性をもつとき，L における0でない元 a が2つの基をもつならば，その元の個数は一致する．

証明.　$\{p_1, \cdots, p_m\}$ と $\{q_1, \cdots, q_n\}$ を a の基とする．もし $m>n$ ならば，前定理より $a = q_1 \vee \cdots \vee q_n = p_1 \vee \cdots \vee p_n < p_1 \vee \cdots \vee p_m = a$ となり不合理．よって，$m \leqq n$．同様に，$m \geqq n$．

(証終)

定義 7.4.　0をもつ束 L がカバリング性をもつとする．L の0でない有限な元 a に対して，その基を作る原子元の個数を a の**高さ**（または**次元**）といい，$h(a)$ と書く．$h(0)=0$ とする．$a \in L$ が有限でないとき，$h(a) = +\infty$ とする．L が1をもつとき，$h(1)$ を L の**長さ**という．

補題 7.2.　0をもつ束 L がカバリング性をもつとする．$a \in F(L)$ ならば

$[0, a]$ は長さ $h(a)$ の組成列をもつ．L がさらに原子的の場合，逆も成立つ．すなわち，$[0, a]$ が長さ n の組成列をもてば，$a \in F(L)$ かつ $h(a)=n$.

証明. $\{p_1, \cdots, p_n\}$ が a の基ならば，$a_0=0$，$a_i=p_1 \vee \cdots \vee p_i$ $(i=1, \cdots, n)$ とおくとき，カバリング性より $\{a_i\}$ は $[0, a]$ の組成列である．L が原子的の場合，$\{a_i\}$ が組成列ならば，$p_i \leqq a_i$，$p_i \nleqq a_{i-1}$ となる原子元 p_i がとれて，$a_{i-1} \vee p_i = a_i$ となるから，明らかに $\{p_i\}$ は a の基である． （証終）

以後，簡単のため，原子的束でカバリング性をもつものを **AC 束**と呼ぶ．

定理 7.4. AC 束 L における区間 $[a, b]$ はまた AC 束であり，L は Jordan-Dedekind の連鎖条件をみたす．

証明. $[a, b]$ において $x<y$ とすれば，L の原子元 p で $p \leqq y$，$p \nleqq x$ となるものが存在する．$c=a \vee p$ は，カバリング性より $[a, b]$ の原子元で，明らかに $c \leqq y$，$c \nleqq x$．よって，$[a, b]$ は原子的である．また，条件 (7.7) が L で成立つから，その区間でも成立つ．よって，$[a, b]$ は AC 束である．次に，$[a, b]$ が長さ n の組成列をもつとき，補題 7.2 より $[a, b]$ における b の高さは n である．よって，n は組成列のとり方に無関係に定まる． （証終）

次に，$F(L)$ の構造を詳しく調べてみよう．

定理 7.5. AC 束 L において，有限な元全体 $F(L)$ は L のイデアルである．また，$F(L)$ において，$a<b$ ならば $h(a)<h(b)$ であり，$a \lessdot b$ ならば $h(a)+1=h(b)$ である．

証明. $a, b \in F(L)$ のとき，$a \vee b \in F(L)$ は明らか．$a<b \in F(L)$ とする．$h(b)=n$ とし，b の基を $\{q_1, \cdots, q_n\}$ とするとき，もし $h(a) \geqq n$ であるならば，$\{p_1, \cdots, p_n\}$ を

$$p_i \leqq a, \ (p_1 \vee \cdots \vee p_{i-1}) \wedge p_i = 0$$

となるようにとれる．このとき，定理 7.3 より

$$a \geqq p_1 \vee \cdots \vee p_n = q_1 \vee \cdots \vee q_n = b$$

となって不合理．よって，$a \in F(L)$ で $h(a)<n=h(b)$ である．$a \lessdot b$ のとき，a の基 $\{p_1, \cdots, p_n\}$ をとり，$q \leqq b$，$q \nleqq a$ となる原子元 q をとれば，$\{p_1, \cdots, p_n, q\}$ は b の基となるから，$h(b)=h(a)+1$. （証終）

定理 7.6. AC 束 L において，$a, b \in F(L)$ とするとき，$b_1 \in F(L)$ で

$$b_1 \leqq b, \ \ a \wedge b_1 = 0, \ \ a \vee b_1 = a \vee b, \ \ (b_1, a) M$$

となるものが存在する．ここで，$h(b_1)=h(a \vee b)-h(a)$ である．

証明. $a=a \vee b$ の場合は，$b_1=0$ とすればよい．$a<a \vee b$ の場合，$b \nleqq a$ だから $p_1 \leqq b$,

$p_1 \nleqq a$ となる原子元 p_1 が存在する. $b \nleqq a \vee p_1$ ならば, $p_2 \leqq b$, $p_2 \nleqq a \vee p_1$ となる p_2 が存在する. これをくり返すとき, $b \in F(L)$ よりある n について $b \leqq a \vee p_1 \vee \cdots \vee p_n (b \nleqq a \vee p_1 \vee \cdots \vee p_{n-1})$ が成立つ. そこで, $b_1 = p_1 \vee \cdots \vee p_n$ とおけば, $b_1 \leqq b$ かつ $a \vee b_1 = a \vee b$ である. さらに, $\{p_1, \cdots, p_n\}$ は b_1 の基であり, a の基を $\{q_1, \cdots, q_m\}$ とすれば, $\{q_1, \cdots, q_m, p_1, \cdots, p_n\}$ は $a \vee b$ の基となっているから, $h(b_1) = h(a \vee b) - h(a)$ が成立つ.

次に, カバリング性より $(p_1, a)M$, $(p_2, a \vee p_1)M$ で, さらに $p_2 \wedge (a \vee p_1) = 0$ であるから, 補題2.5より $(p_1 \vee p_2, a)M$ かつ $(p_1 \vee p_2) \wedge a = 0$ である. さらに, $(p_3, a \vee p_1 \vee p_2)M$ と $p_3 \wedge (a \vee p_1 \vee p_2) = 0$ より, $(p_1 \vee p_2 \vee p_3, a)M$ かつ $(p_1 \vee p_2 \vee p_3) \wedge a = 0$. これをくり返して, $(b_1, a)M$ かつ $b_1 \wedge a = 0$ が成立つことがわかる.　(証終)

系 1.　AC束 L において, $a, b \in F(L)$ とするとき

$$h(a \vee b) \leqq h(a) + h(b).$$

ここで, $a \wedge b = 0$, $(a, b)M$ ならば, 等号が成立ち, $(b, a)M$ である.

証明.　前定理の b_1 をとれば,

$$h(a \vee b) = h(a) + h(b_1) \leqq h(a) + h(b).$$

また, $a \wedge b = 0, (a, b)M$ とすれば, $b_1 \leqq b$ より

$$b_1 = b_1 \vee (a \wedge b) = (b_1 \vee a) \wedge b = (a \vee b) \wedge b = b.$$

よって, 等号が成立ち, また $(b, a)M$ も成立つ.　(証終)

系 2.　L がAC束ならば, $F(L)$ は相対可補束である.

証明.　$F(L)$ において, $a \leqq c \leqq b$ とする. 前定理より $b_1 \in F(L)$ が存在し

$$b_1 \leqq b, \quad c \wedge b_1 = 0, \quad c \vee b_1 = b, \quad (b_1, c)M.$$

このとき, $a \leqq c$ より $(a \vee b_1) \wedge c = a \vee (b_1 \wedge c) = a$. また, $(a \vee b_1) \vee c = b_1 \vee c = b$. よって, $a \vee b_1$ は $[a, b]$ における c の補元である.　(証終)

定理 7.7.　AC束 L において, $a, b \in F(L)$ とするとき

$$h(a \vee b) + h(a \wedge b) \leqq h(a) + h(b).$$

ここで, 等号が成立つための必要十分条件は, $(a, b)M$ である.

証明.　(i)　定理7.6より $b_1 \in F(L)$ が存在して

$$b_1 \leqq b, \quad (a \wedge b) \wedge b_1 = 0, \quad (a \wedge b) \vee b_1 = b, \quad (b_1, a \wedge b)M, \quad h(b_1) = h(b) - h(a \wedge b).$$

ここで, $a \vee b_1 = a \vee (a \wedge b) \vee b_1 = a \vee b$ であるから, 系1を用いて

$$h(a \vee b) = h(a \vee b_1) \leqq h(a) + h(b_1) = h(a) + h(b) - h(a \wedge b).$$

(ii)　$(a, b)M$ とする. 定理7.6より $b_2 \in F(L)$ が存在して

$$b_2 \leqq b, \quad a \wedge b_2 = 0, \quad a \vee b_2 = a \vee b, \quad (b_2, a)M, \quad h(b_2) = h(a \vee b) - h(a).$$

ここで, $b_2 \wedge (a \wedge b) = b_2 \wedge a = 0$ であり, また補題2.4の(ii)より $(b_2, a \wedge b)M$ であるから, 系1によって

$$h(b_2\vee(a\wedge b))=h(b_2)+h(a\wedge b)=h(a\vee b)-h(a)+h(a\wedge b).$$

しかるに，$(a, b)M$ より $b_2\vee(a\wedge b)=(b_2\vee a)\wedge b=(a\vee b)\wedge b=b$ であるから，$h(a)+h(b)=h(a\vee b)+h(a\wedge b)$ が成立つ．

(iii) $(a,b)M$ でないとすれば，$c\leqq b$ が存在して，$(c\vee a)\wedge b>c\vee(a\wedge b)$．よって，$x=(c\vee a)\wedge b$, $y=c\vee(a\wedge b)$ とおけば，$h(x)>h(y)$ である．$a\wedge b\leqq a\wedge y\leqq a\wedge x\leqq a\wedge b$ より $a\wedge y=a\wedge b$ であるから，(i)によって

$$h(a)+h(y)\geqq h(a\vee y)+h(a\wedge y)=h(c\vee a)+h(a\wedge b).$$

一方，(i)より $h(b)+h(c\vee a)\geqq h(a\vee b)+h(x)$ であるから

$$h(a)+h(b)\geqq h(c\vee a)+h(a\wedge b)-h(y)+h(a\vee b)+h(x)-h(c\vee a)$$
$$=h(a\vee b)+h(a\wedge b)+h(x)-h(y)>h(a\vee b)+h(a\wedge b).$$ (証終)

系. AC 束 L において，$a, b\in F(L)$ をとるとき，$(a, b)M$ と $(b, a)M$ は同値である（$F(L)$ の M 対称性）．

注意 7.1. 0をもつ束Lについて，カバリング性より少し弱い次の性質を**有限カバリング性**という．

(7.10) p が原子元，$a\in F(L)$ で $a\wedge p=0$ ならば，$a\lessdot a\vee p$.

定理 7.2 と同様に，(7.10) より次の性質（有限交換性）が導き出される．

(7.11) p, q が原子元，$a\in F(L)$ で $p\leqq q\vee a$, $p\nleqq a$ ならば，$q\leqq p\vee a$.

定理 7.3 の結果は (7.10) をみたす束で成立ち，定理 7.5 以下の結果は (7.10) をみたす原子的束で成立っている（証明を検討してみよ）．

これより，原子的束 L が有限カバリング性をもてば $F(L)$ が M 対称性をもつが，この逆も成立つことを示しておく．$a\in F(L)$, $a\wedge p=0$ のとき，$a<b\leqq a\vee p$ とする．$q\leqq b$, $q\nleqq a$ となる原子元 q をとる．p は原子元だから $(a\vee q, p)M$ で，$F(L)$ の M 対称性より $(p, a\vee q)M$. よって，

$$q\leqq b\wedge(a\vee q)\leqq(a\vee p)\wedge(a\vee q)=a\vee\{p\wedge(a\vee q)\}\leqq a\vee(p\wedge b).$$

これより，$p\wedge b=0$ とすれば $q\leqq a$ となって不合理だから，$p\leqq b$. よって $b=a\vee p$ となり，(7.10) が示された．

§8. 有限モジュラー性

L は原子的束とする．p が L の原子元ならば，すべての $x\in L$ に対し $(x, p)M$ が成立つ．さらに，L がカバリング性をもつときは，定理 7.1 より $(p, x)M$ と $(p, x)M^*$ とが成立つ．そこで，もう 1 つ残った次の条件を考えてみよう．

$$p \text{ が原子元ならば，すべての } x \text{ に対し } (x, p)M^*.$$

この条件はカバリング性よりはるかに強く，これがみたされているときは，有限な元 a に対し $(a, x)M$, $(x, a)M$, $(a, x)M^*$, $(x, a)M^*$ (xは任意の元) がすべて成立つことが証明される．その準備として次の概念を導入する．

定義 8.1. 原子的束 L の 0 でない2元 a, b をとる．$p \leqq a \vee b$ となる原子元 p に対して，$p \leqq q \vee r, q \leqq a, r \leqq b$ となる原子元 q, r が必ずとれるとき，$(a, b)P$ と書く．この条件は a, b について対称である．また，$a \leqq b$ ならば明らかに (a, b) P である．

補題 8.1. 原子的束 L がカバリング性より弱い次の条件をみたすとする．

(8.1) p, q が異なる原子元ならば $p \lessdot p \vee q$.

L の 0 でない2元 a, b に対し，$(a, b)P$ ならば $(a, b)M^*$ である．もし，b が原子元ならば，逆も成立つ．

証明. (i) $(a, b)P$ とし，$c \geqq b$ とする．$(a, b)M^*$ を示すには，$p \leqq c \wedge (a \vee b)$ となる原子元 p をとって，$p \leqq (c \wedge a) \vee b$ をいえばよい．$p \leqq b$ のときは明らかだから，$p \nleqq b$ とする．$p \leqq a \vee b$ より原子元 q, r が存在して $p \leqq q \vee r$, $q \leqq a$, $r \leqq b$. このとき，$r = q$ とすれば $p = r \leqq b$ となって不合理．よって，$r \neq q, r \neq p$ である．$r < p \vee r \leqq q \vee r$ で (8.1) より $r \lessdot q \vee r$ だから，$q \vee r = p \vee r \leqq c \vee b = c$, よって，$q \leqq c \wedge a$ となり

$$p \leqq q \vee r \leqq (c \wedge a) \vee b.$$

(ii) r は原子元とし，$(a, r)M^*$ として $(a, r)P$ を示す．$r \nleqq a$ としてよい．$p \leqq a \vee r$ となる原子元 p をとる．$p = r$ ならば，$q \leqq a$ は任意でよい．$p \neq r$ ならば，$(a, r)M^*$ を用いて

$$p \leqq (p \vee r) \wedge (a \vee r) = \{(p \vee r) \wedge a\} \vee r$$

であるから，$(p \vee r) \wedge a \neq 0$. よって，$q \leqq (p \vee r) \wedge a$ となる原子元 q をとれば，$r \nleqq a$ より $r \neq q$ であるから $r < q \vee r \leqq p \vee r$ で，(8.1) より $r \lessdot p \vee r$ であるから，$q \vee r = p \vee r \geqq p$. 故に，$(a, r)P$ が成立つ． (証終)

補題 8.2. 原子的束 L が次の条件をみたすとする．

(8.2) q が原子元ならば，任意の $0 \neq x \in L$ に対して $(q, x)P$.

$a \in L$ が 0 でない有限な元ならば，任意の $0 \neq x \in L$ に対して $(a, x)P$ である．

証明. $a = q_1 \vee \cdots \vee q_n$ となる原子元 q_i をとる．$p \leqq a \vee x$ とするとき，$p \leqq q_1 \vee (q_2 \vee \cdots \vee q_n \vee x)$ だから，(8.2) より原子元 r_1 が存在して

$$p \leqq q_1 \vee r_1, \quad r_1 \leqq q_2 \vee \cdots \vee q_n \vee x.$$

さらに (8.2) より $r_1 \leqq q_2 \vee r_2$, $r_2 \leqq q_3 \vee \cdots \vee q_n \vee x$ となる原子元 r_2 が存在する．これをくり

返して，最後に原子元 r_n で $r_{n-1}\leqq q_n\vee r_n$，$r_n\leqq x$ となるものがとれるから，$r_n=r$ とおくと，

$$p\leqq q_1\vee r_1\leqq q_1\vee q_2\vee r_2\leqq\cdots\leqq q_1\vee\cdots\vee q_n\vee r_n=a\vee r.$$

さらに，(8.2) より $(a,r)P$ であるから，原子元 q で $p\leqq q\vee r$，$q\leqq a$ となるものが存在する．故に，$(a,x)P$ が成立つ． （証終）

定理 8.1. 原子的束 L について次の5命題は同値である．

(α) a が有限ならば，すべての $x\in L$ に対し $(x,a)M$.

(β) p,q が原子元ならば，すべての $x\in L$ に対し $(x,p\vee q)M$.

(γ) a が有限ならば，すべての $x\in L$ に対し $(x,a)M^*$.

(δ) p が原子元ならば，すべての $x\in L$ に対し $(x,p)M^*$.

(ε) L は2条件 (8.1), (8.2) をみたす．

この命題の1つ（したがって全部）が成立つ場合，a が有限ならば，すべての $x\in L$ に対し $(a,x)M$，$(a,x)M^*$ であり，したがって，L はカバリング性をもつ．

証明. (α)⇒(β) と (γ)⇒(δ) は自明．

(α)⇒(γ)．a は有限で，$c\geqq a$ とする．$(x,a)M^*$ を示すには，原子元 $p\leqq c\wedge(x\vee a)$ をとって $p\leqq(c\wedge x)\vee a$ をいえばよい．(α) より $(x,a\vee p)M$ であるから，

$$p\leqq(a\vee x)\wedge(a\vee p)=a\vee\{x\wedge(a\vee p)\}\leqq a\vee(x\wedge c)=(c\wedge x)\vee a.$$

(β)⇒(δ) も同様に証明される．

(δ)⇒(ε)．定理7.1と同様にして，(8.1) は

任意の2つの原子元 p,q に対し $(p,q)M^*$

と同値であることがわかるから，(δ) が成立つとき，(8.1) はみたされ，さらに補題8.1より (8.2) もみたされる．

次に，(ε) が成立つとすれば，補題8.1と8.2とより，a が有限ならば $(a,x)M^*$, $(x,a)M^*$ が成立ち，さらに補題2.2より $(a,x)M$ も成立つ．また，これより L はカバリング性をもつ．

最後に，(ε)⇒(α) を示す．a は有限とし，$c\leqq a$ とすれば，定理7.5より c も有限で，上に示したように $(x,c)M^*$ が成立つ．よって，

$$(c\vee x)\wedge a=a\wedge(x\vee c)=(a\wedge x)\vee c=c\vee(x\wedge a)$$

となるから，$(x,a)M$ が示された．

定義 8.2. 0をもつ束 L が前定理の (α)，すなわち

(8.3) a が有限ならば，すべての $x\in L$ に対し $(x,a)M$

をみたすとき，L は**有限モジュラー**と呼ばれる．

原子的束 L が有限モジュラーならば，前定理より $(a,x)M$, $(a,x)M^*$, $(x,a)M^*$ がすべて成立つ．また，L はAC束となるから，$F(L)$ は L のイデアルである（定理7.5）が，さらに $F(L)$ 自身はモジュラー相対可補束である（定理7.6の系2）．定理7.7より，$a, b \in F(L)$ について

$$h(a \vee b) + h(a \wedge b) = h(a) + h(b)$$

がつねに成立つ．また，$0 \neq a \in F(L)$ のとき，すべての $x \neq 0$ に対し $(a,x)P$ が成立っている．

定義 8.3. 束 L において $(a,b)M$ と $(b,a)M$ が同値ならば，L は **M 対称**と呼ばれる．$(a,b)M^*$ と $(b,a)M^*$ が同値ならば，**M^* 対称**と呼ばれる．L が M^* 対称であることと L^* が M 対称であることは同値である．

定理 8.2. 有限モジュラーな原子的束 L において，0 でない2元 a, b に対し $(a,b)M^*$ と $(a,b)P$ は同値である．したがって，L は M^* 対称である．

証明. 補題8.1より $(a,b)P$ ならば $(a,b)M^*$ である．逆に，$(a,b)M^*$ を仮定し，$p \leqq a \vee p$ となる原子元 p をとる．$c = b \vee p$ とおくとき，$a \wedge c \leqq b$ ならば $(a,b)M^*$ より

$$b = (c \wedge a) \vee b = c \wedge (a \vee b) \leqq p$$

であるから，$r = p$ とし，$q \leqq a$ は任意にとって $p \leqq q \vee r$ が成立つ．$a \wedge c \not\leqq b$ ならば，原子元 q で $q \leqq a \wedge c$, $q \not\leqq b$ となるものが存在する．$q \leqq c = b \vee p$ で，L の有限モジュラー性より $(b,p)P$ が成立つから $q \leqq r \vee p$ となる原子元 $r \leqq b$ がとれる．$q \not\leqq b$ より $r \neq q$ であるから $p \leqq q \vee r$. よって，$(a,b)P$ が示された． （証終）

定理 8.3. 原子的束 L が有限モジュラーであるための必要十分条件は，L が次の性質をもつことである．

(8.4) $a \wedge b \lessdot a \Leftrightarrow b \lessdot a \vee b$.

証明. 必要性. L はカバリング性をもつから，定理7.2より，$a \wedge b \lessdot a \Rightarrow b \lessdot a \vee b$. 逆に $b \lessdot a \vee b$ とすれば，$a \not\leqq b$ より $p \leqq a$, $p \not\leqq b$ となる原子元 p がとれて，$b \vee p = a \vee b$ である．定理8.1より $(b,p)M^*$ だから

$$(a \wedge b) \vee p = a \wedge (b \vee p) = a \wedge (a \vee b) = a.$$

よって，カバリング性より $a \wedge b \lessdot a$.

十分性. 定理7.2より L はカバリング性をもつから，(8.1) が成立つ．よって (8.2) を示せばよい．$q \not\leqq x$ として $(q,x)P$ を示す．原子元 $p \leqq q \vee x$ をとる．$p \neq q$ としてよい．$r = (p \vee q) \wedge x$ とおくとき，$x \lessdot x \vee q = x \vee p \vee q$ より仮定によって $r \lessdot p \vee q$ である．よって，r

は原子元で，交換性より $p \leqq q \vee r$. （証終）

系. 原子的束 L が有限モジュラーであるとき，L^* が原子的ならば，L^* も有限モジュラーである.

定義 8.4. 束 L とその双対 L^* がともに AC 束であるとき，L は **DAC 束**と呼ばれる．直可補 AC 束 L は，L^* と L が同形であるから，DAC 束である.

定理 8.4. 1, 0 をもつ束 L が DAC 束であるための必要十分条件は，L と L^* が原子的で L が有限モジュラーとなることである．また，このとき L は M 対称かつ M^* 対称である.

証明. L が DAC 束のとき，L が AC 束であることから，$a \wedge b \lessdot a \Rightarrow b \lessdot a \vee b$ であり，また L^* が AC 束であることから逆も成立つ．よって，定理 8.3 より L は有限モジュラーである．逆は，上の系より明らか.

また，定理 8.2 より L は M^* 対称であり，L^* も同様である. （証終）

有限モジュラーな原子的束や DAC 束の具体例は §10 で与えられる．次に，原子元の配景性に関する定理を加えておく.

定理 8.5. 有限モジュラーな原子的束 L において，p, q を異なる原子元とするとき，次の 4 条件は同値である.

(α) $p \sim q$.

(β) p は q に劣配景的である.

(γ) $p \vee q$ は第 3 の原子元 r を含む.

(δ) $p \vee r = q \vee r = p \vee q$ となる（すなわち，$p \sim_r q$ となる）原子元 r が存在する.

証明. (δ)⇒(α)⇒(β) は自明である.

(γ)⇒(δ) はカバリング性より成立つ.

(β)⇒(γ). $p \leqq q \vee x$, $p \wedge x = 0$ とする．L の有限モジュラー性より $(q, x)P$ であるから，原子元 $r \leqq x$ が存在して $p \leqq q \vee r$. $p \wedge r \leqq p \wedge x = 0$ より $p \neq r$. また，これより $q \neq r$. さらに，交換性より $r \leqq p \vee q$. （証終）

定理 8.6. 有限モジュラーな原子的束 L において，原子元 p, q, r をとる. $p \sim q \sim r$ ならば $p \sim r$. さらに，$p \approx q$ ならば $p \sim q$.

証明. (i) p, q, r はすべて異なるとしてよい．前定理より

$$p \vee s = q \vee s = p \vee q, \quad q \vee t = r \vee t = q \vee r$$

となる原子元 s, t が存在する．このとき，$t \leqq q \vee r \leqq s \vee p \vee r$ だから，$(s, p \vee r)P$ より，原子

元$u\leqq p\vee r$で$t\leqq s\vee u$となるものが存在する．$u\neq p$かつ$u\neq r$の場合は，$p\sim_u r$．$u=p$の場合は，$r\leqq q\vee t\leqq q\vee s\vee u=p\vee q$より$p\vee r=q\vee r=p\vee q$で，$p\sim_q r$．$u=r$の場合は，$q\leqq r\vee t\leqq r\vee s\vee u=r\vee s$．交換性より$s\leqq q\vee r$だから，$p\leqq q\vee s\leqq q\vee r$．よって$p\sim_q r$．

(ii) $p\sim_x a$ならば，aは原子元である．実際，(8.4) を用いれば，

$$p\wedge x=0\lessdot p \Rightarrow x\lessdot p\vee x=a\vee x \Rightarrow 0=a\wedge x\lessdot a.$$

これより，$p\approx q$のとき$p\sim p_1\sim p_2\sim\cdots\sim p_{n-1}\sim q$となる原子元$p_i$が存在するから，(i)によって$p\sim q$である． (証終)

定理 8.7. 完備DAC束Lは既約な完備DAC束の直和に分解される．ここで，2つの異なる原子元p, qが同じ直和因子に属するための必要十分条件は，$p\vee q$が第3の原子元rを含むことである．Lが完備直可補AC束のとき，直和因子は既約な完備直可補AC束である．

証明. L^*が原子的であるから，Lは (SSC*) をみたす．よって定理6.4が適用され，定理8.5, 8.6より，$p\approx q$は$p\vee q$が第3の原子元を含むことと同値である．DAC束の区間は，定理7.4よりすべてまたDAC束であるから，直和因子$[0, z]$は完備DAC束である．

Lがさらに直可補束のときは，$x\in[0, z]$に対し$x^{\perp}\wedge z$を直補元として，$[0, z]$は直可補束である．実際，(3.2′) と (3.3) がみたされることは明らかで，(3.4) がみたされることは，分配法則によって

$$(x^{\perp}\wedge z)^{\perp}\wedge z=(x\vee z^{\perp})\wedge z=(x\wedge z)\vee(z^{\perp}\wedge z)=x\wedge z=x.$$ (証終)

§9. 原子的束の上連続性と原子元空間

定義 9.1. 順序集合Dが次の条件をみたすとき，**有向集合**と呼ばれる．

(9.1) 任意の$\delta_1, \delta_2\in D$に対し，$\delta_1\leqq\delta_3$，$\delta_2\leqq\delta_3$となる$\delta_3\in D$が存在する．

例えば，1つの無限集合Xの有限部分集合全体が包含関係を順序として作る順序集合は有向集合である．

束Lの元の集まり$\{a_\delta\in L; \delta\in D\}$は，$D$が有向集合で

(9.2) $\delta_1\leqq\delta_2$ならば$a_{\delta_1}\leqq a_{\delta_2}$

であるとき，**単調増加系**と呼ばれ，さらに$a=\bigvee_{\delta\in D}a_\delta$のとき，$a_\delta\uparrow a$と書く．**単調減少系**および$a_\delta\downarrow a$も双対的に定義される．

完備束Lにおいて，

(9.3) $a_\delta\uparrow a$ならば，任意の$b\in L$に対し$a_\delta\wedge b\uparrow a\wedge b$

であるとき，L は**上連続**（または，$\wedge$連続）であるという．双対的に**下連続**（または，$\vee$**連続**）も定義される．L が上連続かつ下連続のとき，**連続**と呼ばれる．連続モジュラー可補束は**連続幾何**と呼ばれる．

例 9.1. 例 1.1 で示したように，集合 X の部分集合の族 $\mathcal{M}$ が次の 2 条件をみたすとき，$\mathcal{M}$ は包含関係を順序として完備束を作る．

(9.4)　$X\in\mathcal{M}$,

(9.5)　任意個の $M_\alpha\in\mathcal{M}$ $(\alpha\in I)$ に対して，$\bigcap_{\alpha\in I}M_\alpha\in\mathcal{M}$.

ここで，$\mathcal{M}$ がさらに次の条件をみたすならば，$\mathcal{M}$ は上連続束である．

(9.6)　$\{M_\delta\in\mathcal{M};\delta\in D\}$ が単調増加系（すなわち，D は有向集合で，$\delta_1\leqq\delta_2$ ならば $M_{\delta_1}\subset M_{\delta_2}$）ならば，合併集合 $\bigcup_{\delta\in D}M_\delta$ は $\mathcal{M}$ に属する．

実際，完備束 $\mathcal{M}$ において $M_\delta\uparrow M$ とすれば，(9.6) より $M=\bigcup_{\delta\in D}M_\delta$ であるが，任意の $N\in\mathcal{M}$ に対して (9.5) より $M_\delta\wedge N=M_\delta\cap N$, $M\wedge N=M\cap N$ であり，集合演算より $\bigcup_\delta(M_\delta\cap N)=M\cap N$ であるから，$M_\delta\wedge N\uparrow M\wedge N$ が成立つ．

定理 9.1. 完備な原子的束が上連続であるための必要十分条件は，原子元 p と原子元の集合 $\{q_\alpha;\alpha\in I\}$ があって $p\leqq\bigvee_{\alpha\in I}q_\alpha$ ならば，$p\leqq q_{\alpha_1}\vee\cdots\vee q_{\alpha_n}$ となる有限個の $\alpha_i\in I$ が存在することである．

証明. 必要性．$a=\bigvee_{\alpha\in I}q_\alpha$ とおき，I の任意の有限集合 F に対して $a_F=\bigvee_{\alpha\in F}q_\alpha$ とおけば，明らかに $a_F\uparrow a$ である．よって，上連続性より $a_F\wedge p\uparrow a\wedge p$. もしすべての F について $a_F\wedge p=0$ ならば，$p=a\wedge p=0$ となり不合理．よって，ある F について $p\leqq a_F$ となる．

十分性．$a_\delta\uparrow a$ とする．$a_\delta\wedge b\uparrow a\wedge b$ を証明するには，L が原子的であることから，$p\leqq a\wedge b$ となる原子元 p について $p\leqq\bigvee_\delta(a_\delta\wedge b)$ を示せばよい．$p\leqq a\leqq\bigvee_\delta a_\delta=\bigvee_\delta(\bigvee(q;q\leqq a_\delta))$ (q は原子元) であるから，仮定より有限個の $q_i\leqq a_{\delta(i)}$ $(i=1,\cdots,n)$ が存在して $p\leqq q_1\vee\cdots\vee q_n$ である．そこで，すべての $i=1,\cdots,n$ に対して $\delta(i)\leqq\delta_0$ となる δ_0 をとれば

$$p\leqq\bigvee_{j=1}^n a_{\delta(i)}\leqq a_{\delta_0}.$$

よって，$p\leqq a_{\delta_0}\wedge b\leqq\bigvee_\delta(a_\delta\wedge b)$.　（証終）

定義 9.2. 原子的束 L の原子元全体の集合を，L の**原子元空間**といい，$\Omega(L)$ と書く．$\Omega(L)$ の部分集合 ω が次の条件をみたすとき，**部分空間**と呼ばれる．

(9.7)　$p\in\Omega(L)$，$q_1,\cdots,q_n\in\omega$ で $p\leqq q_1\vee\cdots\vee q_n$ ならば，$p\in\omega$.

全集合 $\Omega(L)$ および 1 元集合は部分空間である．空集合も部分空間とする．さ

らに，任意の $a\in L$ に対し

(9.8) $\omega(a)=\{p\in\Omega(L); p\leqq a\}$

とおけば，これは明らかに部分空間である．$\Omega(L)$ の部分空間の全体を $L(\Omega(L))$ と書く．

定理 9.2. 原子的束 L の原子元空間 $\Omega(L)$ において，その部分空間の全体 $L(\Omega(L))$ は包含関係を順序として上連続な原子的束を作る．ここで，交わりは共通集合と一致し，また $\omega_1, \omega_2\in L(\Omega(L))$ に対してその結びは

(9.9) $\omega_1\vee\omega_2=\{p\in\Omega(L); p\leqq q_1\vee\cdots\vee q_m\vee r_1\vee\cdots\vee r_n, q_i\in\omega_1, r_j\in\omega_2\}$.

さらに，L から $L(\Omega(L))$ への写像 $a\to\omega(a)$ は単射であって順序と交わりを保ち，この写像によって $F(L)$ と $F(L(\Omega(L)))$ は同形である．とくに，L が上連続であるとき，この写像によって L と $L(\Omega(L))$ は同形である．

証明. (i) $\Omega(L)$ を X, $L(\Omega(L))$ を $\mathcal{M}$ と考えれば，明らかに例 9.1 の 3 条件がみたされているから，$L(\Omega(L))$ は包含関係を順序として上連続束である．さらに，1 元集合 $\{p\}=\omega(p)$ は原子元であるから，$L(\Omega(L))$ は原子的である．(9.9) が成立つことも容易に確かめられる．

(ii) L が原子的であるから，$a\to\omega(a)$ は単射である．順序を保つことは明らか．また，$\wedge_\alpha a_\alpha=a$ が存在するとき（α の数は有限でもよい），$p\in\omega(a)$ は，すべての α に対し $p\in\omega(a_\alpha)$ であることと同値であるから，

$$\omega(a)=\bigcap_\alpha\omega(a_\alpha)=\wedge_\alpha\omega(a_\alpha).$$

次に，$p_1, \cdots, p_n\in\Omega(L)$ に対し

$$\omega(p_1)\vee\cdots\vee\omega(p_n)=\{p\in\Omega(L); p\leqq p_1\vee\cdots\vee p_n\}=\omega(p_1\vee\cdots\vee p_n)$$

であることから，$a\in F(L)$ ならば $\omega(a)\in F(L(\Omega(L)))$ であり，逆に，$\omega\in F(L(\Omega(L)))$ ならば，$\omega=\omega(a)$ となる $a\in F(L)$ が存在する．

(iii) L が上連続のとき，この写像が全射であることを示す．$\omega\in L(\Omega(L))$ に対して，$a=\vee(q; q\in\omega)$ とおくとき，$\omega\subset\omega(a)$ は明らか．$p\in\omega(a)$ ならば，$p=\vee(q; q\in\omega)$ であるから，定理 9.1 より有限個の $q_i\in\omega$ が存在して $p\leqq q_1\vee\cdots\vee q_n$ である．ω は部分空間だから $p\in\omega$ で，これより $\omega=\omega(a)$ である．よって，$a\to\omega(a)$ は全単射で，L と $L(\Omega(L))$ は同形である．（証終）

この定理は，原子的束は有限な元を増やすことなく上連続な原子的束に拡大できることを意味している．

定理 9.3. 原子的束 L がカバリング性をもつとき，すなわち L が AC 束で

あるとき，$L(\Omega(L))$ は上連続 AC 束である．

証明． $L(\Omega(L))$ がカバリング性をもつことを示せばよい．原子元は1元集合 $\{p\}$ である．$L(\Omega(L))$ において，$\{p\}\not\leqq\omega$ とし，$\omega<\omega_1\leqq\omega\vee\{p\}$ とする．このとき，$q\in\omega_1$ で $q\notin\omega$ となるものをとれば，$q\in\omega\vee\{p\}$ より $q\leqq r_1\vee\cdots\vee r_n\vee p$ となる $r_i\in\omega$ が存在する．$q\notin\omega$ より $q\not\leqq r_1\vee\cdots\vee r_n$ であるから，交換性によって $p\leqq r_1\vee\cdots\vee r_n\vee q$ である．よって，$p\in\omega_1$ となるから，$\omega_1=\omega\vee\{p\}$．故に，$\omega\lessdot\omega\vee\{p\}$． （証終）

定義 9.3. 上連続 AC 束は**マトロイド束**と呼ばれる．前定理より，AC 束は有限な元を増やすことなくマトロイド束に拡大できる．

補題 9.1. 上連続束 L において $a_\delta\uparrow a$ とする．すべての δ について $(a_\delta, b)M$ ならば，$(a, b)M$.

証明． $c\leqq b$ とする．$c\vee a_\delta\uparrow c\vee a$ であるから，上連続性より $(c\vee a_\delta)\wedge b\uparrow(c\vee a)\wedge b$．一方，$a_\delta\wedge b\uparrow a\wedge b$ より $c\vee(a_\delta\wedge b)\uparrow c\vee(a\wedge b)$．よって，$(a_\delta, b)M$ より

$$c\vee(a\wedge b)=\bigvee_\delta\{c\vee(a_\delta\wedge b)\}=\bigvee_\delta\{(c\vee a_\delta)\wedge b\}=(c\vee a)\wedge b.$$ （証終）

定理 9.4. 上連続原子的束 L が有限モジュラーならば，モジュラーである．

証明． a が有限ならば，定理 8.1 より任意の $b\in L$ に対し $(a, b)M$ である．a が有限でないとき，a に含まれる原子元の全体を $\{p_\alpha; \alpha\in I\}$ とし，I の有限部分集合 F に対し $a_F=\bigvee_{\alpha\in F}p_\alpha$ とおけば，a_F は有限で $a_F\uparrow a$ である．よって，補題 9.1 より $(a, b)M$ が成立つ． （証終）

定理 9.5. L は有限モジュラーな原子的束とする．

(i) $\Omega(L)$ の部分集合 ω が次の条件をみたすならば部分空間である．

(9.10) $p\in\Omega(L), q, r\in\omega$ で $p\leqq q\vee r$ ならば，$p\in\omega$.

これより，$\omega_1, \omega_2\in L(\Omega(L))$ に対してその結びは

(9.11) $\omega_1\vee\omega_2=\{p\in\Omega(L); p\leqq q\vee r, q\in\omega_1, r\in\omega_2\}$.

(ii) $L(\Omega(L))$ はモジュラーマトロイド束である．

証明． (i) ω が (9.10) をみたすとする．$p\in\Omega(L), p\leqq q_1\vee\cdots\vee q_n, q_i\in\omega$ であるとき，$p\in\omega$ となることを，n についての帰納法で示す．$n=2$ のときは (9, 10) より成立つ．$n-1$ で成立つと仮定する．L が有限モジュラーであることから $(q_1\vee\cdots\vee q_{n-1}, q_n)P$ が成立つ．よって，原子元 $r\leqq q_1\vee\cdots\vee q_{n-1}$ が存在して $p\leqq r\vee q_n$．仮定より $r\in\omega$ であるから，(9.10) より $p\in\omega$.

(ii) $L(\Omega(L))$ は定理 9.3 よりカバリング性をもつから (8.1) をみたす．また (8.2) もみたしている．実際，原子元 $\omega(q)$ と $\omega\neq0$ をとるとき，$\omega(p)\leqq\omega(q)\vee\omega$ とすれば，$p\in\omega(q)\vee\omega$ だから，(i)によって $r\in\omega$ が存在して $p\leqq q\vee r$．このとき，$\omega(r)\leqq\omega$ で，$\omega(p)$

$\leqq\omega(q)\vee\omega(r)$ だから，$(\omega(q),\omega)P$ が成立つ．よって，定理8.1より $L(\Omega(L))$ は有限モジュラーであり，定理9.4よりモジュラーである．

次に，マトロイド束の重要な性質をいくつか述べる．

補題 9.2. 上連続束 L において2元 a,b をとるとき，L の部分集合

$$\{x\in L;\ x\leqq b,\ x\wedge a=0,\ (x,a)M\}$$

の中で極大な元が存在する．

証明. この部分集合を S とすれば，$0\in S$ だから空ではない．S において L と同じ順序を考え，S の全順序部分集合 C をとって，$c=\vee(x;x\in C)$ とおくとき，$c\leqq b$ は明らか．上連続性より $x\wedge a\uparrow c\wedge a$ であるから $c\wedge a=0$．さらに，補題9.1より $(c,a)M$ が成立つから，$c\in S$．よって，C はつねに上界をもち，Zornの補題（§1参照）より S は極大元をもつ．（証終）

定理 9.6. マトロイド束 L において2元 a,b をとるとき，

$$(9.12)\quad b_1\leqq b,\ \ a\vee b_1=a\vee b,\ \ a\wedge b_1=0,\ \ (b_1,a)M$$

となる $b_1\in L$ が存在する．これより，マトロイド束は相対可補束で M 対称である．

証明. (i) 補題9.2で得られた極大元を b_1 として(9.12)が成立つことを示す．$a\vee b_1=a\vee b$ 以外は明らか．もし，$a\vee b_1<a\vee b$ であるとすれば，原子元 $p\leqq b$ で $p\nleqq a\vee b_1$ となるものが存在する．カバリング性より $(p,a\vee b_1)M$ で，$p\wedge(a\vee b_1)=0$ であるから，補題2.5より

$$(p\vee b_1,a)M \text{ かつ } (p\vee b_1)\wedge a=b_1\wedge a=0.$$

しかも，$b_1<p\vee b_1\leqq b$ であるから，これは b_1 の極大性に反する．よって，$a\vee b_1=a\vee b$ が成立つ．

(ii) $a\leqq c\leqq b$ とする．(i)より $b_1\leqq b,\ c\vee b_1=c\vee b=b,\ c\wedge b_1=0,\ (b_1,c)M$ となる b_1 が存在する．$d=a\vee b_1$ とおけば，$d\in[a,b]$ であり，

$$d\wedge c=(a\vee b_1)\wedge c=a\vee(b_1\wedge c)=a,\quad d\vee c=a\vee b_1\vee c=a\vee b=b.$$

よって，d は $[a,b]$ における c の補元である．

次に，$(a,b)M$ とするとき，(9.12)をみたす b_1 をとれば，

$$b_1\vee(a\wedge b)=(b_1\vee a)\wedge b=(a\vee b)\wedge b=b.$$

しかるに，$(a\wedge b,a)M$，$(b_1,a)M$，$b_1\wedge a\leqq a\wedge b$ であるから，補題2.5より $(b,a)M$ が成立つ．

系 1. 上連続な原子的束について，カバリング性をもつことと M 対称とは同値である．

証明. カバリング性をもてば，前定理より M 対称である．逆に，M 対称ならば (7.4) が成立つ．（証終）

系 2. マトロイド束は既約なマトロイド束の直和に分解される．

証明. 相対可補束であることから Z 完備であり，定理 6.2 が適用される．直和因子がまたマトロイド束であることは明らか．（証終）

注意 9.1. マトロイド束においても定理 8.6 と同じ結果，すなわち，2つの原子元 p, q について，$p \approx q$ ならば $p \sim q$ であることが証明される．(証明は省略する．〔37〕，§13 を見よ．) よって，上の直和分解において，p, q が同じ直和因子に属するための必要十分条件は，$p \sim q$ である．

§10. 原子的束と線形空間

原子的束の重要な例は，線形空間（付録 A 5 参照）においていくつか現れる．以下，それをモジュラー性の強いものから順に述べてゆく．

例 10.1. X は $\boldsymbol{K}$ を係数体とする線形空間とする．X の部分空間全体の集合を $L(X)$ とすると，これは明らかに例 9.1 の 3 条件をみたすから，包含関係を順序として上連続束を作る．ここで，最小元は 1 元集合 $\{0\}$ であり，また，$0 \neq x \in X$ に対し 1 次元部分空間 $\boldsymbol{K}x = \{\lambda x ; \lambda \in \boldsymbol{K}\}$ は明らかに $L(X)$ の原子元である．これより，$L(X)$ は原子的である．さらに，$A, B \in L(X)$ に対し

$$A \vee B = A + B = \{x + y ; x \in A, y \in B\}$$

であるから，例 2.2 と同様に，$L(X)$ はモジュラーであることが証明される．$L(X)$ の異なる原子元 $\boldsymbol{K}x, \boldsymbol{K}y$ をとるとき，その結びは第 3 の原子元 $\boldsymbol{K}(x+y)$ を含むから，定理 6.1 より $L(X)$ は既約である．以上より，$L(X)$ は既約なモジュラーマトロイド束であることがわかった．ここで，$L(X)$ の長さは X の次元（付録 A 6 参照）と一致する．

例 10.2. 上記の $L(X)$ の部分集合 L_0 で次の 3 条件をみたすものを考える．

(10.1)　$\{0\} \in L_0$,　$X \in L_0$.

(10.2)　$A_\alpha \in L_0 \ (\alpha \in I)$ ならば $\bigcap_{\alpha \in I} A_\alpha \in L_0$.

(10.3)　$A \in L_0$ ならば，任意の $x \in X$ に対し $A + \boldsymbol{K}x \in L_0$.

(10.1) と (10.2) より，L_0 は $L(X)$ と同じ順序（包含関係）により完備束を

作る．ここで交わりは共通集合で $L(X)$ におけるものと一致する．また，(10.3) より有限次元部分空間はすべて L_0 に属するから，$F(L_0)=F(L(X))$ である．L_0 はカバリング性をもつ．実際，$A\in L_0$ で $\boldsymbol{K}x\not\leqq A$ とするとき，(10.3) より $A\vee\boldsymbol{K}x=A+\boldsymbol{K}x$ である．$A<B\leqq A\vee\boldsymbol{K}x$ となる $B\in L_0$ をとれば，$y\in B$ で $y\notin A$ となるものが存在する．$y\in A+\boldsymbol{K}x$ より $y=u+\lambda x\,(u\in A, \lambda\in\boldsymbol{K})$ と書けるが，$y\notin A$ より $\lambda\neq 0$ であるから，$x=\lambda^{-1}(y-u)\in B$．よって，$B=A+\boldsymbol{K}x$ が成立つから，L_0 はカバリング性をもつ．さらに，L_0 において (8.2) が成立つ．なぜならば，$\boldsymbol{K}y\leqq A\vee\boldsymbol{K}x$ のとき，$y=u+\lambda x\,(u\in A)$ と書けて，このとき $\boldsymbol{K}y\leqq\boldsymbol{K}u+\boldsymbol{K}x, \boldsymbol{K}u\leqq A$．以上より，$L_0$ は完備有限モジュラー原子的束である．定理8.2より，L_0 において $(A, B)M^*$ であることは，$A\vee B=A+B$ と，したがって $A+B\in L_0$ と同値である．L_0 の原子元空間 $\Omega(L_0)$ において，その部分空間には X の部分空間が対応し，部分空間全体の作る上連続束 $L(\Omega(L_0))$ は $L(X)$ と同形である．

位相線形空間 X（付録D2参照）の閉部分空間全体を $L_c(X)$ と書くと，X の位相が Hausdorff の場合，これは上の3条件をすべてみたしている．

さらに，X がノルム空間（付録D1参照）の場合，その共役空間に汎弱位相を入れてできる位相線形空間（付録D3参照）を $X_\sigma{}^*$ と書くことにする．このとき，$L_c(X)$ の元 A に $L_c(X_\sigma{}^*)$ の元

$$A^\perp=\{f\in X^*;\ \text{すべての}\ x\in A\ \text{に対し}\ f(x)=0\}$$

を対応させる写像によって，$L_c(X)$ は $L_c(X_\sigma{}^*)$ の双対と同形である．よって $L_c(X)$ はその双対も AC 束であるから，完備DAC束である．（一般に，X が局所凸位相線形空間ならば，このことが成立つ．）

§17では，同じような方法で，完備直可補AC束の例が与えられる．

定義 10.1.　線形空間 X において，空でない部分集合 A が次の条件をみたすとき**線形集合**と呼ぶ．

(10.4)　$x, y\in A,\ \ \lambda, \mu\in\boldsymbol{K},\ \ \lambda+\mu=1$　ならば，$\lambda x+\mu y\in A$．

X の部分空間 B と $x\in X$ をとるとき，$x+B=\{x+y; y\in B\}$ は明らかに線形集合である．また，A が線形集合のとき，$x\in A$ をとって，$B=\{y-x; y\in A\}$ とお

けば，Bは部分空間で$A=x+B$となる．すなわち，線形集合は部分空間を平行移動したものである．

例 10.3. 線形空間Xにおいて，線形集合全体に空集合ϕを加えたものを$L_a(X)$と書く．これも明らかに例9.1の3条件をみたすから，包含関係を順序として上連続束を作る．ここで，最小元は空集合であり，1元集合はすべて$L_a(X)$に属するから，これらは原子元である．よって，$L_a(X)$は原子的である．Xが2次元以上のとき，これは有限モジュラーにならない．なぜならば，1次独立な2元$x, y \in X$をとるとき，$L_a(X)$の2元$\boldsymbol{K}x$と$y+\boldsymbol{K}x$（平行な2直線）は，図8で示されるようにモジュラー対にならない．ただし，lはxとyを結ぶ直線$\{\lambda x+\mu y; \lambda+\mu=1\}$である．しかし，$L_a(X)$がマトロイド束であること，すなわち，カバリング性をもつことは，次のように示される．$A \in L_a(X)$で$\{x\} \not\leqq A$，すなわち$x \notin A$とする．このとき，

$$\{x\} \vee A=\{\lambda_0 x+\lambda_1 y_1+\cdots+\lambda_n y_n; \lambda_0+\lambda_1+\cdots+\lambda_n=1, y_i \in A\}$$

であることは容易にわかる．$B \in L_a(X)$で$A<B \leqq \{x\} \vee A$となるものをとる．$y \in B$で$y \notin A$となるものをとれば，

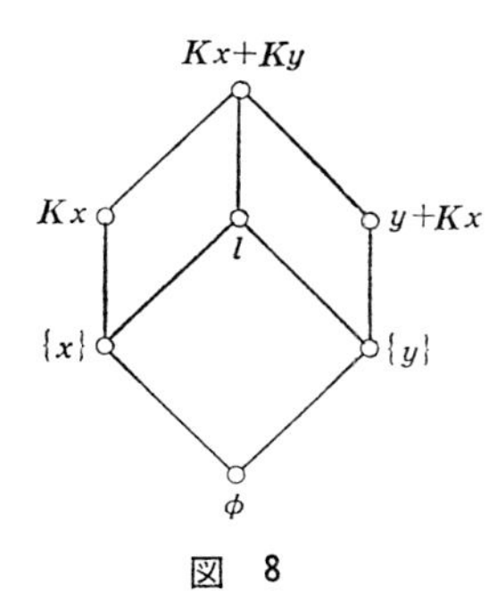

図 8

$$y=\lambda_0 x+\lambda_1 y_1+\cdots+\lambda_n y_n \quad (\lambda_0+\lambda_1+\cdots+\lambda_n=1,\ y_i \in A)$$

と表され，$y \notin A$より$\lambda_0 \neq 0$である．

$$x=\lambda_0^{-1} y-\lambda_0^{-1} \lambda_1 y_1-\cdots-\lambda_0^{-1} \lambda_n y_n$$

で，$y, y_i \in B$かつ$\lambda_0^{-1}-\lambda_0^{-1}\lambda_1-\cdots-\lambda_0^{-1}\lambda_n=\lambda_0^{-1}\lambda_0=1$であるから，$x \in B$．よって，$B=\{x\} \vee A$となり，$L_a(X)$はカバリング性をもつ．また，2つの原子元は互いに配景的で，$L_a(X)$は既約なマトロイド束である．

例 10.4. 実数体$\boldsymbol{R}$を係数体とする線形空間Xにおいて，空でない部分集合Aが次の条件をみたすとき，**凸集合**と呼ぶ．

(10.5) $x, y \in A$, $0<\lambda<1$ならば，$\lambda x+(1-\lambda) y \in A$.

線形集合は凸集合である．凸集合全体に空集合を加えたものを$L_{co}(X)$と書くと，これも例9.1の3条件をみたすから，包含関係を順序として上連続束を作り，1元集合がすべて$L_{co}(X)$に属することから，この束は原子的である．しかしこの束は，カバリング性も，またそれより弱い(8.1)の性質さえももっていない．実際，異なる原子元$\{x\}$, $\{y\}$をとるとき，その結びはxとyを結ぶ線分であり，$\{x\}<\{x\} \vee \left\{\frac{x+y}{2}\right\}<\{x\} \vee \{y\}$となるから，(8.1)は成立しない．ただし，この束では任意の2元A, Bに対して$(A, B)P$は成立っている．このような束は加法的と呼ばれることがある．

注意 10.1. 射影幾何は，通常公理的に構成されるが，ここで点，直線，平面等の部

分空間全体は，例 10.1 と同じく既約なモジュラーマトロイド束を作る．そこで，既約なモジュラーマトロイド束を**射影幾何**，モジュラーマトロイド束を**一般射影幾何**と呼ぶことがある．

この束については，次の重要な表現定理があり，定理 9.5 と併せて，有限モジュラー原子的束の表現の基礎ともなる．

定理 10.1. L は既約なモジュラーマトロイド束で，長さが 4 以上（無限でもよい）とする．このとき，適当な体 $\boldsymbol{K}$ の上の線形空間 X をとって，その部分空間全体の束 $L(X)$ が L と同形となるようにできる．

この定理の証明は可成り複雑である（[4]，第7章参照）ので，ここでは，$\boldsymbol{K}$ や X をどのように構成するかの概要を説明するにとどめる．

(i) L は定理 9.6 より可補束で，原子元の補元は双対原子元である．双対原子元 h を 1 つ固定する．L の自己同形写像 σ で区間 $[0, h]$ の元をすべて動かさないようなもの全体の作る群を Γ とする．$\sigma\in\Gamma$ が単位元（恒等写像）でなければ，次の条件をみたす原子元 p がただ 1 つ存在する．

(10.6) すべての $x\in L$ に対し $x\vee p=\sigma(x)\vee p$.

実際，原子元 p で $p\nleqq h$, $\sigma(p)=p$ となるものがあれば，これは (10.6) をみたし，また，すべての $q\nleqq h$ について $\sigma(q)\neq q$ の場合は，$p=h\wedge(q\vee\sigma(q))$ が (10.6) をみたすことが示される．なお，(10.6) をみたす p が 2 つあれば，σ は恒等写像であることが示される．こうして定まる p を $C(\sigma)$ と書く．

(ii) L の長さが 4 以上であることを用いて，次の Desargues の定理が証明される．原子元 p を含む 3 つの直線（高さ 2 の元）l_1, l_2, l_3 をとり，各 l_i 上に原子元 $q_i, r_i (i=1, 2, 3)$ をとれば（p, q_i, r_i は異なるものとする），

$$s_1=(q_2\vee q_3)\wedge(r_2\vee r_3),\quad s_2=(q_3\vee q_1)\wedge(r_3\vee r_1),\quad s_3=(q_1\vee q_2)\wedge(r_1\vee r_2)$$

は原子元で，ある 1 つの直線に含まれる．

(iii) $\sigma_1, \sigma_2\in\Gamma$ で，$\sigma_1, \sigma_2, \sigma_1\sigma_2$ がすべて 1 でないとき

$$C(\sigma_1\sigma_2)\leqq C(\sigma_1)\vee C(\sigma_2).$$

実際，$C(\sigma_1)=C(\sigma_2)$ のときは明らかに $C(\sigma_1\sigma_2)=C(\sigma_1)$ であり，$C(\sigma_1)\neq C(\sigma_2)$ のときは，Desargues の定理を用いて，$C(\sigma_1), C(\sigma_2), C(\sigma_1\sigma_2)$ が 1 つの直線に

含まれることが証明される．

(iv)　p, q, r が異なる原子元で，$p \not\leqq h$，$q \not\leqq h$，$r \leqq p \vee q$ であるとき，$\sigma(p)=q$，$C(\sigma)=r$ となる $\sigma \in \Gamma$ がただ1つ存在する．ここで一意性は簡単であるが，存在証明は可成り面倒で Desargues の定理も利用しなければならない．

(v)　$a \in [0, h]$ に対し

$$\Gamma(a)=\{\sigma \in \Gamma; \sigma \neq 1, C(\sigma) \leqq a\} \cup \{1\}$$

とおく（とくに，$\Gamma(0)=\{1\}$）．このとき，(iii) より $\Gamma(a)$ は Γ の部分群であるが，とくに $\Gamma(h)$ は Γ の正規部分群であることがわかる．しかも，(iv) を用いて $\Gamma(h)$ が可換群であることが証明できる．

(vi)　$\eta: \sigma \to \sigma^{\eta}$ を可換群 $\Gamma(h)$ の自明でない（$\sigma^{\eta} \neq 1$ となる σ が存在）自己準同形写像とする．すべての $a \in [0, h]$ に対して $\Gamma(a)^{\eta} \subset \Gamma(a)$ であるための必要十分条件は，η が内部自己同形写像，すなわちある $\sigma_0 \in \Gamma$ が存在して $\sigma^{\eta}=\sigma_0{}^{-1}\sigma\sigma_0$（$\sigma \in \Gamma(h)$）となることである．この十分性は簡単に証明されるが，必要性の証明は面倒で，(iv)をうまく利用して証明される．

(vii)　$\Gamma(h)$ の自己準同形写像 η で，すべての $a \in [0, h]$ に対して $\Gamma(a)^{\eta} \subset \Gamma(a)$ となるもの全体を $\boldsymbol{K}$ とし，ここで和と積を次のように定義する．$\eta_1, \eta_2 \in \boldsymbol{K}$ に対し

$$\sigma^{\eta_1+\eta_2}=\sigma^{\eta_1}\sigma^{\eta_2}, \quad \sigma^{\eta_1\eta_2}=(\sigma^{\eta_1})^{\eta_2} \quad (\sigma \in \Gamma(h)).$$

$\boldsymbol{K}$ の0元は，$\sigma^0=1$（1は Γ の単位元）で与えられ，$\eta \in \boldsymbol{K}$ に対し $\sigma^{-\eta}=(\sigma^{\eta})^{-1}$ とおいて，$\boldsymbol{K}$ は加群である．また，$\boldsymbol{K}$ の単位元は恒等写像で与えられ，$\eta \in \boldsymbol{K}$ が(vi)より内部自己同形写像なので $\eta^{-1} \in \boldsymbol{K}$ が存在し，$\boldsymbol{K}$ が体であることがわかる．さらに，$\Gamma(h)$ は可換群だから，ここでの積を和で表し，$\sigma \in \Gamma(h)$ と $\eta \in \boldsymbol{K}$ に対して $\eta\sigma=\sigma^{\eta}$ と定義すれば，$\Gamma(h)$ は $\boldsymbol{K}$ を係数体とする線形空間であることが確かめられる．さらに，任意の $a \in [0, h]$ に対し，$\Gamma(a)$ は $\Gamma(h)$ の部分空間であることが示される．逆に，$\Gamma(h)$ の任意の部分空間は $\Gamma(a)$ の形であることは，L の上連続性を用いて証明される．以上より，$[0, h]$ は $\Gamma(h)$ の部分空間全体の作る束 $L(\Gamma(h))$ と同形である．

(viii)　Desargues の定理を利用すると，既約なモジュラーマトロイド束 $\bar{L}$ とそ

の双対原子元 $\bar{h}$ をとって，$\bar{L}$ の区間〔$0, \bar{h}$〕が L と同形となるようにすることができる．$\bar{L}$ について(i)から(vii)までの議論を適用すれば，ある線形空間 $X=\Gamma(\bar{h})$ が存在して，その部分空間全体の作る束 $L(X)$ は〔$0, \bar{h}$〕と同形で，したがって L と同形になる．

問　題

1.　原子的完備束 L が (SSC*) をみたすとする．$a, b \in L$ について，$e(a) \wedge e(b)=0$ は次の条件のどちらとも同値である．

(α)　$a \geqq p \approx q \leqq b$ となる原子元 p, q は存在しない．

(β)　$a \geqq a_1 \approx b_1 \leqq b$ ならば $a_1=b_1=0$.

2.　0をもつ束 L が有限カバリング性をもつ（(7.10) をみたす）ことは次の命題と同値である．

(α)　p が原子元で $a \in F(L)$ ならば，$(p, a)M^*$.

さらに，L が原子的の場合，次の命題とも同値である．

(β)　p が原子元で $a \in F(L)$ ならば，$(p, a)M$.

3.　0をもつ束 L が次の条件（Birkhoff の半モジュラー性）をみたすとき，有限カバリング性をもつ．

(＊)　$a \succ c$,　$b \succ c$,　$a \neq b$ ならば，$a \prec a \vee b$,　$b \prec a \vee b$.

また AC 束は (＊) をみたす．

4.　0をもつ束がカバリング性をもつとき，補題 6.3 の 3 命題は同値である．（これより，原子元 p, q について，$p \bigtriangledown q$ ならば $q \bigtriangledown p$.）

5.　AC 束の元 a と原子元 p をとるとき，$a \bigtriangledown p$ ならば $p \bigtriangledown a$.（この逆は成立しない．第1章の問題9を見よ．）

6.　有限モジュラー原子的束 L において，2元 a, b をとる．$b \in F(L)$ で a が b に劣配景的ならば，$a \in F(L)$ かつ $h(a) \leqq h(b)$.（さらに，$a \sim b \in F(L)$ ならば，$h(a)=h(b)$.）

7.　束 L で定義された実数値関数 f で，次の2条件をみたすものが存在するならば，L はモジュラーである．

(i)　$f(a \vee b)+f(a \wedge b)=f(a)+f(b)$.

(ii)　$a<b$ ならば $f(a)<f(b)$.

また，このとき $d(a, b)=f(a \vee b)-f(a \wedge b)$ とおけば，d によって L は距離空間（付録 B 7参照）となる．

8.　原子的束について，右の関係を確かめよ．また原子的束が M^* 対称でカバリング性をもつとき，有限モジュラーである．

$$\begin{cases} \text{DAC} \Rightarrow \text{有限モジュラー} \Rightarrow M^*\text{対称} \\ \Downarrow \qquad\qquad\qquad \Downarrow \\ M\text{対称} \Rightarrow \text{カバリング性} \end{cases}$$

9. 原子的束 L について，次の性質は有限モジュラー性より弱い（定理8.1).

$$a\in F(L) \text{ ならばすべての } x\in L \text{ に対し } (a,x)M,\ (a,x)M^*.$$

第1章の問題9で与えた束は，有限モジュラーでなくてこの性質をもつ.

10. 上連続束において，$a_\delta\uparrow a$ かつ $b_\delta\uparrow b$ ならば $a_\delta\wedge b_\delta\uparrow a\wedge b$ である．また，$b_\delta\uparrow b$ ですべての δ について $(a,b_\delta)M$ ならば，$(a,b)M$ である.

11. 原子的上連続束が有限カバリング性をもてば，カバリング性をもつ.

12. AC 束 L が相対可補的（例えばマトロイド束）ならば，双対 L^* も原子的である.

13. 集合 X における2つの同値関係 θ_1,θ_2 について

$$x\equiv y(\theta_1) \text{ ならば } x\equiv y(\theta_2)$$

が成立つとき $\theta_1\leqq\theta_2$ と定義する．この順序によって，X における同値関係の全体はマトロイド束を作る．X の元の数が4以上のとき，この束はモジュラーではない.

参考ノート

原子的束の本格的な研究が始ったのは1930年代の中頃からで，この頃に，カバリング性，交換性や，マトロイド束等の概念が導入されている（〔45〕,〔35〕)．(〔6〕の第3版では，マトロイド束を幾何束と呼んでいる.）射影幾何における束はモジュラーマトロイド束であって，いろいろ都合の良い性質をもっているが，アフィン幾何では例10.3のようにモジュラーではなくて，その取扱いには，半モジュラーの概念が必要である．Birkhoff は，有限の長さをもつ束について半モジュラー性を問題3の（＊）で定義し，さらに〔6〕の第3版では，長さ無限の場合に M 対称性によって定義している．ここでは，〔37〕にしたがって，カバリング性を使ってまとめた（長さ有限の場合はどれでも同値である).

マトロイド束という名前も，はじめは有限の長さをもつ AC 束（有限次元アフィン幾何の束を例としている）を意味していた．これを長さ無限の場合にまで拡張するとき，§9で述べたように，上連続性を入れておくと，有限の場合の性質（例えば，カバリング性と M 対称性との一致，相対可補性等）がうまく保存される.

アフィン幾何における平行の概念を束論的に導入するには，さらに条件を加えてアフィンマトロイド束と呼ばれるものを考える必要があり，これについては〔37〕の第4章で詳述されている．一方，射影幾何の束については〔36〕でも詳しく述べられており，これを原子的でない場合にまで一般化したのが，連続幾何の理論である.

また，ノルム空間の閉部分空間の作る束の研究が1940年代に Mackey によって行われていた（〔32〕）が，これを例とする DAC 束の研究は新しく（〔40〕)，有限モジュラー性も同時に注目されて，これらの理論は〔37〕でまとめられた．ただし，原子的束について有限モジュラー性からカバリング性が導かれることは，当時見落されていたもので，本書の§8は最近の改良結果である（〔44〕).

第3章

Boole 束

この章では，Boole 束と集合体，σ 集合体との関係を主題として述べる．

§11. Boole 束と集合体

定義 11.1. 束 L のイデアル J が L と一致せず，また J より大きいイデアルは L しか存在しないとき，J は**極大イデアル**と呼ばれる．イデアル J が L と一致せず，次の条件をみたすとき，**素イデアル**と呼ばれる．

(11.1)　$a\wedge b\in J$ ならば，$a\in J$ または $b\in J$.

§2 の図3で与えた5元束では，J_a, J_b, J_c は極大イデアルである．しかし，素イデアルは存在しない．例えば，J_a は，$b\wedge c=0\in J_a$, $b\notin J_a$, $c\notin J_a$ より素イデアルでない．

補題 11.1. 分配束においては，極大イデアルは素イデアルである．1をもつ相対可補束においては，素イデアルは極大イデアルである．

証明. 分配束 L において，J を極大イデアルとし，$a\wedge b\in J, a\notin J$ とする．

$$J'=\{y\in L; y\leqq a\vee x, x\in J\}$$

は明らかにイデアルで，$a\in J'$ より $J\subsetneqq J'$．よって，J の極大性より $J'=L\ni b$ であるから，$b\leqq a\vee x$ となる $x\in J$ が存在する．このとき，$x\wedge b\in J$ で，分配法則より $b=(a\vee x)\wedge b=(a\wedge b)\vee(x\wedge b)\in J$．よって J は素イデアルである．

次に，1をもつ相対可補束 L において，J を素イデアルとする．$J\subsetneqq J'$ となるイデアル J' をとり，$a\in J$ と $b\in J'$ で $b\notin J$ となるものをとる．区間〔$a\wedge b, 1$〕における b の補元を c とすれば，$b\wedge c=a\wedge b\in J$ で $b\notin J$ だから，$c\in J\subset J'$．よって，$1=b\vee c\in J'$ となるから，$J'=L$．故に，J は極大イデアルである．（証終）

次に，極大イデアルや素イデアルの存在を示すが，それには§1の終りに述べた Zorn の補題が必要である．

補題 11.2. 束 L において，イデアル J とそれに属さない元 a をとるとき，J を含み a を含まないイデアルの中で極大なものが存在する．

証明. Jを含みaを含まないイデアルの全体を$\mathcal{J}$とする（$J\in\mathcal{J}$より$\mathcal{J}$は空でない）$\mathcal{J}$は包含関係により順序集合を作る．$\mathcal{J}$の全順序部分集合を$\mathcal{J}'$とし，$\mathcal{J}'$に属するすべてのイデアルの合併集合をJ_1とおけば，J_1は明らかにまたイデアルである．J_1はaを含まないから，$J_1\in\mathcal{J}$となり，これは$\mathcal{J}'$の上界である．よって，Zorn の補題より$\mathcal{J}$は少なくとも1つ極大元をもつ．（証終）

補題 11.3. 分配束Lにおいて，$a<b$ならば，aを含みbを含まない素イデアルが存在する．

証明. $b\notin J_a$であるから，補題 11.2 より，J_aを含みbを含まないイデアルの中で極大なものJが存在する．もしJが素イデアルでないとすれば，Lの元c, dで$c\wedge d\in J, c\notin J, d\notin J$となるものが存在する．

$$J'=\{y\in L; y\leqq c\vee x, x\in J\}$$

とおけば，J'はイデアルで，$c\in J'$より$J\subsetneqq J'$．よって，Jの極大性より$b\in J'$すなわち$b\leqq c\vee x_1$となる$x_1\in J$が存在する．同様に，$b\leqq d\vee x_2$となる$x_2\in J$も存在し，分配法則を用いて

$$b\leqq(c\vee x_1\vee x_2)\wedge(d\vee x_1\vee x_2)=(c\wedge d)\vee(x_1\vee x_2)\in J.$$

これは，$b\notin J$に反する．（証終）

定理 11.1. (Birkhoff–Stone) 束Lの素イデアル全体の集合をXとする．$a\in L$に対し，aを含まない素イデアル全体を$E(a)$とおくとき，Xの部分集合の族

$$\mathcal{M}=\{E(a); a\in L\}$$

は集合束であり，写像$a\to E(a)$はLから$\mathcal{M}$への準同形写像である．とくに，Lが分配束のとき，この写像は単射で，Lは集合束$\mathcal{M}$と同形である．

証明. (i) $E(a\vee b)\supset E(a)\cup E(b)$は明らか．$J\in E(a\vee b)$ならば，$a\vee b\notin J$で，$J$がイデアルであることから$a\notin J$または$b\notin J$．よって，$J\in E(a)\cup E(b)$となるから，$E(a\vee b)=E(a)\cup E(b)$が成立つ．次に，$E(a\wedge b)\subset E(a)\cap E(b)$は明らか．$J\in E(a)\cap E(b)$ならば，$a\notin J$，$b\notin J$で，$J$が素イデアルであることから，$a\wedge b\notin J$．よって，$J\in E(a\wedge b)$となり，$E(a\wedge b)=E(a)\cap E(b)$が成立つ．以上より，$\mathcal{M}$は集合束であり，$a\to E(a)$は準同形写像である．

(ii) Lは分配束とする．$a\neq b$ならば，$a\wedge b<a\vee b$であるから，補題 11.3 より$a\wedge b$を含み$a\vee b$を含まない$J\in X$が存在する．よって，$E(a\wedge b)\neq E(a\vee b)$であるから，$E(a)\neq E(b)$．（証終）

定義 11.2.　集合 X の部分集合の族 $\mathcal{F}$ が次の3条件をみたすとき，**集合体**と呼ばれる．

(11.2)　$X\in\mathcal{F}$.

(11.3)　$A\in\mathcal{F}$ ならば $X-A\in\mathcal{F}$.

(11.4)　$A, B\in\mathcal{F}$ ならば $A\cup B\in\mathcal{F}$.

(11.2), (11.3) より ϕ[1] $\in\mathcal{F}$. また，(11.3), (11.4) より $A, B\in\mathcal{F}$ ならば $A\cap B\in\mathcal{F}$ である．

集合体 $\mathcal{F}$ は包含関係を順序として集合束，すなわち分配束であるが，さらに，最大元 X と最小元 ϕ をもち，(11.3) より可補束であるから，Boole 束である．よって，$\mathcal{F}$ は**集合 Boole 束**とも呼ばれる．

定理 11.1 により，任意の分配束は集合束によって表現されるが，さらに，任意の Boole 束は集合体すなわち集合 Boole 束によって表現されることを示す．

定理 11.2.　L が Boole 束のとき，その極大イデアル全体を X とし，$a\in L$ に対して a を含まない極大イデアル全体を $E(a)$ とすれば，

$$\mathcal{F}=\{E(a); a\in L\}$$

は集合 Boole 束で，写像 $a\to E(a)$ によって，L は $\mathcal{F}$ と同形である．

証明.　補題 11.1 より，L では極大イデアルと素イデアルは同じである．よって定理 11.1 より $\mathcal{F}$ は集合束で，すべての $J\in X$ に対し $1\notin J$，$0\in J$ であるから，$E(1)=X$，$E(0)=\phi$，また，任意の $a\in L$ に対し

$$E(a)\cup E(a^{\perp})=E(1)=X,\quad E(a)\cap E(a^{\perp})=E(0)=\phi$$

だから，$E(a^{\perp})=X-E(a)$. 以上より，$\mathcal{F}$ は集合体である．また，定理 11.1 より $a\to E(a)$ によって，L と $\mathcal{F}$ は同形である．　　　　(証終)

注意 11.1.　Boole 束 L の元が有限個である場合，その個数は2のべきであることを示そう．h が L の双対原子元ならば，主イデアル J_h は明らかに極大イデアルである．逆に，極大イデアル J をとれば，J に属する元は有限個だから，その中で最大の元 h が存在して $J=J_h$ であるが，J の極大性より h は双対原子元である．よって，$X=\{J_h; h$ は双対原子元$\}$ であるが，ここで1元集合 $\{J_h\}$ が $E(h^{\perp})$ に一致することが容易に確かめられるから，$\mathcal{F}$ は X の部分集合全体となる．よって，L の双対原子元の個数（原子元の個

1)　ϕ は空集合を表す．

数も同じ）をnとすれば，Lの元の個数は2^nである．

次に，Boole 束のより精密な表現定理を述べる．

定義 11.3. 位相空間Xがコンパクト（付録B4参照）で，次の条件をみたすとき，**Boole 空間**（または**Stone 空間**）と呼ばれる．

(11.5) $x \neq y$ならば，開かつ閉部合集合Aで$x \in A$, $y \notin A$となるものが存在する．

この条件は**完全不連結性**と呼ばれ，このときXは Hausdorff 空間（付録B3参照）である．

一般の位相空間において，開かつ閉部分集合の全体は，明らかに集合 Boole 束を作っているが，Boole 束はこのような集合 Boole 束での表現が可能である．

定理 11.3. (Stone の表現定理) Lが Boole 束のとき，その極大イデアル全体の集合Xに$\mathcal{F}=\{E(a); a \in L\}$を開集合の基とする位相（付録B2参照）を入れると，Xは Boole 空間であって，$\mathcal{F}$はXの開かつ閉部分集合全体と一致する．これより，任意の Boole 束は，ある Boole 空間の開かつ閉部分集合全体の作る集合 Boole 束と同形である．

証明. $E(a)$は開集合で，$X-E(a)=E(a^{\perp})$も開集合だから，$E(a)$は開かつ閉である．Xの異なる2元J_1, J_2に対し，$a \notin J_1$, $a \in J_2$となる$a \in L$をとれば，$J_1 \in E(a)$, $J_2 \notin E(a)$であるから，(11.5) がみたされている．

次に，Xのコンパクト性を示すため，$\bigcup(E(a_\alpha); \alpha \in I)=X$とする．

$$J_0=\{x \in L; x \leqq a_{\alpha_1} \vee \cdots \vee a_{\alpha_n}, \alpha_i \in I\}$$

とおけば，明らかにJ_0はLのイデアルである．もし，Iのすべての有限部分集合$\{\alpha_1, \cdots, \alpha_n\}$に対して$\bigvee_{i=1}^{n} a_{\alpha_i} \neq 1$であるとすれば，$J_0$は1を含まないから，補題 11.2 より$J_0$を含み1を含まないイデアルの中で極大なもの$J$が存在し，これは明らかに$L$の極大イデアル，すなわち$X$の元である．よって，$J \in E(a_\alpha)$となる$\alpha \in I$が存在するが，一方，$a_\alpha \in J_0 \subset J$であるから，これは不合理．故に，ある$\{\alpha_1, \cdots, \alpha_n\}$に対して$\bigvee_{i=1}^{n} a_{\alpha_i}=1$でなければならない．このとき，$\bigcup_{i=1}^{n} E(a_{\alpha_i})=E(1)=X$. $\{E(a); a \in L\}$は開集合の基であるから，これよりXはコンパクトである．

最後に，Aが開かつ閉であるとして，$A \in \mathcal{F}$を示す．

$$A=\bigcup(E(a_\alpha); \alpha \in I), \quad X-A=\bigcup(E(b_\beta); \beta \in J))$$

と表すことができるが，このとき上記のように，有限個の$\alpha_1, \cdots \alpha_m, \beta_1, \cdots, \beta_n$をとって$X=\bigcup_{i=1}^{m} E(a_{\alpha_i}) \cup \bigcup_{j=1}^{n} E(b_{\beta_j})$とできる．各$\beta_j$については，$A \cap E(b_{\beta_j})=\phi$であるから

$$A=A\cap X=\bigcup_{i=1}^{m}E(a_{\alpha_i})=E(\vee_{i=1}^{m}a_{\alpha_i})\in\mathcal{F}.$$
（証終）

定義 11.4.　この定理で定まる位相空間 X は，Boole 束 L の**表現 Boole 空間**と呼ばれる．なお，X として L の極大双対イデアル（L^* の極大イデアル）全体とし，$E(a)$ は X の元で a を含むもの全体とする方法があるが，結果は同じことである．

§12.　σ 集合体

σ 集合体は測度論の基礎となる重要概念である（付録 C1 参照）が，ここでは，とくにその可分性を主題として扱う．

定義 12.1.　集合 X の部分集合の族 $\mathcal{F}$ が次の3条件をみたすとき，**σ 集合体**と呼ばれる．

(12.1)　$X\in\mathcal{F}$.

(12.2)　$A\in\mathcal{B}$ ならば $X-A\in\mathcal{F}$.

(12.3)　$A_n\in\mathcal{F}\,(n=1,2,\cdots)$ ならば $\bigcup_{n=1}^{\infty}A_n\in\mathcal{F}$.

(12.1), (12.2) より $\phi\in\mathcal{F}$. (12.2), (12.3) より，$A_n\in\mathcal{F}$ ならば $\bigcap_{n=1}^{\infty}A_n\in\mathcal{F}$. (12.3) において，$A_1=A$, $A_2=B$, $A_3=A_4=\cdots=\phi$ とすれば，(11.4) が成立つから，σ 集合体は集合体である．明らかに，σ 集合体は包含関係を順序としてσ 完備 Boole 束を作る．

定義 12.2.　集合 X において，その部分集合全体の族は最大の σ 集合体であり，一方，$\{\phi, X\}$ は最小の σ 集合体である．任意個の σ 集合体に対しその共通部分はまた σ 集合体であるから，X における σ 集合体の全体は，包含関係を順序として完備束を作る．また，X の部分集合のある族 $\mathcal{M}$ に対し，それを含む最小の σ 集合体が存在するが，これを $\mathcal{M}$ から生成される σ 集合体という．σ 集合体 $\mathcal{F}$ が，可算個の部分集合からなる族から生成されているとき，$\mathcal{F}$ は**可分**であるという．

定理 12.1.　集合 X における σ 集合体 $\mathcal{F}$ が可分であるならば，$\mathcal{F}$ は原子的な σ 完備 Boole 束である．

証明. $\mathcal{F}$ を生成する可算個の部分集合を $\{A_n\}$ とする. 任意の $x\in X$ を固定して

$$B_n=\begin{cases} A_n & (x\in A_n \text{ のとき}) \\ X-A_n & (x\notin A_n \text{ のとき}) \end{cases}$$

とおき, $A=\bigcap_n B_n$ とおけば, すべての n に対し $x\in B_n\in\mathcal{F}$ であるから, $x\in A\in\mathcal{F}$ である. そこで, A が $\mathcal{F}$ の原子元であることを示そう.

$$\mathcal{F}'=\{B\in\mathcal{F}; B\cap A=\phi \text{ または } B\supset A\}$$

とおけば, $\mathcal{F}'$ は明らかに σ 集合体であり, すべての n に対し $A_n\in\mathcal{F}'$. よって, $\mathcal{F}'=\mathcal{F}$ となるから, すべての $B\in\mathcal{F}$ に対して $B\cap A=\phi$ または $B\supset A$ である. これより, $B\subsetneqq A$ となる $B\in\mathcal{F}$ をとれば, $B=B\cap A=\phi$ となり, したがって, A は原子元である. 以上より, 任意の $x\in X$ に対してそれを含む $\mathcal{F}$ の原子元が存在するから, $\mathcal{F}$ は原子的である.

(証終)

定義 12.3. X を位相空間とし, その開集合全体を $\mathcal{O}(X)$ とするとき, $\mathcal{O}(X)$ より生成される σ 集合体を, X 上の **Borel 集合体**といい $\mathcal{B}(X)$ と書く. $\mathcal{B}(X)$ に属する部分集合を X の **Borel 集合**という.

特によく利用されるのは, 実数全体 $\boldsymbol{R}$ に通常の位相, すなわち開区間全体を開集合の基とする位相を与えたときの Borel 集合体で, これを $\mathcal{B}(\boldsymbol{R})$ で表わす.

定理 12.2. 実数空間 $\boldsymbol{R}$ において, 両端が有理数であるような開区間の全体を $\mathcal{I}$ とすれば, $\boldsymbol{R}$ の通常の位相について $\mathcal{I}$ は開集合の基となる. すなわち, 任意の開集合 G に対して

(12.4) $\quad G=\bigcup(I\in\mathcal{I}; I\subset G)$.

さらに, Borel 集合体 $\mathcal{B}(\boldsymbol{R})$ は $\mathcal{I}$ から生成され, したがって可分である.

証明. 任意の開区間が $\mathcal{I}$ に属する開区間の合併集合で表されるから, (12.4) が成立つ. 次に, $\mathcal{I}$ から生成される σ 集合体を $\mathcal{F}$ とすれば, $\mathcal{I}\subset\mathcal{O}(\boldsymbol{R})$ より $\mathcal{F}\subset\mathcal{B}(\boldsymbol{R})$. 一方, $\mathcal{I}$ は可算集合であることから, すべての開集合 G に対し (12.4) より $G\in\mathcal{F}$. よって, $\mathcal{B}(\boldsymbol{R})\subset\mathcal{F}$ である. (証終)

最後に, 関数より生ずる可分な σ 集合体について述べる.

定理 12.3. 集合 X 上で定義された実数値関数 f をとるとき,

$$\mathcal{F}_f=\{f^{-1}(A); A\in\mathcal{B}(\boldsymbol{R})\}$$

は可分な σ 集合体である. 逆に, X 上の可分な σ 集合体 $\mathcal{F}$ に対して, $\mathcal{F}=\mathcal{F}_f$ となるような実数値関数 f が存在する.

証明.　$\mathcal{B}(\boldsymbol{R})$ は前定理より可算集合 $\mathcal{I}$ から生成されている．X 上において，可算集合 $\{f^{-1}(A); A\in\mathcal{I}\}$ から生成される σ 集合体を $\mathcal{F}_f'$ とし，

$$\mathcal{F}'=\{A\in\mathcal{B}(\boldsymbol{R}); f^{-1}(A)\in\mathcal{F}_f'\}$$

とおけば，$\mathcal{F}'$ は σ 集合体で $\mathcal{I}$ を含むから $\mathcal{B}(\boldsymbol{R})$ に一致する．よって，$\mathcal{F}_f'=\mathcal{F}_f$ となり，$\mathcal{F}_f$ は可分である．

逆に，$\mathcal{F}$ を可分な σ 集合体とし，それを生成する可算集合（無限個としてよい）を $\{A_n; n=1, 2, \cdots\}$ とする．X 上の関数 f を

$$f(x)=\sum_{n=1}^{\infty}\frac{\chi_{A_n}(x)}{3^n}\quad (\chi_{A_n} \text{ は } A_n \text{ の定義関数})$$

と定義すれば，

$$A_1=f^{-1}\left(\left[\frac{1}{3}, \frac{2}{3}\right)\right),\ A_2=f^{-1}\left(\left[\frac{1}{9}, \frac{2}{9}\right)\cup\left[\frac{4}{9}, \frac{5}{9}\right)\right), \cdots$$

となるから，A_n はすべて $\mathcal{F}_f$ に属し，したがって $\mathcal{F}\subset\mathcal{F}_f$ である．一方，$\mathcal{F}'=\{A\in\mathcal{B}(\boldsymbol{R}); f^{-1}(A)\in\mathcal{F}\}$ は σ 集合体であって，

$$\Delta=\left\{\frac{m}{3^n}; n=1, 2, \cdots; m=0, \pm1, \pm2, \cdots\right\}$$

とおくとき，Δ の元を両端とする右半開区間はすべて $\mathcal{F}'$ に属する．Δ は $\boldsymbol{R}$ で稠密だから，$\mathcal{F}'$ はすべての開区間を含み，$\mathcal{B}(\boldsymbol{R})$ と一致する．よって，$\mathcal{F}_f\subset\mathcal{F}$ である．（証終）

§13.　σ 完備 Boole 束と σ 集合体

集合 X 上の σ 集合体 $\mathcal{F}$ は，包含関係を順序として σ 完備 Boole 束を作り，ここで $A_n\in\mathcal{F}\,(n=1, 2, \cdots)$ に対して

$$\bigvee_{n=1}^{\infty}A_n=\bigcup_{n=1}^{\infty}A_n,\quad \bigwedge_{n=1}^{\infty}A_n=\bigcap_{n=1}^{\infty}A_n$$

が成立っている．ところで，逆に σ 完備 Boole 束 L がいつでも σ 集合体の作る束と同形になるのかという問題を考えてみよう．

L は Boole 束であるから，§11 のように，その表現 Boole 空間 X をとるとき，その開かつ閉部分集合の作る集合体 $\mathcal{F}_0=\{E(a); a\in L\}$ と束同形である．しかし，ここで $\mathcal{F}_0$ は σ 集合体になるとは限らない．すなわち，$E(\bigvee_n a_n)$ と $\bigcup_n E(a_n)$ とが一致するとは限らない．実際，後に示すように，σ 完備 Boole 束の中には，σ 集合体の作る束とは決して同形にならないようなものも存在する．そこで，上記の $E(\bigvee_n a_n)$ と $\bigcup_n E(a_n)$ との違いを考察する必要が起ってくる．

定義 13.1.　位相空間 X において，2つの部分集合 A, B をとる．

$$A\ominus B=(A-B)\cup(B-A)$$

を A と B の**対称差**と呼ぶが，これが第1類集合（付録B5参照）であるとき，$A\sim B$ と書く．

補題 13.1. (i) $A\sim B$ は同値関係である．

(ii) $A\sim B$ ならば $X-A\sim X-B$.

(iii) 有限または可算無限個の n について $A_n\sim B_n$ ならば，

$$\bigcup_n A_n\sim\bigcup_n B_n,\quad \bigcap_n A_n\sim\bigcap_n B_n.$$

証明. (i) $A\sim A$ と対称性は明らかだから，$A\sim B\sim C$ のとき $A\sim C$，を示せばよい．これは，$A\ominus C\subset(A\ominus B)\cup(B\ominus C)$ より明らかである．

(ii)と(iii)は，次の3式より明らかである．

$$(X-A)\ominus(X-B)=A\ominus B,$$

$$\left(\bigcup_n A_n\right)\ominus\left(\bigcup_n B_n\right)\subset\bigcup_n(A_n\ominus B_n),\quad \left(\bigcap_n A_n\right)\ominus\left(\bigcap_n B_n\right)\subset\bigcup_n(A_n\ominus B_n).$$

定理 13.1. L は σ 完備 Boole 束，X はその表現 Boole 空間とし，各 $a\in L$ に対応する X の開かつ閉部分集合を $E(a)$ とする．$a_n\in L\,(n=1,2,\cdots)$ に対し

$$E\left(\bigvee_{n=1}^{\infty}a_n\right)\sim\bigcup_{n=1}^{\infty}E(a_n),\quad E\left(\bigwedge_{n=1}^{\infty}a_n\right)\sim\bigcap_{n=1}^{\infty}E(a_n).$$

また，$E(a)\sim E(b)$ ならば，$a=b$ である．

証明. $E(\bigvee_n a_n)\ominus\bigcup_n E(a_n)=E(\bigvee_n a_n)-\bigcup_n E(a_n)$ であり，これは閉集合である．これに含まれるような $E(b)$ をとれば，すべての n に対し $E(a_n\wedge b)=E(a_n)\cap E(b)=\phi$ だから $a_n\wedge b=0$. よって，定理3.2の系より

$$0=\bigvee_n(a_n\wedge b)=\bigvee_n a_n\wedge b=b.$$

よって，$E(\bigvee_n a_n)-\bigcup_n E(a_n)$ は空でない開集合を含まないから疎集合，したがって第1類集合である．また，これより

$$E\left(\bigwedge_n a_n\right)=X-E\left(\bigvee_n a_n^{\perp}\right)\sim X-\bigcup_n E(a_n^{\perp})=\bigcap_n E(a_n).$$

次に，$E(a), E(b)$ は開かつ閉だから，$E(a)\ominus E(b)$ は開集合である．X はコンパクトな Hausdorff 空間だから，ここでの空でない開集合は第2類である（付録B5参照）．よって，$E(a)\sim E(b)$ ならば，$E(a)\ominus E(b)=\phi$ で，$E(a)=E(b)$ となる．（証終）

この結果を用いて，集合体 $\mathcal{F}_0$ を拡大した σ 集合体 $\mathcal{F}$ から L への準同形写像を定めるが，その前に，準同形写像によって生ずる L における同値関係についてその性質を調べておく．

定義 13.2. 束 L における同値関係 $a\equiv b$ が次の条件をみたすとき，**合同関係**と呼ばれる．

(13.1)　$a_1 \equiv b_1$, $a_2 \equiv b_2$ ならば, $a_1 \vee a_2 \equiv b_1 \vee b_2$, $a_1 \wedge a_2 \equiv b_1 \wedge b_2$.

合同関係による同値類 $[a] = \{x \in L; x \equiv a\}$ の全体を $[L]$ とすれば, (13.1) より $[L]$ における結びと交わりを

$$[a_1] \vee [a_2] = [a_1 \vee a_2], \quad [a_1] \wedge [a_2] = [a_1 \wedge a_2]$$

と定めることができて, 定理1.1より $[L]$ は束となる. さらに, 写像 $a \to [a]$ は L から $[L]$ への準同形写像で全射である.

逆に, 束 L_1 から束 L_2 への準同形写像 φ が与えられているとき, L_1 において, $\varphi(a) = \varphi(b)$ のとき $a \equiv b$ と定義すれば, これは明らかに合同関係であって, 同値類の作る束 $[L_1]$ は, L_2 の部分束 $\varphi(L_1)$ と同形である.

次に, L は直可補束とする. L における合同関係が

(13.2)　$a \equiv b$ ならば $a^{\perp} \equiv b^{\perp}$

をみたすならば, 同値類について $[a]^{\perp} = [a^{\perp}]$ と定義することにより, $[L]$ は明らかにまた直可補束となる. 2つの直可補束 L_1, L_2 をとり, L_1 から L_2 への準同形写像 φ が

(13.3)　$\varphi(a^{\perp}) = \varphi(a)^{\perp}$, $\varphi(1) = 1$, $\varphi(0) = 0$

をみたすとき, φ は**直準同形写像**と呼ばれる. 合同関係が (13.2) をみたしているとき, 写像 $a \to [a]$ は直準同形である.

最後に, L は σ 完備束とする. L における合同関係が

(13.4)　$a_n \equiv b_n (n = 1, 2, \cdots)$ ならば, $\bigvee_{n=1}^{\infty} a_n \equiv \bigvee_{n=1}^{\infty} b_n$, $\bigwedge_{n=1}^{\infty} a_n \equiv \bigwedge_{n=1}^{\infty} b_n$

をみたすならば, 同値類について

$$\bigvee_{n=1}^{\infty} [a_n] = [\bigvee_{n=1}^{\infty} a_n], \quad \bigwedge_{n=1}^{\infty} [a_n] = [\bigwedge_{n=1}^{\infty} a_n]$$

が明らかに成立し, $[L]$ は σ 完備束となる. 2つの σ 完備束 L_1, L_2 をとり, L_1 から L_2 への準同形写像 φ が

(13.5)　$\varphi(\bigvee_{n=1}^{\infty} a_n) = \bigvee_{n=1}^{\infty} \varphi(a_n)$, $\varphi(\bigwedge_{n=1}^{\infty} a_n) = \bigwedge_{n=1}^{\infty} \varphi(a_n)$

をみたすとき, φ は σ **準同形写像**と呼ばれる. 合同関係が (13.4) をみたしているとき, 写像 $a \to [a]$ は σ 準同形である.

定理 13.2.　L は σ 完備 Boole 束, X はその表現 Boole 空間とし, $\mathcal{F}_0 = \{E(a); a \in L\}$ を X の開かつ閉部分集合の作る集合体とする.

$$\mathcal{F} = \{A \subset X;\ A \sim E(a) \in \mathcal{F}_0\}$$

とおけば，$\mathcal{F}$ は σ 集合体であり，各 $A \in \mathcal{F}$ に対して $A \sim E(a)$ となる $a \in L$ は一意的に定まる．$\varphi(A) = a$ とおけば，φ は $\mathcal{F}$ から L への σ 直準同形写像で全射である．

証明. $\mathcal{F}$ が σ 集合体であることは，補題 13.1 と定理 13.1 によって容易に確かめられる．また，$A \in \mathcal{F}$ に対し $A \sim E(a)$ となる a は定理 13.1 より 1 つしか存在しない．このとき，$\varphi(A) = a$ とすれば，次の関係が容易に確かめられる．

$\varphi(\phi) = 0,\ \varphi(X) = 1,\ \varphi(X - A) = \varphi(A)^{\perp},\ \varphi(\bigcup_n A_n) = \bigvee_n \varphi(A_n),\ \varphi(\bigcap_n A_n) = \bigwedge_n \varphi(A_n).$

よって，φ は σ 直準同形写像であり，明らかに全射である．　（証終）

この定理によって，σ 完備 Boole 束は（σ 集合体と同形にはならなくても）ある σ 集合体の同値類の束と同形になることがわかる．

例 13.1.　実数空間 $\boldsymbol{R}$ 上の Borel 集合体 $\mathcal{B}(\boldsymbol{R})$ において，$A, B \in \mathcal{B}(\boldsymbol{R})$ に対し $A \ominus B$ の Lebesgue 測度（付録 C 1 参照）が 0 のとき $A \equiv B$ とすれば，これは明らかに σ 完備 Boole 束 $\mathcal{B}(\boldsymbol{R})$ における合同関係であって (13.2) と (13.4) をみたしている．よって，これによる同値類の全体 $L = \{[A];\ A \in \mathcal{B}(\boldsymbol{R})\}$ は σ 完備 Boole 束である．このとき，L は原子元をもたない．実際，$[A]$ が 0 元 $[\phi]$ でなければ，A の測度は 0 でなく，A に含まれる $B \in \mathcal{B}(\boldsymbol{R})$ で，B と $A - B$ との測度が 0 でないものが存在し，$[\phi] < [B] < [A]$ となる．

ところで，もし L がある σ 集合体 $\mathcal{F}$ と同形であるとすれば，$\mathcal{B}(\boldsymbol{R})$ が可分であることから，$\mathcal{F}$ も可分となり，定理 12.1 より原子的束となって，L が原子元をもたないことに反する．よって，L は σ 集合体とは同形になりえない．

問　題

1.　§2 の図 4 で与えた 5 元束においては，素イデアルで極大イデアルでないものが存在する．

2.　1 をもつ相対可補束 L において，$a < b$ ならば，a を含み b を含まない極大イデアルが存在する．

3.　Boole 束 L が完備であるとき，L の表現 Boole 空間 X において，任意の開集合の閉包は開かつ閉である．

4.　位相空間 X において，開集合 G に対して $X - G$ の開核を G' とおく．

(i)　$G \subset G''$，$G' = G'''$.

(ii)　$(G_1 \cup G_2)' = G_1' \cap G_2'$.

(iii)　$G_1 \cap G_2 = \phi$ ならば $G_1'' \cap G_2 = \phi$.

(iv)　$(G_1 \cap G_2)'' = G_1'' \cap G_2''$.

(v)　$G''=G$ となる開集合 G は**正則開集合**と呼ばれるが，その全体は包含関係を順序として完備 Boole 束を作る．

5.　Boole 束 L_1 から束 L_2 への準同形写像 φ が与えられているとき，$\varphi(L_1)$ は Boole 束であって，φ は L_1 から $\varphi(L_1)$ への直準同形写像である．

6.　2つの集合 X_1, X_2 上にそれぞれ σ 集合体 $\mathcal{F}_1, \mathcal{F}_2$ をとる．$\mathcal{F}_1, \mathcal{F}_2$ を σ 完備 Boole 束と考えて，$\mathcal{F}_1$ から $\mathcal{F}_2$ への σ 直準同形写像 φ が存在すれば，$\varphi(\mathcal{F}_1)$ は σ 集合体であり，$\mathcal{F}_1$ が可分ならば $\varphi(\mathcal{F}_1)$ も可分である．

参考ノート

まえがきに述べたように，Boole 束の研究は19世紀から始っているが，分配束や Boole 束の集合束による表現定理は，Birkhoff，Stone 達による 1930 年代の成果であり，これらは〔36〕,〔22〕等多くの本に収録されている．σ 完備 Boole 束の表現については，さらにおそく Loomis(1947 年）によって研究が始められた．その結果は，量子論理への準備として〔56〕の第 1 章に述べられており，ここでもその記述を参考にした．

第4章

オーソモジュラー束

§14. オーソモジュラー束における可換性

オーソモジュラー束における最も重要な概念は2元の可換性であるが，その導入には次の定理が役に立つ．

定理 14.1. (中村) 直可補束 L がオーソモジュラーであるための必要十分条件は，

(14.1) $a=(a\wedge b)\vee(a\wedge b^{\perp})$ ならば $b=(b\wedge a)\vee(b\wedge a^{\perp})$.

証明. 必要性. L はオーソモジュラーで，$a=(a\wedge b)\vee(a\wedge b^{\perp})$ とする．このとき，$a\vee b^{\perp}=(a\wedge b)\vee b^{\perp}$ であるから，$(a\wedge b,\ (a\wedge b)^{\perp})M$ を用いると，

$$(a\vee b^{\perp})\wedge(a\wedge b)^{\perp}=\{b^{\perp}\vee(a\wedge b)\}\wedge(a\wedge b)^{\perp}=b^{\perp}\vee\{(a\wedge b)\wedge(a\wedge b)^{\perp}\}=b^{\perp}.$$

よって，$b=(a^{\perp}\wedge b)\vee(a\wedge b)$ である．

十分性. $a\leqq b$ とする．このとき，$a\wedge b^{\perp}\leqq b\wedge b^{\perp}=0$ だから

$$(a\wedge b)\vee(a\wedge b^{\perp})=a\wedge b=a.$$

よって，(14.1) によって

$$b=(b\wedge a)\vee(b\wedge a^{\perp})=a\vee(b\wedge a^{\perp}).$$

これより，定理3.4の (γ) が成立ち，L はオーソモジュラーである． (証終)

定義 14.1. オーソモジュラー束 L の2元 a, b に対し

(14.2) $a=(a\wedge b)\vee(a\wedge b^{\perp})$ (すなわち，$(b, b^{\perp}, a)D$)

が成立つとき，a と b は**可換**であるといい，aCb と書く．明らかに，aCb と $aCb^{\perp}$ は同値である．また，前定理より aCb ならば bCa である．よって，

(14.3) $aCb \Leftrightarrow bCa \Leftrightarrow bCa^{\perp} \Leftrightarrow a^{\perp}Cb$

$$\Leftrightarrow a^{\perp}Cb^{\perp} \Leftrightarrow b^{\perp}Ca^{\perp} \Leftrightarrow b^{\perp}Ca \Leftrightarrow aCb^{\perp}.$$

これより，aCb は

(14.4)　$a=(a\vee b)\wedge(a\vee b^{\perp})$　(すなわち，$(b, b^{\perp}, a)D^{*}$)

と同値である．実際，(14.4) は，直補元をとれば $a^{\perp}Cb^{\perp}$ を意味している．

L において，順序のついた2元は可換である．実際，$a\leqq b$ のとき，定理3.4の (γ) によって，bCa が成立つ．これより，1と0はすべての L の元と可換である．

また，L の2元 a, b が直交するための必要十分条件は，aCb かつ $a\wedge b=0$ であることが容易に確かめられる．

定義 14.2.　オーソモジュラー束 L において，$a\leqq b$ ならば，$a\perp c$ かつ $a\vee c=b$ となる $c\in L$ は一意的に定まり，$b\wedge a^{\perp}$ に等しい．実際，$c\leqq a^{\perp}$ と $(a, a^{\perp})M$ により

$$c=c\vee(a\wedge a^{\perp})=(c\vee a)\wedge a^{\perp}=b\wedge a^{\perp}.$$

そこで，$a\leqq b$ のとき $b\wedge a^{\perp}$ を $b-a$ と書くことにする．すなわち，$(b-a)\perp a$, $(b-a)\vee a=b$ であり，これより

(14.5)　$a\leqq b$ かつ $b-a=0$ ならば，$a=b$.

これは，オーソモジュラー束における等式の証明によく利用される．

次に，aCb と同値な条件をさらにいくつか求める．

定理 14.2.　オーソモジュラー束 L の2元 a, b について，次の6条件は同値である．

(α)　aCb，すなわち $a=(a\wedge b)\vee(a\wedge b^{\perp})$.

(β)　$a\wedge b=a\wedge(b\vee a^{\perp})$.

(γ)　$a-a\wedge b\perp b$.

(δ)　$a-a\wedge b\perp b-a\wedge b$.

(ε)　たがいに直交する3つの元 a_1, b_1, c が存在して

$$a=a_1\vee c,\quad b=b_1\vee c.$$

(η)　$(a\wedge b)\vee(a\wedge b^{\perp})\vee(a^{\perp}\wedge b)\vee(a^{\perp}\wedge b^{\perp})=1$.

証明.　(α)⇒(β)．(β) において (左辺)≦(右辺) であり，(α) を用いれば，

$$(右辺)-(左辺)=a\wedge(b\vee a^{\perp})\wedge(a\wedge b)^{\perp}=a\wedge\{(a\wedge b^{\perp})\vee(a\wedge b)\}^{\perp}$$
$$=a\wedge a^{\perp}=0.$$

$(\beta)\Rightarrow(\gamma)$. (β) と $(a^\perp, a)M$ を用いて,

$$a-a\wedge b=a\wedge\{a\wedge(b\vee a^\perp)\}^\perp=\{(b^\perp\wedge a)\vee a^\perp\}\wedge a=(b^\perp\wedge a)\vee(a^\perp\wedge a)$$
$$=b^\perp\wedge a\leqq b^\perp.$$

$(\gamma)\Rightarrow(\alpha)$. $a-a\wedge b=a_1$ とおけば, (γ) より $a_1\leqq b^\perp$ であるから, $a_1\leqq a\wedge b^\perp$. よって,

$$a=(a\wedge b)\vee a_1\leqq(a\wedge b)\vee(a\wedge b^\perp)\leqq a.$$

$(\gamma)\Rightarrow(\delta)$ は自明であり, $(\delta)\Rightarrow(\varepsilon)$ は, $a_1=a-a\wedge b$, $b_1=b-a\wedge b$, $c=a\wedge b$ とすればよい. また, (ε) が成立つとき, $a_1=a-c$, $b_1=b-c$. さらに, $c\leqq a\wedge b$ で

$$a\wedge b-c=a\wedge b\wedge c^\perp=a_1\wedge b_1=0$$

であるから, $c=a\wedge b$. よって, $a-a\wedge b=a_1$ となり, (γ) が成立つ. 以上ではじめの5条件は同値である.

$(\alpha)\Rightarrow(\eta)$ は, aCb のとき $a^\perp Cb$ も成立つから明らか.

$(\eta)\Rightarrow(\alpha)$ は, $((a^\perp\wedge b)\vee(a^\perp\wedge b^\perp), a)M$ を用いれば

$$a=\{(a\wedge b)\vee(a\wedge b^\perp)\vee(a^\perp\wedge b)\vee(a^\perp\wedge b^\perp)\}\wedge a=(a\wedge b)\vee(a\wedge b^\perp).$$
(証終)

さらに, 可換性に関する重要な定理は次の2つである.

定理 14.3. オーソモジュラー束 L において, a_1, a_2 がともに b と可換ならば, $a_1\vee a_2, a_1\wedge a_2$ も b と可換で

$$(a_1\vee a_2)\wedge b=(a_1\wedge b)\vee(a_2\wedge b),\quad (a_1\wedge a_2)\vee b=(a_1\vee b)\wedge(a_2\vee b).$$

一般に, すべての α について a_α が b と可換であるとする. $\bigvee_\alpha a_\alpha$ が存在すれば, $\bigvee_\alpha(a_\alpha\wedge b)$ も存在し,

$$\bigvee_\alpha a_\alpha Cb \text{ かつ } \bigvee_\alpha a_\alpha\wedge b=\bigvee_\alpha(a_\alpha\wedge b).$$

$\bigwedge_\alpha a_\alpha$ が存在すれば, $\bigwedge_\alpha(a_\alpha\vee b)$ も存在し,

$$\bigwedge_\alpha a_\alpha Cb \text{ かつ } \bigwedge_\alpha a_\alpha\vee b=\bigwedge_\alpha(a_\alpha\vee b).$$

証明. 一般の場合を証明すれば十分である. $a_\alpha Cb$ とし, $a=\bigvee_\alpha a_\alpha$ が存在するならば, すべての α に対し

$$a_\alpha=(a_\alpha\wedge b)\vee(a_\alpha\wedge b^\perp)\leqq(a\wedge b)\vee(a\wedge b^\perp)$$

であるから, $a\leqq(a\wedge b)\vee(a\wedge b^\perp)\leqq a$. よって, aCb が成立つ. また, $(b^\perp, b)M$, $(b, b^\perp, a_\alpha)D$ であるから, 定理3.2より $\bigvee_\alpha(a_\alpha\wedge b)$ が存在して $a\wedge b$ と一致する. $\bigwedge_\alpha a_\alpha$ が存在するときも双対的に証明される.　(証終)

定理 14.4. (Foulis-Holland) オーソモジュラー束 L において, 2元 a, b がともに元 c と可換ならば, a, b, c についての分配法則はすべて成立つ.

証明. 仮定は a, b について対称であるから, 次の4つの分配法則を証明すればよい.

(1) $(a\vee b)\wedge c=(a\wedge c)\vee(b\wedge c)$, (1*) $(a\wedge b)\vee c=(a\vee c)\wedge(b\vee c)$,

(2) $(a\vee c)\wedge b=(a\wedge b)\vee(c\wedge b)$, (2*) $(a\wedge c)\vee b=(a\vee b)\wedge(c\vee b)$.

(1)と (1*) は前定理より成立つ. 次に, 前定理より $a\wedge bCc$ であり, また $a\wedge bCb$ は明らかだから, $c, b, a\wedge b$ について (1*) を適用すれば,

$$(c\wedge b)\vee(a\wedge b)=\{c\vee(a\wedge b)\}\wedge\{b\vee(a\wedge b)\}=(c\vee a)\wedge(c\vee b)\wedge b$$
$$=(c\vee a)\wedge b.$$

よって, (2)が成立つ. (2*) も同様に証明される. (証終)

系 1. オーソモジュラー束 L が Boole 束になるための必要十分条件は, L の任意の2元が可換となることである.

系 2. オーソモジュラー束 L において, 2元 a, b が可換であるための必要十分条件は, $\{a, b, a^{\perp}, b^{\perp}\}$ から生成される L の部分束が分配束となることである.

証明. 十分であることは明らか. aCb のとき, 4元 $a, b, a^{\perp}, b^{\perp}$ はたがいに可換であるから, これらから生成される部分束でも任意の2元は可換であり, 前定理より分配束となる. (証終)

最後に, 上記系2の必要性を一般化した形の定理を証明しよう. そのためにいくつか新しい概念を導入する.

定義 14.3. 直可補束 L の部分束 S が次の2条件をみたすとき, L の**直部分束**と呼ばれる.

(14.6) $1\in S$,

(14.7) $a\in S$ ならば $a^{\perp}\in S$.

このとき, $0\in S$ であり, S 自身はまた1つの直可補束である. L がオーソモジュラーならば, S においても定理3.4の (γ) が成立つから, S もオーソモジュラーである.

束 L の部分束 S が次の条件をみたすとき, **完全**であるという.

(14.8) 無限個の $a_{\alpha}\in S$ をとるとき, $\bigvee_{\alpha}a_{\alpha}$ または $\bigwedge_{\alpha}a_{\alpha}$ が存在するならば, それらは S に属する.

例えば, オーソモジュラー束 L において, $b\in L$ をとるとき, $\{a\in L; aCb\}$ は定理14.3より完全な直部分束である.

定義 14.4. L はオーソモジュラー束とする. L の任意の部分集合 S に対し

$$S^{C}=\{a\in L;\ すべての\ b\in S\ に対し\ aCb\}$$

とおく．これは明らかに L の完全直部分束である．

L の部分集合 S は，S に属する任意の2元が可換であるとき，**可換族**と呼ばれる．明らかに，S が可換族であることは，$S \subset S^C$ と同値である．

補題 14.1. オーソモジュラー束 L において，部分集合 S をとる．

(i) $S \subset S^{CC}$, $S^C = S^{CCC}$.

(ii) S が可換族ならば，S^{CC} も可換族である．

証明. (i) C の対称性より，$S \subset S^{CC}$ である．これより $S^C \supset (S^{CC})^C$．また，$S^C \subset (S^C)^{CC}$ であるから，$S^C = S^{CCC}$ が成立つ．

(ii) $S \subset S^C \Rightarrow S^C \supset S^{CC} \Rightarrow S^{CC} \subset S^{CCC}$. (証終)

定理 14.5. オーソモジュラー束 L において，部分集合 S が可換族ならば，S から生成される（すなわち，S を含む最小の）完全直部分束も可換族で，したがってそれは Boole 束である．

証明. S を含む完全直部分束の全体を考えると，その共通集合 L_0 が S から生成される完全直部分束である．前補題により，S^{CC} は S を含む完全直部分束だから $L_0 \subset S^{CC}$ で，S^{CC} は可換族だから，L_0 も可換族である． (証終)

注意 14.1. オーソモジュラー束 L において，$z \in L$ が中心元ならば，明らかに z はすべての $a \in L$ と可換である．逆に，z がすべての a と可換ならば，

$$a = (a \wedge z) \vee (a \wedge z^\perp) = (a \vee z) \wedge (a \vee z^\perp)$$

であるから，定理 4.1 より，z は中心元である．さらに，定理 4.3 とあわせて，$z \in L$ について次の3命題は同値となる．

(α) z は中心元である．

(β) z はすべての L の元と可換である．

(γ) z はただ1つの補元をもつ．

§15. 完備直可補束の構成

オーソモジュラー束を具体的に作るための準備として，完備直可補束の一般的な構成法を述べる．

定義 15.1. 2つの集合 X, X' をとって，それぞれに特定の元 $\theta \in X$, $\theta' \in X'$ を定める．直積集合 $X \times X$ から X' への写像 φ が次の3条件をみたすとする．

(15.1) すべての $x \in X$ に対し $\varphi(\theta, x) = \theta'$.

(15.2) $\varphi(x, y) = \theta'$ ならば $\varphi(y, x) = \theta'$.

(15.3)　$\varphi(x, x)=\theta'$ ならば $x=\theta$.

はじめの2条件より，$\varphi(x, \theta)=\theta'$ である．X の空でない部分集合 A に対し

(15.4)　$A^{\perp}=\{x\in X;$ すべての $y\in A$ に対し $\varphi(x, y)=\theta'\}$

とおけば，(15.1) より $\theta\in A^{\perp}$．また，$A\subset B$ のとき $A^{\perp}\supset B^{\perp}$ であり，(15.2) より $A\subset A^{\perp\perp}$ である．

X の空でない部分集合 A が $A=A^{\perp\perp}$ であるとき，φ についての**閉集合**といい，その全体を $L_{\varphi}(X)$ と書く．任意の部分集合 A に対して $A^{\perp}\in L_{\varphi}(X)$ である．なぜならば，$A\subset A^{\perp\perp}$ より $A^{\perp}\supset(A^{\perp\perp})^{\perp}$ で，一方 $A^{\perp}\subset(A^{\perp})^{\perp\perp}$ だから，$A^{\perp}=A^{\perp\perp\perp}$.

定理 15.1.　X, X' を特定の元 θ, θ' を定めた集合とし，$X\times X$ から X' への写像 φ が上記の3条件をみたすとする．このとき，φ についての閉集合全体 $L_{\varphi}(X)$ は包含関係を順序として完備直可補束を作る．ここで，最大元は X，最小元は $\{\theta\}$ であり，$A_{\alpha}\in L_{\varphi}(X)$ に対し

$$\wedge_{\alpha}A_{\alpha}=\bigcap_{\alpha}A_{\alpha},\quad \vee_{\alpha}A_{\alpha}=(\bigcup_{\alpha}A_{\alpha})^{\perp\perp}$$

である．また，$A\in L_{\varphi}(X)$ の直補元は $A^{\perp}$ である．

証明.　(i)　$\{\theta\}^{\perp}=X$ は明らかで，また (15.3) より $X^{\perp}=\{\theta\}$．よって，X, $\{\theta\}$ は $L_{\varphi}(X)$ に属し，最大元と最小元である．次に，$A_{\alpha}\in L_{\varphi}(X)$ $(\alpha\in I)$ をとり，$A=\bigcap_{\alpha}A_{\alpha}$ とおく．すべての α に対し $A\subset A_{\alpha}$ より $A^{\perp}\supset A_{\alpha}{}^{\perp}$．よって，$A^{\perp\perp}\subset A_{\alpha}{}^{\perp\perp}=A_{\alpha}$ であるから，$A^{\perp\perp}\subset A$ となり，$A\in L_{\varphi}(X)$ である．したがって，例1.1より $L_{\varphi}(X)$ は完備束を作り，$\wedge_{\alpha}A_{\alpha}=\bigcap_{\alpha}A_{\alpha}$ である．また，B を $\{A_{\alpha}; \alpha\in I\}$ の上界とすれば，$\bigcup_{\alpha}A_{\alpha}\subset B$ より $(\bigcup_{\alpha}A_{\alpha})^{\perp\perp}\subset B^{\perp\perp}=B$ となるから，$(\bigcup_{\alpha}A_{\alpha})^{\perp\perp}$ が $\{A_{\alpha}; \alpha\in I\}$ の最小上界である．

(ii)　$A\in L_{\varphi}(X)$ に対し $A^{\perp}\in L_{\varphi}(X)$ であり，写像 $A\to A^{\perp}$ は (3.3) と (3.4) をみたしている．また，(15.3) より $A\cap A^{\perp}=\{\theta\}$ であるから，注意3.2の条件 (3.2′) がみたされ，$L_{\varphi}(X)$ は直可補束である．　　　　(証終)

注意 15.1.　φ についての3条件のうち (15.3) を弱めて

(15.3′)　$\varphi(x, x)=\theta'$ ならば，すべての $y\in X$ に対し $\varphi(x, y)=\theta'$

でおきかえても前定理は成立する．ただし，このとき $L_{\varphi}(X)$ の最小元は $X^{\perp}$ である．

定理15.1をもとにして完備オーソモジュラー束を作るのに2つの方法があり，それぞれについて次の2つの節で考察する．

§16.　Baer＊環

定義 16.1.　$\boldsymbol{B}$は環とする（付録A3参照）．$\boldsymbol{B}$の空でない部分集合$\boldsymbol{M}$に対し

$$\boldsymbol{M}^{(r)}=\{x\in\boldsymbol{B};\ \text{すべての}\ y\in\boldsymbol{M}\ \text{に対し}\ yx=0\}$$

$$\boldsymbol{M}^{(l)}=\{x\in\boldsymbol{B};\ \text{すべての}\ y\in\boldsymbol{M}\ \text{に対し}\ xy=0\}$$

とおき，それぞれ$\boldsymbol{M}$の**右零化集合**，**左零化集合**という．それらの全体をそれぞれ$L^{(r)}(\boldsymbol{B}), L^{(l)}(\boldsymbol{B})$と書く．また，$\boldsymbol{B}$の空でない部分集合$\boldsymbol{M}$に対し

$$x\boldsymbol{M}=\{xy;\ y\in\boldsymbol{M}\},\quad \boldsymbol{M}x=\{yx;\ y\in\boldsymbol{M}\}$$

と書く．

定義 16.2.　$\boldsymbol{B}$は環とする．$\boldsymbol{B}$から$\boldsymbol{B}$への写像$x\to x^*$が存在して次の3条件をみたすとき，$\boldsymbol{B}$は**＊環**と呼ばれる．

(16.1)　$(x+y)^*=x^*+y^*$,

(16.2)　$(xy)^*=y^*x^*$,

(16.3)　$(x^*)^*=x$.

このとき，$0^*=0$であり，また$\boldsymbol{B}$が単位元1をもてば，$1^*=1$である．

＊環$\boldsymbol{B}$の空でない部分集合$\boldsymbol{M}$に対し

$$\boldsymbol{M}^*=\{x^*;\ x\in\boldsymbol{M}\}$$

と書く．(16.2) より，$(\boldsymbol{M}^{(r)})^*=(\boldsymbol{M}^*)^{(l)}$，$(\boldsymbol{M}^{(l)})^*=(\boldsymbol{M}^*)^{(r)}$である．

定理 16.1.　＊環$\boldsymbol{B}$が次の条件をみたすとする．

(16.4)　$x^*x=0$ ならば $x=0$.

このとき，$\boldsymbol{B}$における右零化集合の全体$L^{(r)}(\boldsymbol{B})$は包含関係を順序として完備直可補束を作る．ここで最大元は$\boldsymbol{B}$，最小元は$\{0\}$であり，$\boldsymbol{M}_\alpha\in L^{(r)}(\boldsymbol{B})$に対し

$$\wedge_\alpha\boldsymbol{M}_\alpha=\cap_\alpha\boldsymbol{M}_\alpha,\quad \vee_\alpha\boldsymbol{M}_\alpha=(\cup_\alpha\boldsymbol{M}_\alpha)^{(l)(r)}$$

である．また，$\boldsymbol{M}\in L^{(r)}(\boldsymbol{B})$に対し$\boldsymbol{M}^\perp=(\boldsymbol{M}^*)^{(r)}$である．

証明.　定義15.1において，$X=X'=\boldsymbol{B}$とし，$\theta=\theta'=0$とする．$\boldsymbol{B}\times\boldsymbol{B}$から$\boldsymbol{B}$への写像$\varphi$を

$$\varphi(x, y)=x^*y$$

と定義すれば，φ は明らかに (15.1) をみたし，また $\varphi(y,x)=\varphi(x,y)^*$ であるから (15.2) もみたされる．さらに，(16.4) より (15.3) もみたされる．次に，$\boldsymbol{M}\subset\boldsymbol{B}$ に対し (15.4) より

$$\boldsymbol{M}^{\perp}=(\boldsymbol{M}^{(l)})^*=(\boldsymbol{M}^*)^{(r)},\quad \boldsymbol{M}^{\perp\perp}=\boldsymbol{M}^{(l)(r)}.$$

よって，φ についての閉集合全体 $L_\varphi(\boldsymbol{B})$ は $L^{(r)}(\boldsymbol{B})$ と一致し，これは定理 15.1 より完備直可補束である． （証終）

左零化集合全体 $L^{(l)}(\boldsymbol{B})$ は写像 $\boldsymbol{M}\to\boldsymbol{M}^*$ によって $L^{(r)}(\boldsymbol{B})$ と束同形である．

次に，$L^{(r)}(\boldsymbol{B})$ がオーソモジュラーになるための十分条件を求めるが，それにはまずべき等元の果す役割に着目してみよう．

補題 16.1. ＊環 $\boldsymbol{B}$ が単位元 1 をもち，(16.4) をみたすとする．

(i) $e\in\boldsymbol{B}$ がべき等元（すなわち，$e^2=e$）ならば，$e\boldsymbol{B}\in L^{(r)}(\boldsymbol{B})$ である．また，$1-e^*$ もべき等元で，$(e\boldsymbol{B})^{\perp}=(1-e^*)\boldsymbol{B}$.

(ii) 2つのべき等元 e, f をとるとき，$e\boldsymbol{B}\leqq f\boldsymbol{B}$ は $fe=e$ と同値であり，$e\boldsymbol{B}\perp f\boldsymbol{B}$ は $f^*e=0$ と同値である．

(iii) 2つのべき等元 e, f が可換（すなわち，$ef=fe$）ならば，ef と $e+f-ef$ はともにべき等元で，$e\boldsymbol{B}\wedge f\boldsymbol{B}=ef\boldsymbol{B}$, $e\boldsymbol{B}\vee f\boldsymbol{B}=(e+f-ef)\boldsymbol{B}$.

証明. (i) 明らかに $\{1-e\}^{(r)}=e\boldsymbol{B}$ であるから，$e\boldsymbol{B}\in L^{(r)}(\boldsymbol{B})$．また，$(e\boldsymbol{B})^*=\boldsymbol{B}e^*$ より，$(e\boldsymbol{B})^{\perp}=(\boldsymbol{B}e^*)^{(r)}=(1-e^*)\boldsymbol{B}$.

(ii) $e\boldsymbol{B}\leqq f\boldsymbol{B}$ のとき，$e\in e\boldsymbol{B}\subset f\boldsymbol{B}$ より，$e=fx$ となる $x\in\boldsymbol{B}$ が存在するから，$fe=fx=e$. 逆は明らかである．また，

$$e\boldsymbol{B}\perp f\boldsymbol{B} \Leftrightarrow e\boldsymbol{B}\leqq(1-f^*)\boldsymbol{B} \Leftrightarrow (1-f^*)e=e \Leftrightarrow f^*e=0.$$

(iii) ef と $e+f-ef$ がべき等元であることは明らか．$x\in e\boldsymbol{B}\wedge f\boldsymbol{B}=e\boldsymbol{B}\cap f\boldsymbol{B}$ のとき，$x=ex=fx$ であるから，$x=efx\in ef\boldsymbol{B}$. 逆は明らか．次に，$1-e^*$ と $1-f^*$ は可換なべき等元であるから

$$\begin{aligned}e\boldsymbol{B}\vee f\boldsymbol{B}&=((e\boldsymbol{B})^{\perp}\wedge(f\boldsymbol{B})^{\perp})^{\perp}=((1-e^*)\boldsymbol{B}\wedge(1-f^*)\boldsymbol{B})^{\perp}=((1-e^*)(1-f^*)\boldsymbol{B})^{\perp}\\&=(1-(1-e)(1-f))\boldsymbol{B}=(e+f-ef)\boldsymbol{B}.\end{aligned}$$

（証終）

この結果から，とくに自己共役なべき等元が注目される．

定義 16.3. ＊環 $\boldsymbol{B}$ の元 e が自己共役かつべき等，すなわち $e^*=e=e^2$ であるとき，e は $\boldsymbol{B}$ の**射影元**と呼ばれ，その全体を $P(\boldsymbol{B})$ と書く．0 は射影元である．また，$\boldsymbol{B}$ が単位元 1 をもつとき，これも射影元で，$e\in P(\boldsymbol{B})$ ならば

$1-e\in P(\boldsymbol{B})$ である．$\boldsymbol{B}$ の 2 つの射影元 e,f が可換ならば，ef と $e+f-ef$ は射影元である．

＊環 $\boldsymbol{B}$ が次の条件をみたすとき，**Baer＊環**と呼ばれる．

(16.5) 任意の空でない $\boldsymbol{M}\subset\boldsymbol{B}$ に対し $\boldsymbol{M}^{(r)}=e\boldsymbol{B}$ となる $e\in P(\boldsymbol{B})$ が存在する．

ここで，$\boldsymbol{M}$ に対し e は一意的に定まる．実際，$e\boldsymbol{B}=f\boldsymbol{B}$ のとき，$fe=e$, $ef=f$ であるから，$e=f^*e^*=(ef)^*=f^*=f$. (16.5) は次の条件と同値である．

(16.6) 任意の空でない $\boldsymbol{M}\subset\boldsymbol{B}$ に対し $\boldsymbol{M}^{(l)}=\boldsymbol{B}e$ となる $e\in P(\boldsymbol{B})$ が存在する．

実際，$(\boldsymbol{M}^*)^{(r)}=e\boldsymbol{B}$ のとき $\boldsymbol{M}^{(l)}=(e\boldsymbol{B})^*=\boldsymbol{B}e$ となるから，(16.5)⇒(16.6) であり，逆も同様に成立つ．

補題 16.2. Baer＊環 $\boldsymbol{B}$ は 1 をもち，(16.4) をみたしている．

証明. (i) $\boldsymbol{M}=\{0\}$ とすれば，$\boldsymbol{M}^{(r)}=\boldsymbol{B}$ であるから，$e_0\boldsymbol{B}=\boldsymbol{B}$ となる $e_0\in P(\boldsymbol{B})$ が存在する．任意の $x\in\boldsymbol{B}$ に対し，$x\in e_0\boldsymbol{B}$ より $e_0x=x$ であり，また $e_0x^*=x^*$ より，$xe_0=(e_0x^*)^*=x$. よって e_0 は単位元 1 である．

(ii) $x^*x=0$ とする．$\{x\}^{(l)}=\boldsymbol{B}e$ となる $e\in P(\boldsymbol{B})$ が存在するが，$x^*\in\{x\}^{(l)}$ より $x^*e=x^*$. よって，$x=(x^*e)^*=ex=0$. （証終）

定理 16.2. $\boldsymbol{B}$ が Baer＊環であるとき，$\boldsymbol{B}$ における右零化集合全体 $L^{(r)}(\boldsymbol{B})$ は包含関係を順序として完備オーソモジュラー束を作る．

証明. (16.5) より $L^{(r)}(\boldsymbol{B})$ の元はすべて $e\boldsymbol{B}(e\in P(\boldsymbol{B}))$ の形をもつ．そこで，$e\boldsymbol{B}\leqq f\boldsymbol{B}$ とするとき，補題 16.1 の (ii) より $fe=e$. さらに，これより $ef=e^*f^*=(fe)^*=e^*=e$ となるから，e と f は可換である．よって，補題 16.1 の (i) と (iii) を用いて，

$$f\boldsymbol{B}\wedge(e\boldsymbol{B})^{\perp}=f\boldsymbol{B}\wedge(1-e)\boldsymbol{B}=f(1-e)\boldsymbol{B}=(f-e)\boldsymbol{B}$$

であり，$e+(f-e)-e(f-e)=f$ だから，

$$e\boldsymbol{B}\vee(f\boldsymbol{B}\wedge(e\boldsymbol{B})^{\perp})=f\boldsymbol{B}.$$

（証終）

ここで，$e\in P(\boldsymbol{B})$ と $e\boldsymbol{B}\in L^{(r)}(\boldsymbol{B})$ との対応を考えると，$P(\boldsymbol{B})$ 自身を完備オーソモジュラー束と見ることができる．

定理 16.3. $\boldsymbol{B}$ が Baer＊環であるとき，$\boldsymbol{B}$ の射影元全体 $P(\boldsymbol{B})$ は完備オーソモジュラー束を作る．ただし，$e,f\in P(\boldsymbol{B})$ に対し $e\leqq f$ は $ef=e$ ($\Leftrightarrow fe=e$) によって定義し，$e^{\perp}=1-e$ とする．このオーソモジュラー束において，

(i)　$e\perp f \Leftrightarrow ef=0 \Leftrightarrow fe=0$.

(ii)　$eCf \Leftrightarrow ef=fe$.

(iii)　$ef=fe$ のとき，$e\wedge f=ef$，$e\vee f=e+f-ef$.

証明.　$e\leqq f$ は $L^{(r)}(\boldsymbol{B})$ における順序 $e\boldsymbol{B}\leqq f\boldsymbol{B}$ に対応してつけた順序であるから，$P(\boldsymbol{B})$ は $L^{(r)}(\boldsymbol{B})$ と束同形である．ここで，$e^{\perp}=1-e$ となり，これより(i)は明らかである．また，(iii)は補題 16.1 の(iii)より成立つ．最後に，(ii)を証明する．eCf のとき，$e_1=e\wedge f$，$e_2=e\wedge f^{\perp}$ とおけば，$e=e_1\vee e_2$ であるが，$e_1\perp e_2$ より $e_1\vee e_2=e_1+e_2$．ところで，$e_1\leqq f$，$e_2\perp f$ より f は e_1, e_2 と可換であるから，$e=e_1+e_2$ とも可換である．逆に，$ef=fe$ とするとき，(iii)によって

$$(e\wedge f)\vee(e\wedge f^{\perp})=(ef)\vee(e(1-f))=ef+e(1-f)=e. \qquad \text{(証終)}$$

定理 16.4.　Baer＊環 $\boldsymbol{B}$ の射影元 e について次の3条件は同値である．

(α)　e は束 $P(\boldsymbol{B})$ の中心元である．

(β)　すべての $f\in P(\boldsymbol{B})$ に対して $ef=fe$.

(γ)　すべての $x\in\boldsymbol{B}$ に対して $ex=xe$.

証明.　注意 14.1 と前定理の(ii)より，(α) と (β) は同値である．(γ)$\Rightarrow$(β) は自明だから，(β)$\Rightarrow$(γ) を示そう．任意の $x\in\boldsymbol{B}$ に対し

$$y=e+xe-exe$$

とおけば，明らかに $ye=y$，$ey=e$，$y^2=y$ である．

$$\{1-y\}^{(r)}=f\boldsymbol{B}$$

となる $f\in P(\boldsymbol{B})$ をとれば，$(1-y)y=0$ より $y\in f\boldsymbol{B}$ であるから，$fy=y$．(β) より e と f は可換だから

$$e=ey=efy=fey\in f\boldsymbol{B}=\{1-y\}^{(r)}.$$

よって，$e=ye=y$ となるから，$xe=exe$ である．同様に，$x^*e=ex^*e$ も成立つから，$ex=(x^*e)^*=(ex^*e)^*=exe=xe$.　(証終)

注意 16.1.　＊環 $\boldsymbol{B}$ についての条件 (16.5) を少し弱くした次の条件

(16.7)　任意の $x\in\boldsymbol{B}$ に対し $\{x\}^{(r)}=e\boldsymbol{B}$ となる $e\in P(\boldsymbol{B})$ が存在する

がみたされているとき，$\boldsymbol{B}$ は **Rickart＊環**と呼ばれる．このときも $P(\boldsymbol{B})$ はやはりオーソモジュラー束になる（完備とは限らない）ことが証明されて，定理 16.3 の(i), (ii), (iii)と定理 16.4 も成立つ．これについては，さらに Rickart＊半群にまで一般化して次の章で述べることにする．

§17. Hermite 形式をもつ線形空間

定義 17.1. $\boldsymbol{K}$ は体とする（付録 A 4 参照）．$\boldsymbol{K}$ から $\boldsymbol{K}$ への写像 $x \to x^*$ で定義16.2の3条件をみたすものが存在するとき，$\boldsymbol{K}$ は **＊体**と呼ばれる．複素数全体 $\boldsymbol{C}$ は $\lambda^* = \bar{\lambda}$（$\lambda$ の共役複素数）と定義して，可換な＊体である．また，実数全体 $\boldsymbol{R}$ や有理数全体も $\lambda^* = \lambda$ と定義して可換な＊体としてよい．四元数体は非可換な＊体の例である．

定義 17.2. $\boldsymbol{K}$ は＊体で，X は $\boldsymbol{K}$ を係数体とする線形空間とする（付録 A 5 参照）．$(x, y) \in X \times X$ に対して $\langle x, y \rangle \in \boldsymbol{K}$ が定まり，次の3条件がみたされるとき，$\langle x, y \rangle$ は X における **Hermite 形式**と呼ばれる．

(17.1)　$\langle \lambda_1 x_1 + \lambda_2 x_2, y \rangle = \lambda_1 \langle x_1, y \rangle + \lambda_2 \langle x_2, y \rangle$　$(\lambda_1, \lambda_2 \in \boldsymbol{K})$,

(17.2)　$\langle y, x \rangle = \langle x, y \rangle^*$,

(17.3)　$\langle x, x \rangle = 0$ ならば $x = 0$.

はじめの2条件より

$$\langle x, \lambda_1 y_1 + \lambda_2 y_2 \rangle = (\lambda_1 \langle y_1, x \rangle + \lambda_2 \langle y_2, x \rangle)^* = \langle x, y_1 \rangle \lambda_1^* + \langle x, y_2 \rangle \lambda_2^*.$$

X の空でない部分集合 A に対し

(17.4)　$A^\perp = \{x \in X;\ すべての\ y \in A\ に対し\ \langle x, y \rangle = 0\}$

とおけば，(17.1) より $A^\perp$ は X の部分空間である．X の部分空間 A は，$A^{\perp\perp} = A$ のとき，**直閉部分空間**と呼ばれ，その全体を $L_{oc}(X)$ と書く．

定理 17.1. Hermite 形式をもつ線形空間 X において，直閉部分空間の全体 $L_{oc}(X)$ は包含関係を順序として完備直可補束を作る．ここで最大元は X，最小元は $\{0\}$ であり，$A_\alpha \in L_{oc}(X)$ に対し

$$\wedge_\alpha A_\alpha = \cap_\alpha A_\alpha,\quad \vee_\alpha A_\alpha = (\cup_\alpha A_\alpha)^{\perp\perp}$$

である．また，$A \in L_{oc}(X)$ の直補元は $A^\perp$ である．

証明. 定義15.1において $X' = \boldsymbol{K}$ とし，θ, θ' はそれぞれ $X, \boldsymbol{K}$ の0元とすれば，$\varphi(x, y) = \langle x, y \rangle$ は明らかに (15.1), (15.2), (15.3) をみたし，φ についての閉集合は直閉部分空間と一致する．よって，定理15.1よりこの定理が成立つ．　（証終）

さらに，$L_{oc}(X)$ は例10.2と同様に AC 束であることを示そう．

補題 17.1.　Hermite 形式をもつ線形空間 X において，

(i)　A が直閉部分空間ならば，任意の $x\in X$ に対し $A+\boldsymbol{K}x$ も直閉部分空間である．

(ii)　A が直閉部分空間で A_0 が有限次元部分空間ならば，$A+A_0$ は直閉部分空間である．とくに，A_0 は直閉である．

証明.　(i)　$x\in A$ のときは自明．$x\notin A=A^{\perp\perp}$ のとき，$y\in A^{\perp}$ で $\langle x, y\rangle\neq 0$ となるものが存在する．$y'=\langle y, x\rangle^{-1}y$ とおけば，$y'\in A^{\perp}$ で $\langle y', x\rangle=1$．$u\in(A+\boldsymbol{K}x)^{\perp\perp}$ として $u\in A+\boldsymbol{K}x$ を示せばよい．$v\in A^{\perp}$ を任意にとるとき，$v-\langle v, x\rangle y'\in A^{\perp}$ であり，さらに

$$\langle v-\langle v, x\rangle y', x\rangle=\langle v, x\rangle-\langle v, x\rangle\langle y', x\rangle=0$$

となるから，$v-\langle v, x\rangle y'\in(A+\boldsymbol{K}x)^{\perp}$ である．よって，

$$\langle u-\langle u, y'\rangle x, v\rangle=\langle u, v\rangle-\langle u, y'\rangle\langle x, v\rangle=(\langle v, u\rangle-\langle v, x\rangle\langle y', u\rangle)^*$$
$$=\langle v-\langle v, x\rangle y', u\rangle^*=0.$$

これより，$u-\langle u, y'\rangle x\in A^{\perp\perp}=A$ であるから，$u\in A+\boldsymbol{K}x$.

(ii)は(i)をくり返せばよい．　　(証終)

定理 17.2.　X は Hermite 形式をもつ線形空間とする．X の直閉部分空間全体の作る完備直可補束 $L_{oc}(X)$ は，原子的でカバリング性をもち（すなわち AC 束），さらに有限モジュラー，M 対称，M^* 対称，かつ既約である．また，$A, B\in L_{oc}(X)$ について

(17.5)　$(A, B)M^*\Leftrightarrow A+B\in L_{oc}(X)$.

証明.　例 10.2 の L_0 として $L_{oc}(X)$ をとれば，(10.1)，(10.2) は明らかに成立ち，(10.3) も前補題より成立つから，$L_{oc}(X)$ は AC 束で有限モジュラーであり，(17.5) が成立つ．よって，M^* 対称であり，直可補性より M 対称でもある．また，例 10.1 と同様に $L_{oc}(X)$ は既約である．　　(証終)

系.　前定理の直可補束 $L_{oc}(X)$ がオーソモジュラーであるための必要十分条件は，

(17.6)　すべての $A\in L_{oc}(X)$ に対して $A+A^{\perp}=X$.

証明.　前定理の (17.5) より，この条件は $L_{oc}(X)$ が定理 3.4 の (β^*) をみたすことを意味している．　　(証終)

条件 (17.6) をみたすような具体例は，次の節で述べる Hilbert 空間であって，これ以外の例はまだ発見されていない．

この節では，さらに §10 の結果を利用して，既約な完備直可補 AC 束の表現

定理を述べておく（定理8.7より完備直可補AC束は既約なものの直和である）．これには次の補題が基になる．

補題 17.2.　体$\boldsymbol{K}$を係数体とする有限次元線形空間Xをとる．Xの次元nは4以上とする．Xの部分空間全体の作る束$L(X)$（例10.1を見よ）が直可補束であるならば，$\boldsymbol{K}$は$*$体であり，X上にHermite形式φが存在して，$A\in L(X)$の直補元は

(17.7)　$A^{\perp}=\{x\in X;$ すべての$y\in A$に対し$\varphi(x,y)=0\}$

となる．ここで，$\boldsymbol{K}$における$*$写像$\lambda\to\lambda^*$とXにおけるHermite形式φは次の意味で一意的である．

別に，$\lambda\to\lambda^{\bar{*}}$とHermite形式$\bar{\varphi}$があって（ここで，$\bar{\varphi}(y,x)=\bar{\varphi}(x,y)^{\bar{*}}$），上の性質をもっているとすれば，次の2条件をみたす$\gamma\in\boldsymbol{K}$が存在する．

(17.8)　すべての$\lambda\in\boldsymbol{K}$に対し$\lambda^{\bar{*}}=\gamma^{-1}\lambda^*\gamma$,

(17.9)　すべての$x,y\in X$に対し$\bar{\varphi}(x,y)=\varphi(x,y)\gamma$.

この補題の証明は可成り複雑で（〔7〕参照），ここではその筋道を述べるにとどめる．

(i)　Xにおける1次独立な元$\{x_1,\cdots,x_n\}$を次の条件をみたすようにとることができる．$i=1,\cdots,n$に対し

$$(\boldsymbol{K}x_i)^{\perp}=\boldsymbol{K}x_1+\cdots+\boldsymbol{K}x_{i-1}+\boldsymbol{K}x_{i+1}+\cdots+\boldsymbol{K}x_n.$$

(ii)　$\boldsymbol{K}$から$\boldsymbol{K}$への写像$\tau_2,\tau_3,\cdots,\tau_n$で次の条件をみたすものを定めることができる．$x=x_1+\lambda_2x_2+\cdots+\lambda_nx_n$に対して

$$(\boldsymbol{K}x)^{\perp}=\{\mu_1x_1+\cdots+\mu_nx_n;\ \mu_1+\textstyle\sum_{i=2}^{n}\mu_i\tau_i(\lambda_i)=0\}.$$

(iii)　$n\geqq 4$であることを用いて，$\tau_2,\cdots,\tau_n$は次の性質をもつことが証明される．

$$\tau_i(\lambda)=0 \Leftrightarrow \lambda=0 \quad (i=2,\cdots,n),$$
$$\textstyle\sum_{i=2}^{n}\mu_i\tau_i(\lambda_i)=-1 \Leftrightarrow \sum_{i=2}^{n}\lambda_i\tau_i(\mu_i)=-1,$$
$$\tau_i(\lambda\mu)=\tau_i(\mu)\tau_i(1)^{-1}\tau_i(\lambda) \quad (i=2,\cdots,n),$$
$$\tau_i(1)^{-1}\tau_i(\lambda)=\tau_j(1)^{-1}\tau_j(\lambda) \quad (i,j=2,\cdots,n).$$

(iv)　$\lambda\in\boldsymbol{K}$に対して$\lambda^*=\tau_2(1)^{-1}\tau_2(\lambda)$ $(=\tau_i(1)^{-1}\tau_i(\lambda))$とおけば，$\lambda\to\lambda^*$によっ

て $\boldsymbol{K}$ は$*$体となり，ここで，$\tau_i(1)^*=\tau_i(1)$ $(i=2, \cdots, n)$.

(v)　X の2元 $x=\sum_{i=1}^{n}\lambda_i x_i$，$y=\sum_{i=1}^{n}\mu_i x_i$ に対して

$$\varphi(x, y)=\lambda_1\mu_1{}^*+\sum_{i=2}^{n}\lambda_i\tau_i(1)\mu_i{}^*$$

とおけば，φ は X における Hermite 形式で (17.7) をみたすことが示される．

(vi)　別の $\lambda\to\lambda^{\bar{*}}$ と $\bar{\varphi}$ があるとき，$\varphi(x, y)=0$ と $\bar{\varphi}(x, y)=0$ が同値であることから，$\gamma=\bar{\varphi}(x_1, x_1)$ とおくとき

$$\bar{\varphi}(x_i, x_i)=\varphi(x_i, x_i)\gamma\quad(i=1, \cdots, n)$$

が成立つことが示され，さらに (17.8)，(17.9) も証明される．

定理 17.3.　L は既約な完備直可補 AC 束で，長さが4以上 (無限でもよい) とする．このとき，適当な$*$体 $\boldsymbol{K}$ の上の線形空間 X で Hermite 形式をもつものをとって，その直閉部分空間全体の 束 $L_{oc}(X)$ が L と 同形になるようにできる．

この定理の証明も筋道だけを述べておく (〔37〕，(34.5) 参照)．

(i)　定理 8.4 より L は有限モジュラーであるから，定理 9.5 より $L(\Omega(L))$ はモジュラーマトロイド束である．定理 9.2 より L から $L(\Omega(L))$ への写像 $a\to\omega(a)$ は単射で，順序と交わりを保ち，これによって $F(L)$ と $F(L(\Omega(L)))$ は同形である．L が既約で長さが4以上であることから，$L(\Omega(L))$ も同じ性質をもっているので，定理 10.1 より体 $\boldsymbol{K}$ とその上の線形空間 X が存在して，$L(\Omega(L))$ は $L(X)$ と同形である．よって，$a\to\omega(a)$ は L から $L(X)$ への単射と考えられる．

(ii)　L の長さが有限ならば，X も有限次元で，ω は全射となるから，$L(X)$ は直可補束である．よって前補題より $\boldsymbol{K}$ は$*$体で X 上の Hermite 形式が存在し，ω によって L と $L(X)=L_{oc}(X)$ とは同形である．

(iii)　L の長さが無限の場合，X の任意の有限次元部分空間 A に対して，$\omega(a)=A$ となる $a\in F(L)$ をとれば，区間 $[0, a]$ が直可補束であることが示せるから，$L(A)$ も直可補束である．

(iv)　4次元部分空間 A_0 を固定する．$L(A_0)$ が直可補束だから，前補題より $\boldsymbol{K}$ は$*$体で A_0 上の Hermite 形式 φ_0 が存在する．A_0 を含む有限次元部分空間

Aについて，$L(A)$が直可補束であることから，$\boldsymbol{K}$の$*$写像とA上のHermite形式φ_Aがとれるが，前補題における$*$写像とHermite形式の一意性によって，$*$写像はA_0の場合と同じとし，φ_Aはφ_0の拡張になるようにとることができる．これによって，φ_0を全空間X上に拡張することが可能となり，このようにして与えたHermite形式について，直閉部分空間の全体$L_{oc}(X)$は写像$a\to\omega(a)$の値域と一致することが証明され，したがって，Lと$L_{oc}(X)$は同形となる．

§18.　内積空間とHilbert空間

定義 18.1.　$*$体$\boldsymbol{K}$は実数体$\boldsymbol{R}$か複素数体$\boldsymbol{C}$のどちらかとする．したがって，$\{\lambda\in\boldsymbol{K};\lambda^*=\lambda\}=\boldsymbol{R}$で，$\lambda\lambda^*=|\lambda|^2$．（$\boldsymbol{K}$は四元数体とすることもできる．）

$\boldsymbol{K}$上の線形空間XにおけるHermite形式$\langle x,y\rangle$をとるとき，(17.2)によって$\langle x,x\rangle$はつねに実数であるが，さらに

(18.1)　すべてのxに対し$\langle x,x\rangle\geqq 0$

が成立つとき，$\langle x,y\rangle$はxとyの**内積**と呼ばれ，Xは**内積空間**と呼ばれる．$\sqrt{\langle x,x\rangle}$を$\|x\|$と書く．

補題 18.1.　内積空間Xの2元x,yに対し

(18.2)　$|\langle x,y\rangle|\leqq\|x\|\|y\|$　(**Schwartzの不等式**)

証明.　$\langle x,y\rangle=\lambda$とおき，$\lambda\neq 0$のとき証明すればよい．任意の$t\in\boldsymbol{R}$に対し

$$\begin{aligned}0&\leqq\langle tx+\lambda y,\ tx+\lambda y\rangle=t^2\langle x,x\rangle+t\lambda^*\langle x,y\rangle+t\lambda\langle y,x\rangle+\lambda\lambda^*\langle y,y\rangle\\&=\|x\|^2t^2+2|\lambda|^2t+|\lambda|^2\|y\|^2.\end{aligned}$$

よって，判別式をとれば，$|\lambda|^4-|\lambda|^2\|x\|^2\|y\|^2\leqq 0$となり，これより$|\lambda|^2\leqq\|x\|^2\|y\|^2$.

定理 18.1.　内積空間Xにおいて，$\|x\|=\sqrt{\langle x,x\rangle}$はノルムの条件（付録D1参照）をみたし，$X$はノルム空間である．したがって，$d(x,y)=\|x-y\|$として$X$は距離空間である．

証明.　$\|x\|\geqq 0$は明らかで，$\|x\|=0\Leftrightarrow x=0$は(17.3)より成立つ．また，$\|\lambda x\|=|\lambda|\|x\|$も明らかである．次に，前補題を用いて

$$\begin{aligned}\|x+y\|^2&=\langle x+y,x+y\rangle=\langle x,x\rangle+\langle x,y\rangle+\langle y,x\rangle+\langle y,y\rangle\\&\leqq\|x\|^2+2\|x\|\|y\|+\|y\|^2=(\|x\|+\|y\|)^2.\end{aligned}$$

よって，ノルムの条件はすべてみたされている．　(証終)

補題 18.2.　内積空間 X において，

(i)　$\|x+y\|^2+\|x-y\|^2=2(\|x\|^2+\|y\|^2)$．(**中線定理**)

(ii)　$x_n\to x$ (すなわち $\|x_n-x\|\to 0$) ならば，$\|x_n\|\to\|x\|$．

(iii)　$x_n\to x$，$y_n\to y$ ならば，$\langle x_n, y_n\rangle\to\langle x, y\rangle$．

(iv)　空でない部分集合 A に対し (17.4) で定めた $A^\perp$ は閉集合 (定理 18.1 の距離で定まる位相について) である．

(v)　空でない部分集合 A に対して $\bar{A}^\perp=A^\perp$ ($\bar{A}$ は A の閉包)．とくに，A が稠密 ($\bar{A}=X$) ならば $A^\perp=\{0\}$．

証明． (i)は容易に確かめられる．また，ノルムの性質より $|\|x_n\|-\|x\||\leqq\|x_n-x\|$ であるから(ii)が成立つ．

(iii)　$y_n\to y$ のとき，(ii)より $\{\|y_n\|\}$ は有界であるから，その上限を c とおく．Schwartz の不等式を用いて，

$$|\langle x_n, y_n\rangle-\langle x, y\rangle|\leqq|\langle x_n-x, y_n\rangle|+|\langle x, y_n-y\rangle|\leqq c\|x_n-x\|+\|x\|\|y_n-y\|\to 0.$$

(iv)　$x_n\in A^\perp$，$x_n\to x$ とする．すべての $y\in A$ に対し，$\langle x_n, y\rangle=0$ より

$$\langle x, y\rangle=\lim_{n\to\infty}\langle x_n, y\rangle=0.$$

よって，$x\in A^\perp$ となり，$A^\perp$ は閉集合である (付録 B 8 参照)．

(v)　$\bar{A}\supset A$ より $\bar{A}^\perp\subset A^\perp$ である．一方，$x\in A^\perp$ とし，$y\in\bar{A}$ を任意にとれば，$y_n\in A$，$y_n\to y$ となる列 $\{y_n\}$ がとれて，すべての n について $\langle y_n, x\rangle=0$ であるから，$\langle y, x\rangle=0$．よって，$x\in\bar{A}^\perp$ である．　(証終)

内積空間 X はノルム空間であるから，例 10.2 で述べたように，X の閉部分空間全体 $L_c(X)$ は包含関係を順序として完備 DAC 束を作る．一方，定理 17.2 によって，X の直閉部分空間全体 $L_{oc}(X)$ は完備直可補 AC 束を作る．上の補題の(iv)より直閉部分空間は閉集合だから，$L_{oc}(X)\subset L_c(X)$ である．X が Hilbert 空間の場合，両者が一致して，しかもオーソモジュラーになることが次に示される．

定義 18.2.　内積空間 X が定理 18.1 で定めた距離について完備 (付録 B 9 参照) であるとき，X は **Hilbert 空間**と呼ばれる．

補題 18.3.　Hilbert 空間 X の閉部分空間 A と，A に属さない元 x をとるとき，$\|x-y\|$ を最小とする $y\in A$ が存在する．

証明． $\{\|x-y\|; y\in A\}$ の下限を d とおけば，$y_n\in A$ で $\lim_{n\to\infty}\|x-y_n\|=d$ となるものがとれる．中線定理と $\frac{1}{2}(y_n+y_m)\in A$ とにより，

$$2(\|x-y_n\|^2+\|x-y_m\|^2)=\|2x-y_n-y_m\|^2+\|y_n-y_m\|^2$$
$$=4\|x-\frac{1}{2}(y_n+y_m)\|^2+\|y_n-y_m\|^2\geqq 4d^2+\|y_n-y_m\|^2.$$

よって，$m, n\to\infty$ のとき $\|y_n-y_m\|\to 0$ となり，X の完備性より，$y_n\to y_0$ となる $y_0\in X$ が存在する．A は閉集合だから $y_0\in A$ で，

$$d\leqq\|x-y_0\|\leqq\|x-y_n\|+\|y_n-y_0\|\to d$$

より $\|x-y_0\|=d$ となって，y_0 が求めるものである．（証終）

定理 18.2. X はHilbert空間とする．X において閉部分空間と直閉部分空間は一致し，すべての閉部分空間 A に対して $A+A^{\perp}=X$ である．これより，X の閉部分空間全体 $L_c(X)$ は包含関係を順序として既約な完備オーソモジュラーAC束を作る．

証明． (i) A は閉部分空間とする．$x\in X$ を任意にとり，$x\in A+A^{\perp}$ を示す．$x\notin A$ としてよい．前補題より $\|x-y\|$ を最小とする $y\in A$ がとれる．$x-y=u$ とおくとき，任意の $v\in A$ と $t\in\boldsymbol{R}$ に対し $y+tv\in A$ であるから，

$$\|u\|^2\leqq\|x-(y+tv)\|^2=\|u-tv\|^2=\|u\|^2-t(\langle u, v\rangle+\langle v, u\rangle)+t^2\|v\|^2.$$

これがすべての $t\in\boldsymbol{R}$ について成立つから，$\langle u, v\rangle+\langle v, u\rangle=0$ である．よって，$\boldsymbol{K}=\boldsymbol{R}$ の場合，$\langle u, v\rangle=0$．$\boldsymbol{K}=\boldsymbol{C}$ の場合，$\mathrm{Re}\langle u, v\rangle=0$ であるが，v の代りに iv をとれば $\mathrm{Im}\langle u, v\rangle=\mathrm{Re}\langle u, iv\rangle=0$ であるから，$\langle u, v\rangle=0$ となる．結局，どちらの場合も $u\in A^{\perp}$ であり，したがって，$x=y+u\in A+A^{\perp}$．

(ii) $A=A^{\perp\perp}$ を示す．$x\in A^{\perp\perp}$ をとれば，(i)より $x=u+v$, $u\in A$, $v\in A^{\perp}$ と表すことができる．$u\in A\subset A^{\perp\perp}$ より，$v=x-u\in A^{\perp\perp}$ であるから，$\langle v, v\rangle=0$ となり $v=0$．よって，$x=u\in A$ となるから，$A=A^{\perp\perp}$ である．したがって，閉部分空間と直閉部分空間は一致する．$L_c(X)=L_{oc}(X)$ において，(i)より条件 (17.6) がみたされているから，この束はオーソモジュラーである．（証終）

この定理によって，X が内積空間の場合，直可補束 $L_{oc}(X)$ がオーソモジュラーになるためには X の完備性が十分条件であることがわかった．実は，完備性が必要条件でもあることが次に示される．

補題 18.4. 内積空間 X が完備でないとき，その完備化 $\hat{X}$（付録B9参照）は線形空間で，ここに X の内積を拡張することができ，よって $\hat{X}$ はHilbert空間となる．

証明． $\hat{X}$ は X のCauchy列全体 $\tilde{X}$ における同値類から作られているが，まず $\tilde{X}$ に

おいて，2つのCauchy列 $\tilde{x}=\{x_n\}$，$\tilde{y}=\{y_n\}$ に対して $\tilde{x}+\tilde{y}=\{x_n+y_n\}$ とし，$\lambda\in\boldsymbol{K}$ に対し $\lambda\tilde{x}=\{\lambda x_n\}$ とすれば，$\widetilde{X}$ は線形空間となる．さらに，数列 $\{\langle x_n, y_n\rangle\}$ は補題18.2の(iii)と同様にしてCauchy数列であることが示され，したがって $\langle\tilde{x},\tilde{y}\rangle=\lim_{n\to\infty}\langle x_n, y_n\rangle$ と定義することができる．

次に，$\tilde{x}\equiv\tilde{x}'$，$\tilde{y}\equiv\tilde{y}'$ のとき，明らかに $\tilde{x}+\tilde{y}\equiv\tilde{x}'+\tilde{y}'$，$\lambda\tilde{x}\equiv\lambda\tilde{x}'$，$\langle\tilde{x},\tilde{y}\rangle=\langle\tilde{x}',\tilde{y}'\rangle$ であるから，同値類 $\hat{x},\hat{y}$ についても $\hat{x}+\hat{y},\lambda\hat{x},\langle\hat{x},\hat{y}\rangle$ を定義することができて，$\hat{X}$ が内積空間であることが容易に確かめられる．また，X は $\hat{X}$ の部分空間となり，$\hat{X}$ における内積は X 上では X 自身の内積と一致する．（証終）

補題 18.5.　X は内積空間とし，A はその稠密な部分空間とする．

(i)　有限個の $x_1,\cdots,x_n\in X$ に対し，$A\cap\{x_1,\cdots,x_n\}^\perp$ は $\{x_1,\cdots,x_n\}^\perp$ で稠密である．

(ii)　X の2元 x,y が $\langle x,y\rangle=0$ であるとき，A の元の列 $\{u_n\}$，$\{v_n\}$ で次の条件をみたすものが存在する．

(18.3)　$u_n\to x$，$v_n\to y$ で，すべての m,n に対し $\langle u_m,v_n\rangle=0$.

証明.　(i)は n について帰納法を用いて証明する．$n=1$ の場合，$x_1=0$ ならば自明であるから，$\|x_1\|=1$ としてよい．補題18.2の(v)より $x_1\notin\{0\}=A^\perp$ であるから，$\langle x_1, y_1\rangle\neq0$ となる $y_1\in A$ が存在する．$x\in\{x_1\}^\perp$ と正数 ε を任意にとって，$y\in A\cap\{x_1\}^\perp$ で $\|y-x\|<\varepsilon$ となるものが存在することを示せばよい．A は稠密だから，$u\in A$ で

$$\|u-x\|<c^{-1}\varepsilon,\quad \text{ただし } c=|\langle x_1,y_1\rangle|^{-1}\|y_1\|+1$$

となるものがとれる．$\langle x,x_1\rangle=0$ より

$$|\langle u,x_1\rangle|=|\langle u-x,x_1\rangle|\leqq\|u-x\|\|x_1\|<c^{-1}\varepsilon.$$

そこで，$y=u-\langle u,x_1\rangle\langle y_1,x_1\rangle^{-1}y_1$ とおけば，$y\in A\cap\{x_1\}^\perp$ は明らかで，

$$\|y-x\|\leqq\|y-u\|+\|u-x\|<|\langle u,x_1\rangle\langle y_1,x_1\rangle^{-1}|\|y_1\|+c^{-1}\varepsilon$$
$$<(|\langle y_1,x_1\rangle|^{-1}\|y_1\|+1)c^{-1}\varepsilon=\varepsilon.$$

次に，$n=k$ のとき証明されたとする．$X'=\{x_1,\cdots,x_k\}^\perp$，$A'=A\cap X'$ とおけば，A' は X' で稠密である．$\{x\in X';\langle x,x_{k+1}\rangle=0\}=\{x_{k+1}\}^\perp_{X'}$ と書いて，内積空間 X' について上記のことを適用すれば，$A'\cap\{x_{k+1}\}^\perp_{X'}$ は $\{x_{k+1}\}^\perp_{X'}$ で稠密である．しかるに，$\{x_{k+1}\}^\perp_{X'}=\{x_1,\cdots,x_k,x_{k+1}\}^\perp$ であるから，$n=k+1$ で成立することがいえた．

(ii)　$A\cap\{y\}^\perp$ は $\{y\}^\perp$ で稠密で，$x\in\{y\}^\perp$ だから，$u_1\in A\cap\{y\}^\perp$ で $\|u_1-x\|<1$ となるものがとれる．$A\cap\{x,u_1\}^\perp$ は $\{x,u_1\}^\perp$ で稠密で，$y\in\{x,u_1\}^\perp$ だから，$v_1\in A\cap\{x,u_1\}^\perp$ で $\|v_1-y\|<1$ となるものがとれる．さらに，$x\in\{y,v_1\}^\perp$ より，$u_2\in A\cap\{y,v_1\}^\perp$ で $\|u_2-x\|<1/2$ となるものがとれ，$y\in\{x,u_1,u_2\}^\perp$ より，$v_2\in A\cap\{x,u_1,u_2\}^\perp$ で $\|v_2-y\|<1/2$ となるものがとれる．これをくり返して $\{u_n\},\{v_n\}$ を作れば，$\|u_n-x\|<1/n$，$\|v_n-y\|<1/n$ で，

$$u_n \in A \cap \{y, v_1, \cdots, v_{n-1}\}^{\perp},\quad v_n \in A \cap \{x, u_1, \cdots, u_n\}^{\perp}$$

であるから，これが求めるものである． （証終）

定理 18.3. （雨宮-荒木） X は内積空間とする．X の直閉部分空間全体の作る完備直可補束 $L_{oc}(X)$ がオーソモジュラーであるための必要十分条件は，X が完備，すなわち Hilbert 空間となることである．

証明． 十分性は定理 18.2 より成立つ．逆に，$L_{oc}(X)$ がオーソモジュラーとする．もし X が完備でなければ，その完備化 $\hat{X}$ に属する元 $\hat{x}$ で $\hat{x} \notin X$ となるものがとれる．このとき，$\hat{x} \neq 0$ であり，X は $\hat{X}$ の稠密な部分空間であるから，$y_0 \in X$ で $\langle y_0, \hat{x}\rangle \neq 0$ となるものが存在する（補題 18.4 より $\hat{X}$ も内積空間）．

$$\hat{y} = \hat{x} - \lambda y_0,\quad ただし\ \lambda = \langle \hat{x}, \hat{x}\rangle \langle y_0, \hat{x}\rangle^{-1}$$

とおけば，$\langle \hat{y}, \hat{x}\rangle = 0$ である．よって，補題 18.5 より X の元の列 $\{u_n\}$, $\{v_n\}$ で，$u_n \to \hat{x}$, $v_n \to \hat{y}$，すべての m, n に対し $\langle u_m, v_n\rangle = 0$ となるものがとれる．X において，$\{v_1, v_2, \cdots\}^{\perp} = A$ とおけば，$A \in L_{oc}(X)$ であるから，仮定と定理 17.2 の系により，$X = A + A^{\perp}$ である．よって，$y_0 = y_1 + y_2$, $y_1 \in A$, $y_2 \in A^{\perp}$ と書けるが，このとき $u_n \in A$ より $u_n - \lambda y_1 \in A$ であり，$v_n \in A^{\perp}$ より $v_n + \lambda y_2 \in A^{\perp}$ であるから，

$$\langle \hat{x} - \lambda y_1, \hat{y} + \lambda y_2\rangle = \lim_{n\to\infty} \langle u_n - \lambda y_1, v_n + \lambda y_2\rangle = 0.$$

しかるに，$\hat{x} - \lambda y_1 = \hat{x} - \lambda y_0 + \lambda y_2 = \hat{y} + \lambda y_2$ であるから，$\hat{x} - \lambda y_1 = 0$ となり，$\hat{x} = \lambda y_1 \in X$ となって不合理である． （証終）

§19. 有界線形作用素の作る Baer*環

定義 19.1. 環 $\boldsymbol{B}$ が同時にノルム空間でもあり（和の演算は共通），次の 2 条件がみたされているとき，$\boldsymbol{B}$ は**ノルム環**と呼ばれる（係数体 $\boldsymbol{K}$ は $\boldsymbol{R}$ または $\boldsymbol{C}$ である）．

(19.1) $\lambda(xy) = (\lambda x)y = x(\lambda y)$ $(x, y \in \boldsymbol{B},\ \lambda \in \boldsymbol{K})$.

(19.2) $\|xy\| \leqq \|x\|\|y\|$.

$\boldsymbol{B}$ がさらに*環であって

(19.3) $(\lambda x)^* = \bar{\lambda} x^*,\ \|x^*\| = \|x\|$

が成立つとき，$\boldsymbol{B}$ は**ノルム*環**と呼ばれる．これらが距離 $d(x, y) = \|x - y\|$ について完備ならば，それぞれ **Banach 環**，**Banach*環**と呼ばれる．

X をノルム空間（または Banach 空間）とすれば，その上の有界線形作用素の全体 $\boldsymbol{B}(X)$ はノルム環（または Banach 環）である（付録 F1, F2 参照）．ま

た，X が Hilbert 空間ならば，$\boldsymbol{B}(X)$ は Banach $*$ 環である（付録 F 5 参照）.

定義 19.2.　Hilbert 空間 X において閉部分空間 A をとる．定理 18.2 より $A+A^{\perp}=X$ であるから，任意の $x\in X$ は

$$x=y+u,\ \ y\in A,\ \ u\in A^{\perp}$$

と表され，$A\cap A^{\perp}=\{0\}$ より，この表し方は一意的である．そこで，写像 $x\to y$ を A の上への**射影作用素**と呼び，P_A で表す．

定理 19.1.　X は Hilbert 空間とする．A が X の閉部分空間であるとき，A の上への射影作用素 P_A は有界線形作用素，すなわち $P_A\in\boldsymbol{B}(X)$ であり，$P_A{}^*=P_A$，$P_A{}^2=P_A$，すなわち P_A は $*$ 環 $\boldsymbol{B}(X)$ の射影元である．逆に，$\boldsymbol{B}(X)$ の任意の射影元 P は，ある閉部分空間 A の上への射影作用素に一致する．2つの閉部分空間 A_1, A_2 の上への射影作用素をそれぞれ P_1, P_2 とすれば，

(19.4)　$A_1\subset A_2 \Leftrightarrow P_2P_1=P_1$　$(\Leftrightarrow P_1P_2=P_1)$.

証明.　(i)　P_A が線形であることは明らか．$x=P_Ax+u, u\in A^{\perp}$ とするとき，$\langle P_Ax, u\rangle=0$ より

$$\|x\|^2=\|P_Ax\|^2+\|u\|^2\geqq\|P_Ax\|^2$$

となるから P_A は有界（$\|P_A\|\leqq 1$）である．次に，$P_A{}^2=P_A$ は明らか．$x=P_Ax+u$，$y=P_Ay+v$ $(u, v\in A^{\perp})$ とするとき，$\langle P_Ax, v\rangle=\langle u, P_Ay\rangle=0$ より

$$\langle P_Ax, y\rangle=\langle P_Ax, P_Ay\rangle=\langle x, P_Ay\rangle$$

となるから，$P_A{}^*=P_A$．よって，P_A は $\boldsymbol{B}(X)$ の射影元である．

(ii)　P を $\boldsymbol{B}(X)$ の射影元とする．P の線形性より $PX=A$ は X の部分空間である．$x\in\bar{A}$ ならば，X の元の列 $\{x_n\}$ で $Px_n\to x$ となるものがとれるが，P のべき等性と連続性より $Px_n=P^2x_n\to Px$ であるから，$x=Px\in A$．よって，A は閉部分空間である．任意の $x\in X$ をとるとき，A の任意の元 Py に対し，$P^*P=P^2=P$ を用いて

$$\langle x-Px, Py\rangle=\langle x, Py\rangle-\langle x, P^*Py\rangle=0.$$

よって，$x=Px+(x-Px)$，$Px\in A$，$x-Px\in A^{\perp}$ となるから，$Px=P_Ax$.

(iii)　$A_1\subset A_2$ とすれば，任意の $x\in X$ に対して，$P_1x\in A_1\subset A_2$ より $P_2P_1x=P_1x$ である．逆に，$P_2P_1=P_1$ とする．$x\in A_1$ ならば，$x=P_1x=P_2P_1x\in A_2$ であるから，$A_1\subset A_2$.

（証終）

この定理と定理 18.2 により次の結果をうる．

系.　X は Hilbert 空間とし，$*$ 環 $\boldsymbol{B}(X)$ の射影元全体 $P(\boldsymbol{B}(X))$ に定理 16.3 と同じ順序を入れるとき，$P(\boldsymbol{B}(X))$ と X の閉部分空間全体 $L_c(X)$ が包

含関係を順序として作る束との間に順序を保つ全単射が存在し，したがって，$P(\boldsymbol{B}(X))$ は既約な完備オーソモジュラー AC 束である．

定理 19.2.　X を Hilbert 空間とするとき，X 上の有界線形作用素全体の作る＊環 $\boldsymbol{B}(X)$ は Baer＊環である．

証明.　$\boldsymbol{B}(X)$ の空でない任意の部分集合 $\boldsymbol{M}$ をとる．

$$A=\{x\in X;\ \text{すべての } T\in\boldsymbol{M} \text{ に対し } Tx=0\}$$

とおけば，T の線形性と連続性より，A は X の閉部分空間である．そこで，A の上への射影作用素を P とおいて，$\boldsymbol{M}^{(r)}=P\boldsymbol{B}(X)$ を示せばよい．$S\in\boldsymbol{M}^{(r)}$ とし，$x\in X$ を任意にとる．すべての $T\in\boldsymbol{M}$ に対し $TSx=0$ だから，$Sx\in A$．よって，$PSx=Sx$ となるから，$S=PS\in P\boldsymbol{B}(X)$．逆に，$S\in P\boldsymbol{B}(X)$ とすれば，$PS=S$ である．すべての $x\in X$ に対し $Sx=PSx\in A$ であるから，$T\in\boldsymbol{M}$ に対して $TSx=0$．よって，$S\in\boldsymbol{M}^{(r)}$ である．
（証終）

以上により，Hilbert 空間 X に対し，$L_c(X)$ と $P(\boldsymbol{B}(X))$ とは束として同じものであって，定理 16.3 で作った完備オーソモジュラー束 $P(\boldsymbol{B})$ の特別な場合であることがわかった．（前にも述べたように，§17 の方法からはこれ以外にオーソモジュラーになる例は発見されていない．）ところで，$\boldsymbol{B}(X)$ を一般化した von Neumann 環と呼ばれるものが，やはり Baer＊環であることを次に示そう．実際，Baer＊環の概念は von Neumann 環の抽象化から生れたものである．

定義 19.3.　環 $\boldsymbol{B}$ の部分集合 $\boldsymbol{M}$ に対して

(19.5)　$\boldsymbol{M}'=\{x\in\boldsymbol{B};\ \text{すべての } y\in\boldsymbol{M} \text{ に対し } xy=yx\}$

とおけば，$\boldsymbol{M}'$ は明らかに $\boldsymbol{B}$ の部分環である．また，$\boldsymbol{M}\subset\boldsymbol{M}''$，$\boldsymbol{M}'\equiv\boldsymbol{M}'''$ が成立つことは容易に確かめられる．$\boldsymbol{B}$ がノルム環の場合，(19.1) より $\boldsymbol{M}'$ は線形部分空間であり，$x_n\in\boldsymbol{M}'$，$x_n\to x$ ならば (19.2) を用いて $x\in\boldsymbol{M}'$ が確かめられるから，$\boldsymbol{M}'$ は閉集合である．よって，$\boldsymbol{B}$ が Banach 環ならば $\boldsymbol{M}'$ も Banach 環である．

$\boldsymbol{B}$ が＊環のとき，その部分集合 $\boldsymbol{M}$ に対し明らかに $(\boldsymbol{M}^*)'=(\boldsymbol{M}')^*$ が成立つ．$\boldsymbol{M}$ が $\boldsymbol{B}$ の部分環であって $\boldsymbol{M}^*=\boldsymbol{M}$ であるとき，**部分＊環**と呼ばれる．部分集合 $\boldsymbol{M}$ が $\boldsymbol{M}^*=\boldsymbol{M}$ をみたすならば，$(\boldsymbol{M}')^*=\boldsymbol{M}'$ であるから，$\boldsymbol{M}'$ は部分＊環である．

X をHilbert空間とし，X 上の有界線形作用素全体の作るBanach $*$ 環 $\boldsymbol{B}(X)$ を考える．$\boldsymbol{B}(X)$ の部分 $*$ 環 $\boldsymbol{M}$ が $\boldsymbol{M}''=\boldsymbol{M}$ であるとき，**von Neumann 環**（または **W* 環**）と呼ばれる．$\boldsymbol{B}(X)$ 自身はvon Neumann環であり，また上記のことから，$\boldsymbol{M}^*=\boldsymbol{M}$ となる $\boldsymbol{B}(X)$ の部分集合 $\boldsymbol{M}$ に対して $\boldsymbol{M}'$ はvon Neumann環である．さらに，$\boldsymbol{B}(X)$ の任意の部分集合 $\boldsymbol{M}$ に対し $(\boldsymbol{M}\cup\boldsymbol{M}^*)''$ は $\boldsymbol{M}$ を含む最小のvon Neumann環になっている．von Neumann環はBanach $*$ 環であるが，さらにBaer $*$ 環でもあることが次の定理よりわかる．

定理 19.3.　$\boldsymbol{B}$ はBaer $*$ 環とし，$\boldsymbol{M}$ はその部分集合とする．

(i)　$\boldsymbol{M}^{(r)}=e\boldsymbol{B}$ となる $e\in P(\boldsymbol{B})$ をとるとき，$e\in(\boldsymbol{M}\cup\boldsymbol{M}^*)''$．

(ii)　$\boldsymbol{M}^*=\boldsymbol{M}$ かつ $\boldsymbol{M}''=\boldsymbol{M}$ ならば，$\boldsymbol{M}$ はBaer $*$ 環である．

証明．(i)　$x\in(\boldsymbol{M}\cup\boldsymbol{M}^*)'$ として $ex=xe$ を示せばよい．任意の $y\in\boldsymbol{M}$ に対して，$xy=yx$ と $ye=0$ より，$yxe=0$．よって，$xe\in\boldsymbol{M}^{(r)}=e\boldsymbol{B}$ であるから，$exe=xe$．また，明らかに $x^*\in(\boldsymbol{M}\cup\boldsymbol{M}^*)'$ であるから，$ex^*e=x^*e$ も成立ち，$ex=(x^*e)^*=exe=xe$．

(ii)　仮定より $\boldsymbol{M}$ が部分 $*$ 環であることは明らか．$\boldsymbol{M}$ の部分集合 $\boldsymbol{N}$ をとれば，$\boldsymbol{B}$ において $\boldsymbol{N}^{(r)}=e\boldsymbol{B}$ となる $e\in P(\boldsymbol{B})$ が存在するが，(i)より $e\in(\boldsymbol{N}\cup\boldsymbol{N}^*)''\subset\boldsymbol{M}''=\boldsymbol{M}$ である．よって，$e\in P(\boldsymbol{M})$ かつ $\boldsymbol{N}^{(r)}\cap\boldsymbol{M}=e\boldsymbol{M}$ となり，$\boldsymbol{M}$ はBaer $*$ 環である．　（証終）

$\boldsymbol{B}$ がRickart $*$ 環のとき，上記(ii)の $\boldsymbol{M}$ はRickart $*$ 環である．

射影元の作る完備オーソモジュラー束の中でも，$P(\boldsymbol{B}(X))$ は原子的かつ既約という強い性質をもっているが，von Neumann環 $\boldsymbol{M}$ では，$P(\boldsymbol{M})$ はこの2つの制約がなくなり可成り一般化はされている．しかしそれでも，一般の完備オーソモジュラー束にはない特性をいくつかもっている．これについて簡単に説明を加えておこう．

定義 19.4.　Banach $*$ 環 $\boldsymbol{B}$ において，任意の $x\in\boldsymbol{B}$ に対して

(19.6)　$\|x^*x\|=\|x\|^2$

が成立つとき，$\boldsymbol{B}$ は **C* 環**と呼ばれる．X がHilbert空間のとき，$\boldsymbol{B}(X)$ はC*環であることは容易に示され，したがってvon Neumann環もC*環である．C*環がBaer $*$ 環でもあるとき，**AW* 環**と呼ばれる．von Neumann環はAW*環であり，逆は一般には成立しないけれども，von Neumann環における射影元について次に述べるような特性はすべてAW*環で成立する．以下，$\boldsymbol{B}$

は AW* 環とし，また証明は複雑であるため省略する．

(i)　$e, f \in P(\boldsymbol{B})$ について，$(e, f)M$ ならば $(f^{\perp}, e^{\perp})M$ である（O 対称性という）．これより，$(e, f)M$，$(f, e)M$，$(e, f)M^*$，$(f, e)M^*$ の 4 つが全部同値となる（〔37〕，§37 参照）．

(ii)　$e, f \in P(\boldsymbol{B})$ について，$x^*x = e$，$xx^* = f$ となる $x \in \boldsymbol{B}$ が存在するとき，$e \overset{*}{\sim} f$ と書く．$e \wedge f^{\perp} = e^{\perp} \wedge f = 0$ ならば $e \overset{*}{\sim} f$ である．また，これより e と f が配景的ならば $e \overset{*}{\sim} f$ である（〔5〕，§13 参照）．

(iii)　$u^*u = uu^* = 1$ となる $u \in \boldsymbol{B}$ をユニタリ元といい，$e, f \in P(\boldsymbol{B})$ に対し $u^*eu = f$ となるユニタリ元 $u \in \boldsymbol{B}$ が存在するとき，e と f はユニタリ同値という．これは $e \overset{*}{\sim} f$ と $e^{\perp} \overset{*}{\sim} f^{\perp}$ が同時に成立つことと同値である．(ii)より，e と f が配景的ならばユニタリ同値であるが，この逆も成立する（〔13〕参照）．これより，$P(\boldsymbol{B})$ において配景性は推移法則をみたし，配景的と射影的は同じである．（この性質は可成り特殊なものであって，モジュラー可補束でも連続性を仮定しないと証明できない．〔36〕，第 4 章 §2 参照．）

(iv)　2 つの $e, f \in P(\boldsymbol{B})$ に対し $P(\boldsymbol{B})$ の中心元 z が存在して $z \wedge e \overset{*}{\precsim} z \wedge f$，$z^{\perp} \wedge f \overset{*}{\precsim} z^{\perp} \wedge e$ とできる（ただし，$e \overset{*}{\sim} f_1 \leqq f$ のとき $e \overset{*}{\precsim} f$ と書く）．これは比較定理と呼ばれ（〔5〕，§14 参照），これを基礎として $P(\boldsymbol{B})$ において次元論が構成される．

問　題

1.　直可補束 L がオーソモジュラーであるための必要十分条件は，

$$a \leqq b \leqq c \text{ ならば } a \vee (b^{\perp} \wedge c) = (a \vee b^{\perp}) \wedge c.$$

2.　オーソモジュラー束 L の任意の区間 $[a, b]$ はまたオーソモジュラー束である．

3.　オーソモジュラー束 L において元 a をとるとき，a の補元の中で a と可換なものがただ 1 つ存在する．

4.　オーソモジュラー束 L において aCb とするとき，$\{a, a^{\perp}, b, b^{\perp}\}$ から生成される部分束の元の個数は，16, 8, 4, 2 のいずれかである．また，$(a, b)M$，$(a, b)M^*$ が成立つ．

5.　オーソモジュラー束において，$(a, b)M, aCc, bCc$ ならば，

$$(a, b \wedge c)M,\quad (a \wedge c, b \wedge c)M,\quad (a \vee c, b)M,\quad (a \vee c, b \vee c)M.$$

6.　$\boldsymbol{B}$ が Baer ∗ 環で $e \in P(\boldsymbol{B})$ ならば，$e\boldsymbol{B}e$ は Baer ∗ 環である．$\boldsymbol{B}$ が Rickart ∗ 環な

らば eBe も同様.

7.　Baer ∗ 環 $\boldsymbol{B}$(Rickart ∗ 環でもよい) の 2 つの射影元 e, f に対し, $efe=0$ ならば $ef=0$.

8.　1 をもつ ∗ 環 $\boldsymbol{B}$ の射影元全体 $P(\boldsymbol{B})$ において, $ef=e$ のとき $e \leqq f$ と定義すれば, $P(\boldsymbol{B})$ は順序集合であり, 次の 3 命題は同値となる.

(α)　$P(\boldsymbol{B})$ は束であって, $(e \wedge f)\boldsymbol{B}=e\boldsymbol{B} \cap f\boldsymbol{B}$ が成立つ.

(β)　任意の $e, f \in P(\boldsymbol{B})$ に対し $\{e, f\}^{(r)}=g\boldsymbol{B}$ となる $g \in P(\boldsymbol{B})$ が存在する.

(γ)　任意の $e, f \in P(\boldsymbol{B})$ に対し $\{ef\}^{(r)}=g\boldsymbol{B}$ となる $g \in P(\boldsymbol{B})$ が存在する.

$\boldsymbol{B}$ が Rickart ∗ 環ならば, (γ) がみたされるから $P(\boldsymbol{B})$ は束である.

9.　ノルム空間 X において $\|x+y\|^2+\|x-y\|^2=2(\|x\|^2+\|y\|^2)$ が成立するならば,

$\boldsymbol{K}=\boldsymbol{R}$ の場合は, $\langle x, y\rangle=\dfrac{1}{4}(\|x+y\|^2-\|x-y\|^2)$,

$\boldsymbol{K}=\boldsymbol{C}$ の場合は, $\langle x, y\rangle=\dfrac{1}{4}(\|x+y\|^2-\|x-y\|^2+i\|x+iy\|^2-i\|x-iy\|^2)$

とおけば, X は内積空間となる.

10.　Hilbert 空間 X において, 2 つの射影作用素 P_1, P_2 をとる.

(i)　$P_1 \leqq P_2 \Leftrightarrow$ すべての $x \in X$ に対し $\|P_1x\| \leqq \|P_2x\|$.

(ii)　$\|P_1-P_2\|=\max\{\|(I-P_1)P_2\|, \|(I-P_2)P_1\|\} \leqq 1$.

(iii)　$P_1P_2=P_2P_1$ で $P_1 \neq P_2$ ならば, $\|P_1-P_2\|=1$.

11.　Hilbert 空間 X において, 2 つの閉部分空間 A_1, A_2 をとり, それぞれの上への射影作用素を P_1, P_2 とする.

(i)　$\|(P_1-P_2)x\|<\|x\|$ がすべての $x \neq 0$ について成立つための必要十分条件は, $A_1 \cap A_2{}^{\perp}=A_1{}^{\perp} \cap A_2=\{0\}$ (これは, 束 $P(\boldsymbol{B}(X))$ において, P_1, P_2 がそれぞれ $P_2{}^{\perp}, P_1{}^{\perp}$ の補元であることを示す).

(ii)　$\|P_1-P_2\|<1$ であるための必要十分条件は, $A_1 \cap A_2{}^{\perp}=A_1{}^{\perp} \cap A_2=\{0\}$ かつ $A_1+A_2{}^{\perp}=A_1{}^{\perp}+A_2=X$ (これは, P_1, P_2 がそれぞれ $P_2{}^{\perp}, P_1{}^{\perp}$ の独立補元であることを示す).

参考ノート

von Neumann 環は, はじめ作用素環と呼ばれ, その研究は 1930 年代に始っており, その理論の中で射影元の作る束は I 型, II 型, III 型への分類等に利用されている. 〔1〕に載っているオーソモジュラー束についての Holland の解説では, 連続幾何学は作用素環論から生れた長男であり, オーソモジュラー束の理論はその次男であると書かれている. この次男の生れたのは 1955 年の Loomis の研究 (〔31〕) の頃と考えてよかろう. これより少し前に, Kaplansky が作用素環の代数的取扱いを研究し, AW* 環を考えた (〔28〕) が, 1955 年の講義録 (後に 〔30〕 として出版された) でそれを一般化して Baer ∗ 環の概念を導入した. これより少し弱い条件 (16.7) は Rickart が C* 環について考えた (〔49〕)

のが始めで，Rickart ∗ 環の名は〔38〕による．Baer および Rickart ∗ 環の理論は，まとめて〔5〕に詳述されている．（なお，この本の §13 と §14 はその後〔42],〔43〕で改良されている.）

オーソモジュラー束そのものについての研究は，Loomis に続いて可換性に関するものがあり(〔46],〔15],〔21])，さらに配景性，M 対称性等の研究が進められた．これらについては〔37〕の第 8 章や前記の Holland の解説を見られたい．

一方，Hilbert 空間の閉部分空間の作るオーソモジュラー束は，量子力学との関連からも注目されており，量子論理に関する Piron の論文〔47〕はその例で，この内容は束論的に整備され（〔39])，同時に最終定理の証明の誤りも正されて（〔2])，本文の定理 17. 3, 定理 18. 3 の形に仕上げられた．なお，無限次元 Banach 空間 X の閉部分空間の作る束が直可補束ならば X は Hilbert 空間とある意味で同形であるという定理が，1940 年代に角谷–Mackey によって証明されており（〔26],〔27])，これを X が局所凸な線形位相空間の場合に一般化する研究も量子論理と関連して最近行われている（〔59])．

オーソモジュラー束が特にモジュラーである場合については本文では触れなかったが有限型の AW* 環の射影元の束がその例である．このような束について Kaplansky は次の重要な定理を証明している（〔29])．

モジュラー直可補束が完備ならば連続である．したがって連続幾何である．

この証明には ∗ 環による表現が用いられているが，純束論的な証明も少し後に発見されている（〔3])．

第5章

束と半群

この章では，半群を用いて束の表現を考える．

§20. 半群における零化集合

定義 20.1. Gは半群（付録A1参照）とする．さらに，Gが0元，すなわちすべての$x\in G$に対し$x0=0x=0$となる元0をもつとするとき，空でない部分集合Mに対しその**右および左零化集合**を定義16.1と同じように定義できる．すなわち，

$$M^{(r)}=\{x\in G;\ \text{すべての}\ y\in M\ \text{に対し}\ yx=0\}$$
$$M^{(l)}=\{x\in G;\ \text{すべての}\ y\in M\ \text{に対し}\ xy=0\}.$$

また，それらの全体をそれぞれ$L^{(r)}(G)$，$L^{(l)}(G)$と書く．

0をもつ半群Gが次の条件をみたすとき，**Rickart 半群**と呼ばれる．

(20.1) 任意の$x\in G$に対しべき等元$e,f\in G$が存在して

$$\{x\}^{(r)}=eG,\quad \{x\}^{(l)}=Gf.$$

このようなe,fをそれぞれxの**右べき等元，左べき等元**という．ただし，これらは一意的に定まるとは限らない．

補題 20.1. Rickart 半群Gは単位元1をもつ．

証明. 0の右べき等元，左べき等元をそれぞれe,fとすれば，$eG=\{0\}^{(r)}=G$，$Gf=\{0\}^{(l)}=G$．よって，任意の$x\in G$は$x=ey$と書けるから，$ex=e^2y=ey=x$であり，また同様に$xf=x$，これより$e=f=1$である． (証終)

定義 20.2. Gは0をもつ半群とし，ここで1元集合の零化集合だけを考えて

$$L_0^{(r)}(G)=\{\{x\}^{(r)};\ x\in G\},\quad L_0^{(l)}(G)=\{\{x\}^{(l)};\ x\in G\}$$

と書く．この両者は包含関係を順序として順序集合を作り，最大元はGであ

る．また，G が1をもつとき，$\{0\}$ が最小元である．

G が Rickart 半群のときに，この両者が束を作ることを次に示そう．

補題 20.2. G は Rickart 半群とする．

(i) $xG\in L_0{}^{(r)}(G)$ ならば，$xG=\{x\}^{(l)(r)}$．

$Gx\in L_0{}^{(l)}(G)$ ならば，$Gx=\{x\}^{(r)(l)}$．

(ii) 任意の $x\in G$ に対し，$\{x\}^{(l)(r)}\in L_0{}^{(r)}(G)$，$\{x\}^{(r)(l)}\in L_0{}^{(l)}(G)$，

$$\{x\}^{(l)(r)(l)}=\{x\}^{(l)},\quad \{x\}^{(r)(l)(r)}=\{x\}^{(r)}.$$

証明. (i) $xG\in L_0{}^{(r)}(G)$ ならば，$xG=\{y\}^{(r)}$ となる $y\in G$ があって，G が1をもつことから，$x\in\{y\}^{(r)}$．よって，$y\in\{x\}^{(l)}$ となるから，$xG=\{y\}^{(r)}\supset\{x\}^{(l)(r)}$．一方，$xG\subset\{x\}^{(l)(r)}$ は明らか．Gx についても同様．

(ii) x の左べき等元 e をとれば，$\{x\}^{(l)(r)}=(Ge)^{(r)}=\{e\}^{(r)}\in L_0{}^{(r)}(G)$．さらに，$Ge=\{x\}^{(l)}\in L_0{}^{(l)}(G)$ だから，(i)より $Ge=\{e\}^{(r)(l)}$．よって，$\{x\}^{(l)(r)(l)}=\{e\}^{(r)(l)}=Ge=\{x\}^{(l)}$．$\{x\}^{(r)(l)}$ についても同様．　（証終）

補題 20.3. G は Rickart 半群とする．$M_1, M_2\in L_0{}^{(r)}(G)$ ならば，$M_1\cap M_2\in L_0{}^{(r)}(G)$．$N_1, N_2\in L_0{}^{(l)}(G)$ ならば，$N_1\cap N_2\in L_0{}^{(l)}(G)$．

証明. $M_i\in L_0{}^{(r)}(G)$ $(i=1,2)$ のとき，$M_i=\{x_i\}^{(r)}$ となる $x_i\in G$ が存在し，x_i の右べき等元を e_i とすれば，$e_iG=\{x_i\}^{(r)}\in L_0{}^{(r)}(G)$ だから，前補題の(i)より $e_iG=\{e_i\}^{(l)(r)}$．そこで，e_i の左べき等元を f_i とすれば，

$$\{f_i\}^{(r)}=(Gf_i)^{(r)}=\{e_i\}^{(l)(r)}=e_iG=M_i.$$

f_2e_1 の右べき等元を g とし，$x=e_1g$ とおいて，$M_1\cap M_2=xG$ を示そう．$f_1e_1=0$ より $f_1x=0$ となるから，$xG\subset\{f_1\}^{(r)}=M_1$．また，$f_2x=f_2e_1g=0$ だから，$xG\subset\{f_2\}^{(r)}=M_2$．逆に，$y\in M_1\cap M_2=e_1G\cap\{f_2\}^{(r)}$ をとれば，$f_2e_1y=f_2y=0$ となるから，$y\in\{f_2e_1\}^{(r)}=gG$．よって，$y=e_1y=e_1gy\in xG$．

次に，$x\in M_i=e_iG$ より，$\{x\}^{(l)}\supset\{e_i\}^{(l)}$．よって，$\{x\}^{(l)(r)}\subset\{e_i\}^{(l)(r)}=M_i$ だから，$\{x\}^{(l)(r)}\subset M_1\cap M_2=xG$．一方，$xG\subset\{x\}^{(l)(r)}$ は明らかだから，前補題の(ii)より，$M_1\cap M_2=xG=\{x\}^{(l)(r)}\in L_0{}^{(r)}(G)$．

$N_1\cap N_2$ についても同様である．　（証終）

定理 20.1. G が Rickart 半群であるとき，$L_0{}^{(r)}(G)$ と $L_0{}^{(l)}(G)$ とは包含関係を順序として1,0をもつ束であり，互いに双対同形である．

証明. 補題20.2の(ii)より，$\{x\}^{(r)}\in L_0{}^{(r)}(G)$ に $\{x\}^{(r)(l)}\in L_0{}^{(l)}(G)$ を対応させる写像 φ は全単射で，逆写像は $\{x\}^{(l)}\to\{x\}^{(l)(r)}$ である．さらに，φ によって包含関係は逆になる．補題20.3より，$M_1, M_2\in L_0{}^{(r)}(G)$ に対し $M_1\wedge M_2$ は存在して $M_1\cap M_2$ に等しい．

また，$L_0^{(l)}(G)$ において $N_1 \wedge N_2 = N_1 \cap N_2$ となることから，$M_1 \vee M_2$ も存在して $\varphi^{-1}(\varphi(M_1) \cap \varphi(M_2))$ に等しい．よって $L_0^{(r)}(G)$ は束であり，最大元 G，最小元 $\{0\}$ をもつ．同様に $L_0^{(l)}(G)$ も束であり，φ によって $L_0^{(r)}(G)$ の双対と同形である．（証終）

定義 20.3.　0をもつ半群 G が，(20.1) を少し強くした次の条件をみたすとき，**Baer 半群**と呼ばれる．

(20.2)　任意の空でない $M \subset G$ に対しべき等元 $e, f \in G$ が存在して

$$M^{(r)} = eG, \quad M^{(l)} = Gf.$$

定理 20.2.　G が Baer 半群であるとき，$L_0^{(r)}(G)$ $(L_0^{(l)}(G))$ は G における右（左）零化集合全体 $L^{(r)}(G)$ $(L^{(l)}(G))$ と一致し，包含関係を順序として完備束を作る．

証明.　$\phi \neq M \subset G$ として $M^{(r)} \in L_0^{(r)}(G)$ を示す．(20.2) より $M^{(r)} = eG$ となるべき等元 e がとれるが，このとき $M \subset \{e\}^{(l)}$ より $\{e\}^{(l)(r)} \subset M^{(r)}$．一方，$M^{(r)} = eG \subset \{e\}^{(l)(r)}$ は明らか．よって補題 20.2 の(ii)より，$M^{(r)} = \{e\}^{(l)(r)} \in L_0^{(r)}(G)$．故に，$L_0^{(r)}(G) = L^{(r)}(G)$ である．また，任意個の右零化集合の共通集合はまた右零化集合であるから例 1.1 のように $L^{(r)}(G)$ は完備束である．（証終）

注意 20.1.　G を Rickart 半群とし，

$$L_r(G) = \{eG;\ e \text{ はべき等元}\}$$

とおけば，$L_0{}^r(G) \subset L_r(G)$ である．環 B が (20.1) をみたすとき Rickart 環と呼ばれ，(20.2) をみたすとき Baer 環と呼ばれるが，Rickart 環 B では，べき等元 e に対して $1-e$ もべき等元で $eB = \{1-e\}^{(r)}$ が成立つ．よって，$L_r(B) = L_0^{(r)}(B)$ である．さらに Baer 環では $L_r(B) = L^{(r)}(B)$ である．

$$L_l(G) = \{Ge;\ e \text{ はべき等元}\}$$

についても同様のことがいえる．

§21.　束の半群による表現

定義 21.1.　L を順序集合とし，L からそれ自身への同調写像の全体を $\overline{G}(L)$ とおけば，これは写像の合成を積として半群を作る．ここで恒等写像は単位元である．$\varphi \in \overline{G}(L)$ に対し

(21.1)　すべての $x \in L$ に対し，$\varphi^{\#}(\varphi(x)) \geqq x$，$\varphi(\varphi^{\#}(x)) \leqq x$

をみたす $\varphi^{\#} \in \overline{G}(L)$ が存在するとき，$\varphi^{\#}$ は φ の**剰余写像**と呼ばれ，φ は**剰余をもつ同調写像**と呼ばれる．剰余をもつ同調写像全体を $G(L)$ と書く．例え

ば，恒等写像はそれ自身を剰余写像とする同調写像である．また，L が $1, 0$ をもつ場合，すべての $x \in L$ を 0 に写す写像を θ と書くと，$\theta \in G(L)$ である．実際，θ は同調写像で，すべての $x \in L$ を 1 に写す写像が θ の剰余である．

補題 21.1. L は順序集合とする．

(i) $\varphi \in G(L)$ に対しその剰余写像 $\varphi^{\#}$ は一意的に定まる．

(ii) $\varphi, \psi \in G(L)$ に対し，$\varphi^{\#} = \psi^{\#}$ ならば $\varphi = \psi$ である．

(iii) $G(L)$ は $\overline{G}(L)$ の部分半群である．すなわち，$\varphi, \psi \in G(L)$ ならば $\varphi\psi \in G(L)$．また，このとき $(\varphi\psi)^{\#} = \psi^{\#}\varphi^{\#}$ である．

証明. (i) $\varphi_1{}^{\#}, \varphi_2{}^{\#}$ を φ の剰余とする．任意の $x \in L$ に対し，$\varphi_1{}^{\#}\varphi\varphi_2{}^{\#}(x) \geqq \varphi_2{}^{\#}(x)$．一方，$\varphi\varphi_2{}^{\#}(x) \leqq x$ と $\varphi_1{}^{\#}$ の同調性より $\varphi_1{}^{\#}\varphi\varphi_2{}^{\#}(x) \leqq \varphi_1{}^{\#}(x)$．よって，$\varphi_2{}^{\#}(x) \leqq \varphi_1{}^{\#}(x)$．同様にして $\varphi_1{}^{\#}(x) \leqq \varphi_2{}^{\#}(x)$ も成立つ．

(ii)も(i)と同様にして証明される．

(iii) $\varphi, \psi \in G(L)$ の剰余を $\varphi^{\#}$，$\psi^{\#}$ とすれば，任意の $x \in L$ に対し，$\varphi^{\#}\varphi\psi(x) \geqq \psi(x)$ より $\psi^{\#}\varphi^{\#}\varphi\psi(x) \geqq \psi^{\#}\psi(x) \geqq x$．同様に，$\varphi\psi\psi^{\#}\varphi^{\#}(x) \leqq \varphi\varphi^{\#}(x) \leqq x$．よって，$\psi^{\#}\varphi^{\#}$ は $\varphi\psi$ の剰余となり，$\varphi\psi \in G(L)$ である． （証終）

この補題より，$G(L)$ は半群であることがわかったが，L が $1, 0$ をもつとして，$G(L)$ が Rickart 半群になるのは L が束であるときそのときに限ることを示そう．

補題 21.2. L は 0 をもつ順序集合とする．$\varphi \in G(L)$ と $x \in L$ に対して，$\varphi(x) = 0 \Leftrightarrow x \leqq \varphi^{\#}(0)$．とくに，すべての $\varphi \in G(L)$ に対し $\varphi(0) = 0$.

証明. $\varphi(x) = 0$ ならば，$x \leqq \varphi^{\#}\varphi(x) = \varphi^{\#}(0)$．逆に，$x \leqq \varphi^{\#}(0)$ ならば，φ の同調性より $\varphi(x) \leqq \varphi\varphi^{\#}(0) \leqq 0$.

例 21.1. L は $1, 0$ をもつ順序集合とし，$a \in L$ とする．

$$(21.2) \quad \xi_a(x) = \begin{cases} a & (x > 0 \text{ のとき}) \\ 0 & (x = 0 \text{ のとき}) \end{cases}, \quad \xi_a{}^{\#}(x) = \begin{cases} 1 & (x \geqq a \text{ のとき}) \\ 0 & (x \ngeqq a \text{ のとき}) \end{cases}$$

とおけば，$\xi_a \in G(L)$ で $\xi_a{}^{\#}$ はその剰余である．

$$(21.3) \quad \eta_a(x) = \begin{cases} 0 & (x \leqq a \text{ のとき}) \\ 1 & (x \nleqq a \text{ のとき}) \end{cases}, \quad \eta_a{}^{\#}(x) = \begin{cases} a & (x < 1 \text{ のとき}) \\ 1 & (x = 1 \text{ のとき}) \end{cases}$$

とおけば，$\eta_a \in G(L)$ で $\eta_a{}^{\#}$ はその剰余である，

明らかに，$\xi_0=\eta_1=\theta$ である．

補題 21.3. L は 1, 0 をもつ順序集合とする．

(i) θ は $\boldsymbol{G}(L)$ の 0 元である．すなわち，すべての $\varphi\in\boldsymbol{G}(L)$ に対し $\varphi\theta=\theta\varphi=\theta$.

(ii) $\varphi,\psi\in\boldsymbol{G}(L)$ に対して，$\varphi\psi=\theta\Leftrightarrow\psi(1)\leqq\varphi^{\#}(0)$.

(iii) $\varphi\in\boldsymbol{G}(L)$ に対し，その右べき等元 ε が存在するならば，$\varepsilon(1)=\varphi^{\#}(0)$.

証明． (i) 前補題より，すべての $\varphi\in\boldsymbol{G}(L)$ に対し $\varphi(0)=0$ であるから明らか．

(ii) $\psi(1)\leqq\varphi^{\#}(0)\Leftrightarrow\varphi\psi(1)=0\Leftrightarrow\varphi\psi=\theta$.

(iii) $\varphi\varepsilon=\theta$ より $\varepsilon(1)\leqq\varphi^{\#}(0)$．次に，$\varphi^{\#}(0)=a$ とおいて (21.2) の ξ_a をとれば，$\varphi\xi_a(1)=\varphi(a)=\varphi\varphi^{\#}(0)\leqq 0$ であるから，$\varphi\xi_a=\theta$．よって，$\xi_a\in\{\varphi\}^{(r)}=\varepsilon\boldsymbol{G}(L)$ となるから，$\varepsilon\xi_a=\xi_a$．これより，

$$\varphi^{\#}(0)=a=\xi_a(1)=\varepsilon\xi_a(1)\leqq\varepsilon(1).$$　（証終）

定理 21.1. L は 1, 0 をもつ順序集合とする．剰余をもつ同調写像全体の作る半群 $\boldsymbol{G}(L)$ が Rickart 半群ならば，L は束で $L_0^{(r)}(\boldsymbol{G}(L))$ と同形である．

証明． $a\in L$ に対し (21.3) の $\eta_a\in\boldsymbol{G}(L)$ をとり，L から $L_0^{(r)}(\boldsymbol{G}(L))$ への写像 $\Phi: a\to\{\eta_a\}^{(r)}$ を考える．$\{\eta_a\}^{(r)}=\{\eta_b\}^{(r)}$ のとき，η_a, η_b の右べき等元を $\varepsilon_a,\varepsilon_b$ とすれば，$\varepsilon_a\boldsymbol{G}(L)=\varepsilon_b\boldsymbol{G}(L)$ であるから，$\varepsilon_a\varepsilon_b=\varepsilon_b$ かつ $\varepsilon_b\varepsilon_a=\varepsilon_a$．よって，$\varepsilon_a(1)=\varepsilon_b\varepsilon_a(1)\leqq\varepsilon_b(1)=\varepsilon_a\varepsilon_b(1)\leqq\varepsilon_a(1)$ であるから，$\varepsilon_a(1)=\varepsilon_b(1)$．故に，前補題の(iii)より

$$a=\eta_a{}^{\#}(0)=\varepsilon_a(1)=\varepsilon_b(1)=\eta_b{}^{\#}(0)=b.$$

これより，Φ は単射である．また，同様にして Φ^{-1} が順序を保つこともわかる．

次に，任意の $\{\varphi\}^{(r)}\in L_0^{(r)}(\boldsymbol{G}(L))$ に対して，$\varphi^{\#}(0)=a$ とおけば，$\eta_a{}^{\#}(0)=a=\varphi^{\#}(0)$ であるから，前補題の(ii)より $\varphi\psi=\theta\Leftrightarrow\eta_a\psi=\theta$．すなわち，$\{\eta_a\}^{(r)}=\{\varphi\}^{(r)}$ であるから，Φ は全射である．

最後に，$a\leqq b$ のとき，$\{\eta_a\}^{(r)}\subset\{\eta_b\}^{(r)}$ である．実際，$\eta_a{}^{\#}(0)\leqq\eta_b{}^{\#}(0)$ より

$$\eta_a\psi=\theta\Rightarrow\psi(1)\leqq\eta_a{}^{\#}(0)\Rightarrow\psi(1)\leqq\eta_b{}^{\#}(0)\Rightarrow\eta_b\psi=\theta.$$

よって，Φ は順序を保ち，$L_0^{(r)}(\boldsymbol{G}(L))$ は定理 20.1 より束であるから，L はこれと同形な束である．　（証終）

例 21.2. L は 1, 0 をもつ束とし，$a\in L$ とする．

$$(21.4)\quad \alpha_a(x)=\begin{cases}x & (x\leqq a\text{ のとき})\\ a & (x\not\leqq a\text{ のとき}),\end{cases}\qquad \alpha_a{}^{\#}(x)=\begin{cases}1 & (x\geqq a\text{ のとき})\\ a\wedge x & (x\not\geqq a\text{ のとき})\end{cases}$$

とおけば，α_a は $\boldsymbol{G}(L)$ に属するべき等元で，$\alpha_a{}^{\#}$ はその剰余である．

$$(21.5)\quad \beta_a(x)=\begin{cases}0 & (x\leqq a\text{ のとき})\\ a\vee x & (x\not\leqq a\text{ のとき}),\end{cases}\qquad \beta_a{}^{\#}(x)=\begin{cases}x & (x\geqq a\text{ のとき})\\ a & (x\not\geqq a\text{ のとき})\end{cases}$$

とおけば，β_a は $G(L)$ に属するべき等元で，$\beta_a{}^\#$ はその剰余である．

明らかに，$\alpha_0=\beta_1=\theta$ で，$\alpha_1=\beta_0$ は恒等写像である．

定理 21.2.　(Janowitz の表現定理) L が 1, 0 をもつ束であるとき，剰余をもつ同調写像全体の作る半群 $G(L)$ は Rickart 半群であって，L は $L_0{}^{(r)}(G(L))$ と同形である．

証明． $G(L)$ を簡単に G と書く．任意の $\varphi\in G$ に対し，$\varphi^\#(0)=a$ とおいて，$\{\varphi\}^{(r)}=\alpha_a G$ となることを示そう．$\alpha_a(x)\leqq a=\varphi^\#(0)$ より $\varphi\alpha_a(x)\leqq\varphi\varphi^\#(0)\leqq 0$ であるから，$\varphi\alpha_a=\theta$. よって，$\alpha_a G\subset\{\varphi\}^{(r)}$ である．一方，$\psi\in\{\varphi\}^{(r)}$ とすれば，補題 21.3 の(ii)より $\psi(1)\leqq\varphi^\#(0)=a$ であるから，すべての $x\in L$ に対し $\psi(x)\leqq a$ となり，$\psi=\alpha_a\psi\in\alpha_a G$ である．

次に，$\varphi(1)=b$ とおけば，$\{\varphi\}^{(l)}=G\beta_b$ が成立つ．実際，$\beta_b\varphi(1)=\beta_b(b)=0$ より $\beta_b\varphi=\theta$ であり，一方，$\psi\in\{\varphi\}^{(l)}$ とすれば，$b=\varphi(1)\leqq\psi^\#(0)\leqq\psi^\#(x)$ より $\beta_b{}^\#\psi^\#(x)=\psi^\#(x)$ となるから，$\psi=\psi\beta_b\in G\beta_b$. 以上より，$G$ は Rickart 半群であり，定理 21.1 より L と $L_0{}^{(r)}(G)$ は同形である．（証終）

この定理における同形対応は $a\leftrightarrow\{\eta_a\}^{(r)}=\alpha_a G(L)$ で与えられている．

定理 21.3.　L が完備束であるとき，$G(L)$ は Baer 半群であって，L は $G(L)$ の右零化集合全体の作る束と同形である．

証明． 任意の $M\subset G=G(L)$ に対して，$a=\bigwedge_{\varphi\in M}\varphi^\#(0)$ とおけば，前定理の証明と同様にして $M^{(r)}=\alpha_a G$ が示される．また，$b=\bigvee_{\varphi\in M}\varphi(1)$ とおけば，$M^{(l)}=G\beta_b$ となる．よって，G は Baer 半群である．さらに，定理 20.2 より $L_0{}^{(r)}(G)$ は右零化集合全体と一致する．（証終）

注意 21.1.　これらの定理から次のことがわかる．L を 1,0 をもつ順序集合とするとき，

L は束である $\Leftrightarrow$ $G(L)$ は Rickart 半群である

L は完備束である $\Leftrightarrow$ $G(L)$ は Baer 半群である．

注意 21.2.　L を順序集合とするとき，L における剰余写像の全体

$$G^\#(L)=\{\varphi^\#;\ \varphi\in G(L)\}$$

は $\overline{G}(L)$ の部分半群であり，$G(L)$ と反同形（積の順序が逆になる同形）である．よって，L が 1, 0 をもつ場合，$L^{(l)}(G^\#(L))$ と $L^{(r)}(G(L))$ とは同形である．また，$G(L)$ が Rickart 半群であることと $G^\#(L)$ が Rickart 半群であることは同値である．これより，L が 1, 0 をもつ束ならば，L は $L^{(l)}(G^\#(L))$ と同形である．

§22.　オーソモジュラー束と＊半群

ここでは，§16の最後に述べたRickart ＊環の概念を半群に拡張する．

定義 22.1.　Gは半群とする．GからGへの写像$x \to x^*$が存在して次の2条件をみたすとき，Gは**＊半群**と呼ばれる．

(22.1)　$(xy)^* = y^* x^*$,

(22.2)　$(x^*)^* = x$.

定義16.3の射影元は＊半群Gでも定義できる．すなわち，$e \in G$は$e^* = e = e^2$であるとき**射影元**と呼ばれ，その全体を$P(G)$と書く．0元または単位元1が存在するとき，それらは射影元である．$e, f \in P(G)$に対して

(22.3)　$ef = e \Leftrightarrow fe = e \Leftrightarrow eG \subset fG \Leftrightarrow Ge \subset Gf$

であり，このとき$e \leqq f$と定義すれば，$P(G)$は順序集合である．Gが0または1をもつとき，それぞれ最小元，最大元である．

定義 22.2.　0をもつ＊半群Gが次の条件をみたすとき，**Rickart＊半群**と呼ばれる．

(22.4)　任意の$x \in G$に対し，$\{x\}^{(r)} = eG$となる$e \in P(G)$が存在する．

このとき，$\{x\}^{(l)} = Gf$となる$f \in P(G)$も存在する．実際，$\{x^*\}^{(r)} = fG$となる$f \in P(G)$をとれば，

$$y \in \{x\}^{(l)} \Leftrightarrow y^* \in \{x^*\}^{(r)} \Leftrightarrow y^* \in fG \Leftrightarrow y \in Gf.$$

このようなe, fをそれぞれxの**右射影元，左射影元**という．これらは明らかに一意的に定まる．また，xの左射影元はx^*の右射影元である．

Rickart ＊半群Gは，Rickart半群であるから1をもち，また定理20.1より$L_0^{(r)}(G) = \{\{x\}^{(r)}; x \in G\}$は1, 0をもつ束である．

Rickart ＊半群Gにおいては，各元xに対しその右射影元が定まるから，これをx^rで表し，その性質を調べてみる．

補題 22.1.　GはRickart＊半群とし，$x, y \in G$, $e, f \in P(G)$とする．

(i)　$0^r = 1$,　$1^r = 0$.

(ii)　$xx^r = 0$,　$x^r x^* = 0$.

(iii) $xe=0$ ならば $e\leqq x^r$.

(iv) $x^r\leqq(yx)^r$.

(v) $e\leqq f$ ならば $f^r\leqq e^r$.

(vi) $x=xx^{rr}$, $e\leqq e^{rr}$.

(vii) $x^r=x^{rrr}$.

(viii) $ex=xe$ ならば $e^rx=xe^r$.

証明. (i)と(ii)の第1式は明らか. また, $x^rx^*=(xx^r)^*=0$.

(iii) $xe=0\Rightarrow e\in\{x\}^{(r)}=x^r\boldsymbol{G}\Rightarrow e\leqq x^r$.

(iv) $yxx^r=0$ より(iii)によって $x^r\leqq(yx)^r$.

(v) $e\leqq f$ ならば, (iv)より $f^r\leqq(ef)^r=e^r$.

(vi) (ii)より $x^*\in\{x^r\}^{(r)}=x^{rr}\boldsymbol{G}$ だから, $xx^{rr}=(x^{rr}x^*)^*=x^{**}=x$. 特に, $ee^{rr}=e$ であるから, $e\leqq e^{rr}$.

(vii) (vi)より $x^r\leqq x^{rrr}$. 一方, $x=xx^{rr}$ より $x^{rrr}\boldsymbol{G}=\{x^{rr}\}^{(r)}\subset\{x\}^{(r)}=x^r\boldsymbol{G}$.

(viii) $ex=xe$ のとき, (ii)より $exe^r=xee^r=0$ だから, $xe^r\in\{e\}^{(r)}=e^r\boldsymbol{G}$. よって, $e^rxe^r=xe^r$. 一方, $ex^*=x^*e$ も成立つから, 同様にして $e^rx^*e^r=x^*e^r$. よって, $e^rxe^r=e^rx$.

(証終)

定義 22.3. $\boldsymbol{G}$ は Rickart *半群とする. $e\in P(\boldsymbol{G})$ がある元 x の右射影元であるならば (このとき, e は x^* の左射影元), e は**閉射影元**と呼ばれ, その全体を $P_c(\boldsymbol{G})$ と書く. $e\in P(\boldsymbol{G})$ に対して, 前補題の(vii)より $e\in P_c(\boldsymbol{G})$ と $e^{rr}=e$ は同値である. また, その(i)より, $1,0\in P_c(\boldsymbol{G})$ である.

$e\in P_c(\boldsymbol{G})$ に対し $e\boldsymbol{G}=e^{rr}\boldsymbol{G}=\{e^r\}^{(r)}\in L_0{}^{(r)}(\boldsymbol{G})$ であるが, 明らかにこの写像 $e\to e\boldsymbol{G}$ は全射であり, さらに (22.3) より順序を保つ単射である. よって, $P_c(\boldsymbol{G})$ は $L_0{}^{(r)}(\boldsymbol{G})$ と同形な束である. $e,f\in P_c(\boldsymbol{G})$ に対し $g=e\wedge f$ とおけば, 補題20.3より $e\boldsymbol{G}\cap f\boldsymbol{G}=g\boldsymbol{G}$ となる. この g をもっと具体的に求めてみよう.

補題 22.2. $\boldsymbol{G}$ は Rickart *半群で, $e,f\in P_c(\boldsymbol{G})$ とする.

(i) $ef=fe$ ならば, $ef\in P_c(\boldsymbol{G})$ で $e\wedge f=ef$.

(ii) 一般に, $e\wedge f=e(f^re)^r=(f^re)^re=e\wedge(f^re)^r$.

証明. (i) $ef=fe$ ならば, ef は射影元であり, $ef\leqq e$, $ef\leqq f$. よって, 前補題の(v)より $(ef)^{rr}\leqq e^{rr}=e$, $(ef)^{rr}\leqq f^{rr}=f$. これより, $(ef)^{rr}\leqq ef\leqq(ef)^{rr}$ となるから, $ef\in P_c(\boldsymbol{G})$. また, $e\boldsymbol{G}\cap f\boldsymbol{G}=ef\boldsymbol{G}$ だから $e\wedge f=ef$.

(ii)　$u=f^{\tau}e$ とおく．前補題の(iv)より $e^{\tau}\leqq u^{\tau}$．これより，e^{τ} と u^{τ} は可換だから，前補題の(viii)より $e=e^{\tau\tau}$ も u^{τ} と可換である．よって，上記(i)より $eu^{\tau}\in P_c(\boldsymbol{G})$ である．そこで，$e\boldsymbol{G}\cap f\boldsymbol{G}=eu^{\tau}\boldsymbol{G}$ を示せばよい．$f^{\tau}eu^{\tau}=uu^{\tau}=0$ だから，前補題の(iii)より $eu^{\tau}\leqq f^{\tau\tau}=f$．よって，$eu^{\tau}\boldsymbol{G}\subset e\boldsymbol{G}\cap f\boldsymbol{G}$．一方，$x\in e\boldsymbol{G}\cap f\boldsymbol{G}$ をとれば，$ex=fx=x$ であるから，$ux=f^{\tau}ex=f^{\tau}fx=0$．よって，$x\in\{u\}^{(\tau)}=u^{\tau}\boldsymbol{G}$ となるから，$x=ex\in eu^{\tau}\boldsymbol{G}$．　(証終)

定理 22.1.　G が Rickart $*$ 半群のとき，その閉射影元全体の作る束 $P_c(G)$ はオーソモジュラーである．ただし，$e\in P_c(\boldsymbol{G})$ の直補元は e^{τ} とする．

証明.　直可補束の3条件のうち，(3.4) は明らかで，(3.3) は補題 22.1 の(v)より成立つ．また，$ee^{\tau}=0$ より，e と e^{τ} は可換で $e\wedge e^{\tau}=0$．よって，注意 3.2 より $P_c(\boldsymbol{G})$ は直可補束である．$e\leqq f$ のとき，f と e は可換だから，f と e^{τ} は可換で，$fe^{\tau}=f\wedge e^{\tau}$．補題 22.2 の(ii)より

$$e^{\tau}\wedge f^{\tau}=e^{\tau}\wedge(fe^{\tau})^{\tau}=e^{\tau}\wedge(f\wedge e^{\tau})^{\tau}$$

であるから，直補元をとれば，$f=e\vee f=e\vee(f\wedge e^{\tau})$．よって，$P_c(\boldsymbol{G})$ はオーソモジュラーである．

注意 22.1.　$\boldsymbol{G}$ が $*$ 環で (22.4) をみたすとき **Rickart $*$ 環**と呼ばれる（注意 16.1）．Rickart $*$ 環では，$e\in P(\boldsymbol{G})$ に対し $e^{\tau}=1-e$ であるから，すべての射影元は閉，すなわち $P_c(\boldsymbol{G})=P(\boldsymbol{G})$ である．また，$e\leqq f$ のとき，$f\wedge e^{\tau}=f(1-e)=f-e$ である．

次に，オーソモジュラー束を Rickart $*$ 半群を用いて表現するために，剰余をもつ同調写像全体の作る半群 $\boldsymbol{G}(L)$ に $*$ 演算を入れることを考える．

補題 22.3.　L は順序集合で，L から L への写像 $x\to x^{\perp}$ が2条件 (3.3), (3.4) をみたすとする．$\varphi\in\boldsymbol{G}(L)$ に対して，剰余写像 $\varphi^{\#}$ を用いて

(22.5)　$\varphi^{*}(x)=\varphi^{\#}(x^{\perp})^{\perp}\quad(x\in L)$

とおくとき，$\varphi^{*}\in\boldsymbol{G}(L)$ でその剰余は $\varphi^{*\#}(x)=\varphi(x^{\perp})^{\perp}$ である．また，$\varphi\to\varphi^{*}$ によって $\boldsymbol{G}(L)$ は $*$ 半群となる．

証明.　$\psi(x)=\varphi(x^{\perp})^{\perp}$ とおくとき，(3.3) より ψ は同調写像であって，

$$\psi\varphi^{*}(x)=(\varphi\varphi^{\#}(x^{\perp}))^{\perp}\geqq(x^{\perp})^{\perp}=x,$$
$$\varphi^{*}\psi(x)=(\varphi^{\#}\varphi(x^{\perp}))^{\perp}\leqq(x^{\perp})^{\perp}=x.$$

よって，$\varphi^{*}\in\boldsymbol{G}(L)$ で $\varphi^{*\#}=\psi$ である．$\varphi,\varphi_1,\varphi_2\in\boldsymbol{G}(L)$ に対して

$$\varphi^{**}(x)=\varphi^{*\#}(x^{\perp})^{\perp}=\psi(x^{\perp})^{\perp}=\varphi(x)^{\perp\perp}=\varphi(x),$$
$$\varphi_2{}^{*}\varphi_1{}^{*}(x)=\varphi_2{}^{*}(\varphi_1{}^{\#}(x^{\perp})^{\perp})=(\varphi_2{}^{\#}\varphi_1{}^{\#}(x^{\perp}))^{\perp}=(\varphi_1\varphi_2)^{\#}(x^{\perp})^{\perp}=(\varphi_1\varphi_2)^{*}(x)$$

であるから，$*$ 演算は (22.1), (22.2) をみたしている．　(証終)

補題 22.4.　L はオーソモジュラー束とする．$a\in L$ に対して

(22.6) $\gamma_a(x)=(x\vee a^\perp)\wedge a \quad (x\in L)$

とおけば，γ_a は $\boldsymbol{G}(L)$ の射影元で，

$$\gamma_a{}^\#(x)=(x\wedge a)\vee a^\perp.$$

証明. $\psi(x)=(x\wedge a)\vee a^\perp$ とおけば，$(a^\perp,a)M$ と $(a,a^\perp)M^*$ より

$$\gamma_a\psi(x)=\{(x\wedge a)\vee a^\perp\}\wedge a=(x\wedge a)\vee(a^\perp\wedge a)=x\wedge a\leqq x,$$
$$\psi\gamma_a(x)=\{(x\vee a^\perp)\wedge a\}\vee a^\perp=(x\vee a^\perp)\wedge(a\vee a^\perp)=x\vee a^\perp\geqq x.$$

よって，$\gamma_a\in\boldsymbol{G}(L)$ で $\gamma_a{}^\#=\psi$ である．さらに，前補題より $\boldsymbol{G}(L)$ は∗半群で，

$$\gamma_a{}^*(x)=\gamma_a{}^\#(x^\perp)^\perp=\{(x^\perp\wedge a)\vee a^\perp\}^\perp=(x\vee a^\perp)\wedge a=\gamma_a(x),$$
$$\gamma_a{}^2(x)=[\{(x\vee a^\perp)\wedge a\}\vee a^\perp]\wedge a=(x\vee a^\perp)\wedge a=\gamma_a(x). \quad \text{（証終）}$$

定理 22.2. (Foulis の表現定理) L がオーソモジュラー束のとき，剰余をもつ同調写像全体 $\boldsymbol{G}(L)$ は Rickart∗半群であって，その閉射影元全体 $P_c(\boldsymbol{G}(L))$ は $\{\gamma_a;a\in L\}$ と一致し，写像 $a\to\gamma_a$ によって L は $P_c(\boldsymbol{G}(L))$ と同形である．さらに，この同形写像は直補元を保つ，すなわち $\gamma_{a^\perp}=\gamma_a{}^\tau$ である．また，可換性も保つ，すなわち aCb と $\gamma_a\gamma_b=\gamma_b\gamma_a$ は同値である．

証明. 任意の $\varphi\in\boldsymbol{G}(L)$ に対し，$a=\varphi^\#(0)$ とおいて $\{\varphi\}^{(\tau)}=\gamma_a\boldsymbol{G}(L)$ が成立つことを示そう．すべての $x\in L$ に対し，$\gamma_a(x)\leqq a=\varphi^\#(0)$ より $\varphi\gamma_a(x)\leqq\varphi\varphi^\#(0)\leqq 0$ となるから，$\varphi\gamma_a=\theta$. よって，$\gamma_a\boldsymbol{G}(L)\subset\{\varphi\}^{(\tau)}$. 一方，$\psi\in\{\varphi\}^{(\tau)}$ をとれば，補題 21.3 の(ii)より $\psi(x)\leqq\psi(1)\leqq\varphi^\#(0)=a$ であるから，$\gamma_a\psi(x)=\psi(x)$. よって，$\psi=\gamma_a\psi\in\gamma_a\boldsymbol{G}(L)$ である．以上より，$\boldsymbol{G}(L)$ はRickart∗半群であって，閉射影元全体は $\{\gamma_a;a\in L\}$ と一致する．定理 21.2 より $a\leftrightarrow\{\eta_a\}^{(\tau)}$ によって L は $L_0{}^{(\tau)}(\boldsymbol{G}(L))$ と同形であるが，$\eta_a{}^\#(0)=a$ だから $\{\eta_a\}^{(\tau)}=\gamma_a\boldsymbol{G}(L)$ となり，したがって，$a\leftrightarrow\gamma_a$ によって L は $P_c(\boldsymbol{G}(L))$ と同形である．$\gamma_a{}^\#(0)=a^\perp$ より $\{\gamma_a\}^{(\tau)}=\gamma_{a^\perp}\boldsymbol{G}(L)$ であるから，$\gamma_a{}^\tau=\gamma_{a^\perp}$ である．

次に，aCb とする．任意の $x\in L$ に対し，$x\vee b^\perp Cb$ かつ $a^\perp Cb$ であるから，定理 14.4 を用いて $\{(x\vee b^\perp)\wedge b\}\vee a^\perp=(x\vee b^\perp\vee a^\perp)\wedge(b\vee a^\perp)$. また，定理 14.2 より $(b\vee a^\perp)\wedge a=b\wedge a$ であるから，

$$\gamma_a\gamma_b(x)=(x\vee b^\perp\vee a^\perp)\wedge(b\wedge a)=\gamma_{a\wedge b}(x).$$

同様に，$\gamma_b\gamma_a(x)=\gamma_{a\wedge b}(x)$ も成立つから，$\gamma_a\gamma_b=\gamma_b\gamma_a$ である．

逆に，$\gamma_a\gamma_b=\gamma_b\gamma_a$ とする．$\gamma_a(b)=\gamma_a\gamma_b(b)=\gamma_b\gamma_a(b)\leqq b$ より $\gamma_a(b)\leqq a\wedge b$. よって，$a-\{(a\wedge b)\vee(a\wedge b^\perp)\}=a\wedge(a\wedge b)^\perp\wedge(a^\perp\vee b)=(a\wedge b)^\perp\wedge\gamma_a(b)=0$. 故に，$aCb$ である．（証終）

定義 22.4. 0をもつ∗半群 $\boldsymbol{G}$ が次の条件（(16.5)と同じ）をみたすとき，**Baer∗半群**と呼ばれる．

(22.7) 任意の空でない $\boldsymbol{M}\subset\boldsymbol{G}$ に対し $\boldsymbol{M}^{(\tau)}=e\boldsymbol{G}$ となる $e\in P(\boldsymbol{G})$ が存在す

る．

このとき，$M^{(l)}=Gf$ となる $f\in P(G)$ も存在する．

定理 22.3. G が Baer ＊半群ならば，その閉射影元全体 $P_c(G)$ は完備オーソモジュラー束を作る．また，L が完備オーソモジュラー束であるとき，剰余をもつ同調写像全体 $G(L)$ は Baer＊半群で，L は $P_c(G(L))$ と同形である．

証明. G が Baer＊半群ならば，G は Baer 半群かつ Rickart＊半群であるから，$P(G)$ は完備オーソモジュラー束である．次に，L を完備オーソモジュラー束とすれば，前定理より $G(L)$ は Rickart＊半群で，L は $P_c(G(L))$ と同形である．そこで，$P_c(G)$ が完備であるような Rickart＊半群 G が Baer＊半群であることをいえばよい．空でない $M\subset G$ に対し，$\{x^r; x\in M\}$ の $P_c(G)$ における交わりを e とする．すべての $x\in M$ に対し，$e\leqq x^r$ より $xe=xx^re=0$ であるから，$eG\subset M^{(r)}$．一方，$y\in M^{(r)}$ をとれば，すべての $x\in M$ に対し，$y\in\{x\}^{(r)}=x^rG$ であるから，$x^ry=y$．よって，$y^*x^r=y^*$．補題 22.1 の(iv)より $x^{rr}\leqq(y^*x^r)^r=y^{*r}$ であるから，$y^{*rr}\leqq x^r$．故に，$y^{*rr}\leqq e$ である．補題 22.1 の(vi)を用いると，

$$y^*e=y^*y^{*rr}e=y^*y^{*rr}=y^*.$$

よって，$y=ey\in eG$．以上より，$M^{(r)}=eG$ で，(22.7) が成立つ．　　　　（証終）

注意 22.2. これらの定理から次のことがわかる．L を 1, 0 をもつ順序集合とするとき，

L はオーソモジュラー束である $\Leftrightarrow$ $G(L)$ は Rickart＊半群である，

L は完備オーソモジュラー束である $\Leftrightarrow$ $G(L)$ は Baer＊半群である．

これまで述べたように，束またはオーソモジュラー束は半群または＊半群によって表現されるが，環または＊環による表現が可能かという問題については一般的な定理は得られていない．ただし，束がモジュラーである場合には次のような表現定理がある（証明は省略する）．

1をもつ環 B が次の条件をみたすとき，**正則環**と呼ばれる．

(22.8)　任意の $x\in B$ に対し $xyx=x$ となる $y\in B$ が存在する．

このとき，$e=yx$ はべき等元で $Bx=Be$ である．よって，$\{x\}^{(r)}=(Bx)^{(r)}=(Be)^{(r)}=(1-e)B$ が成立つ．一方，$f=xy$ もべき等元で $xB=fB$ より $\{x\}^{(l)}=B(1-f)$ が成立つ．したがって，正則環は Rickart 環であるが，このとき $L_0{}^{(r)}(B)=L_r(B)$ はモジュラー可補束であることが証明される（〔36〕，第6章参照）．さらに，モジュラー可補束は（次数が4以上という制限がつくが）適

当な正則環 $\boldsymbol{B}$ によって $L_r(\boldsymbol{B})$ の形で表現される（〔36〕，第11章，〔51〕，第4章参照）．

正則環 $\boldsymbol{B}$ が＊環であって条件（16.4）をみたすとき，**＊正則環**と呼ばれる．ここでは，任意の $x\in \boldsymbol{B}$ に対し $x=yx^*x$ となる $y\in \boldsymbol{B}$ が存在し，このとき $e=yx^*$ は射影元で $eB=xB$, $Be=Bx^*$ となる．これより＊正則環は Rickart ＊環であり，$P(\boldsymbol{B})$ （$L_r(\boldsymbol{B})$ と同形）はモジュラー直可補束であることが示される（〔36〕，第12章参照）．さらに，モジュラー直可補束は（次数が4以上のとき）適当な＊正則環 $\boldsymbol{B}$ によって $P(\boldsymbol{B})$ の形で表現される（〔51〕，第8章参照）．

問　　題

1.　5元集合 $\boldsymbol{G}=\{1, e, f, u, 0\}$ において，積 xy が右の表によって定義されるとき，$\boldsymbol{G}$ は Rickart 半群である．ここで，$L_0^{(r)}(\boldsymbol{G})$ は3元から成る全順序集合であり，$L_r(\boldsymbol{G})$ とは一致しない．

$x \backslash y$	1	e	f	u	0
1	1	e	f	u	0
e	e	e	u	u	0
f	f	0	f	0	0
u	u	0	u	0	0
0	0	0	0	0	0

2.　L を3元から成る全順序集合とするとき，$\boldsymbol{G}(L)$ は6元から成る Rickart 半群で，前問の半群と同形な部分半群をもつ．

3.　L はオーソモジュラー束とする．補題22.4の写像 $\gamma_a(x)=(x\vee a^{\perp})\wedge a$ は次の性質をもつ．

(i)　$\gamma_a(b)=a \Longleftrightarrow a\wedge b^{\perp}=0.$

(ii)　$\gamma_a(b)=b \Longleftrightarrow b\leqq a.$

(iii)　$\gamma_a(b)\leqq b \Longleftrightarrow \gamma_a(b)=a\wedge b \Longleftrightarrow aCb.$

(iv)　$\gamma_a(b)=0 \Longleftrightarrow a\perp b.$

4.　条件（20.2),(22.7) において $\boldsymbol{M}$ を可算集合に限ったものをそれぞれ（20.2′),(22.7′）とする．0をもつ半群が（20.2′）をみたすとき，**σ-Baer 半群**と呼び，また，0をもつ＊半群が（22.7′）をみたすとき，**σ-Baer＊半群**と呼ぶことにする．L を1,0をもつ順序集合とするとき，

L は σ 完備束である $\Longleftrightarrow$ $\boldsymbol{G}(L)$ は σ-Baer 半群である，

L は σ 完備オーソモジュラー束である $\Longleftrightarrow$ $\boldsymbol{G}(L)$ は σ-Baer＊半群である．

5.　L を4元から成る Boole 束とするとき，$\boldsymbol{G}(L)$ は16元から成る Rickart＊半群で，べき等元は11個，射影元は5個，閉射影元は4個存在する．

6.　1をもつ可換環 $\boldsymbol{B}$ においてすべての元がべき等であるとき，$\boldsymbol{B}$ は **Boole 環**と呼ば

れる．Boole 環 $\boldsymbol{B}$ において，すべての $x \in \boldsymbol{B}$ について $x^* = x$ とすれば，$\boldsymbol{B}$ は Rickart * 環であり，$P(\boldsymbol{B})$ $(= \boldsymbol{B})$ は Boole 束である．逆に，L が Boole 束であるとき，L の2元の積と和を

$$ab = a \wedge b, \quad a + b = (a \wedge b^{\perp}) \vee (a^{\perp} \wedge b)$$

と定義すれば，L 自身 Boole 環となる．

参考ノート

束の半群による表現の研究は新しく，1960年に Foulis がオーソモジュラー束の * 半群による表現定理を発表し（〔14〕），その数年後に，Janowitz がこれを一般化して，束の半群による表現定理を示した（〔23〕,〔24〕）．これらはまとめて，〔8〕に詳述されている．ここでは，その基本的内容をできるだけ簡明に記述してみた．

オーソモジュラー束の表現定理で重要な役割を演じた写像 γ_a は，〔50〕で原子的なオーソモジュラー束について用いられたのが始めてで，佐々木射影と名付けられている（〔46〕,〔8〕）．

第2部　量　子　論　理

第6章

量子論理と力学系[1)]

§23.　量子論理の構造

記号論理学においては，命題について次のような論理演算が与えられている．

否定：　$\neg p$（p でない）

離接：　$p \vee q$（p または q）

合接：　$p \wedge q$（p かつ q）

含意：　$p \rightarrow q$（p ならば q）

同等：　$p \leftrightarrow q$.

このうち，$p \vee q$，$p \wedge q$ の2つの演算は§1で示した3法則 (1.5)，(1.6)，(1.7) をみたしていると考えてよい．したがって，定理1.1より，命題の全体は束を作っている．ここで順序 $p \leqq q$ は $p \vee q = q$ あるいは $p \wedge q = p$ で定義されているが，これは通常の概念でいえば，p が成立つときつねに q が成立つことを意味している．

つねに真であるような命題を I，つねに偽であるような命題を O と書くことにすれば，I は命題の中の最大元であり，O は最小元である．したがって，命題の全体は“1, 0をもつ束”と考えられる．

古典論理においては，すべての命題は真であるか偽であるかのどちらかである．すなわち，命題の真理値は，真を1とし偽を0として，1, 0の2個に限られる．よって，古典論理は**2値論理**と呼ばれる．2値論理では次の各法則が成

1)　この章で用いられる束論は，［第1部の§1から§4の前半（定理4.3以前）までと§11から§14までに述べた範囲内である．

立つことを示そう．ここで，2つの命題が等しいとは，両者の真理値がつねに一致することである．

(23.1)　二重否定の法則：　$\neg\neg p = p$.

(23.2)　排中法則と矛盾法則：　$p \vee \neg p = 1$,　$p \wedge \neg p = O$.

(23.3)　分配法則：　$p \vee (q \wedge r) = (p \vee q) \wedge (p \vee r)$,　$p \wedge (q \vee r) = (p \wedge q) \vee (p \wedge r)$.

2値論理では，$\neg p$ の真理値は，p の真理値が1のとき0，0のとき1である．また，$p \vee q$ と $p \wedge q$ の真理値は次の表で定まる．

p の真理値	q の真理値	$p \vee q$ の真理値	$p \wedge q$ の真理値
1	1	1	1
1	0	1	0
0	1	1	0
0	0	0	0

よって，(23.1) と (23.2) が成立つことは次の表からわかる．

p	$\neg p$	$\neg\neg p$	$p \vee \neg p$	$p \wedge \neg p$
1	0	1	1	0
0	1	0	1	0

また，(23.3) の第1式は次の表より成立ち，第2式も同様である．

p	q	r	$q \wedge r$	$p \vee (q \wedge r)$	$p \vee q$	$p \vee r$	$(p \vee q) \wedge (p \vee r)$
1	1	1	1	1	1	1	1
1	1	0	0	1	1	1	1
1	0	1	0	1	1	1	1
1	0	0	0	1	1	1	1
0	1	1	1	1	1	1	1
0	1	0	0	0	1	0	0
0	0	1	0	0	0	1	0
0	0	0	0	0	0	0	0

ところで，(23.2) と (23.3) より，2値論理において，命題全体の作る束は可補分配束すなわち Boole 束である．§11 で示したように，Boole 束は集合 Boole 束で表現できるから，2値論理の数学的モデルは集合 Boole 束であり，

古典論理と集合論との間に密接な関係が生れるわけである．

次に，命題の真理値が3個以上の場合は，**多値論理**または**非古典論理**と呼ばれ，その例として直観主義論理，様相論理等がある．多値論理においては上記の3法則はどれも成立つとは限らない．量子力学における論理を**量子論理**と呼ぶが，これもやはり多値論理であることを確かめてみよう．

力学における命題とは，ある物理量 u と実数空間 $\boldsymbol{R}$ の部分集合 A をとって，

$p(u, A)$：u を観測したところその観測値が A に属する

という実験的命題のことである．ただし，別の物理量 v と $B\subset\boldsymbol{R}$ に対して，$p(u, A)$ と $p(v, B)$ の真理値がつねに一致することがありうるので，このとき $p(u, A)$ と $p(v, B)$ は同値であるといい，この同値関係による同値類を1つの命題とみなす．古典力学の場合は，観測値は1つの定まった実数であり，したがって命題は真か偽かのどちらかである．よって，古典力学の論理は2値論理で，命題全体はBoole束を作る．しかし，量子力学では，例えば1つの電子の位置は1点ではなく，一定の確率で多くの点に同時に存在すると考える．すなわち，はっきり定まった位置にあるわけではないが，1つの範囲を決めればその中に存在する確率は定まっている．そこでこの電子の位置の座標を観測するとき値が A に属する確率が定まり，この確率が命題の真理値とみなされる．したがって，量子力学では，命題の真理値は1と0の間の任意の値をとりうることになり，量子論理は無限多値の論理である．

次に，量子論理ではどのような法則が成立つか考えてみよう．物理量 u を1つ固定して，A をいろいろ変えてみる．$p(u, A)$ を含む同値類として定まる命題を〔$p(u, A)$〕と書くことにする．$p(u, \boldsymbol{R})$ の真理値はつねに1，$p(u, \phi)$ の真理値はつねに0（ϕ は空集合）と考えられるから，

$$〔p(u, \boldsymbol{R})〕=I,\quad 〔p(u, \phi)〕=O.$$

さらに次の関係が成立つと考えられる．

$$\neg〔p(u, A)〕=〔p(u, \boldsymbol{R}-A)〕,$$

$$〔p(u, A_1)〕\vee〔p(u, A_2)〕=〔p(u, A_1\cup A_2)〕,$$

$$〔p(u, A_1)〕\wedge〔p(u, A_2)〕=〔p(u, A_1\cap A_2)〕.$$

このことから量子論理の命題についても明らかに (23.1), (23.2) の2法則が成立ち，また，同一の物理量に関係する命題の間では分配法則も成立つと考えられる．

ところで量子力学では，例えば1つの電子の位置と速度とのように，2つの物理量で同時に確定的に測定できないものがある．このような2つの物理量のそれぞれについての命題をとれば，この2つの命題は同時に確定した真理値を求めることができない．同時に確定した真理値を求めうるとき，2つの命題は**共立的**であるといい，そうでないとき**非共立的**であるという．共立的な命題の間では命題間の法則は古典論理と同様で分配法則も成立つと考えられる．そこで，量子論理における命題全体の作る束において次の2つを認めることにしよう．

(23.4)　2命題 p, q が共立的ならば，$p, q, \neg p, \neg q$ から生成される部分束は分配束であり，非共立的ならば，分配束にならない．

(23.5)　2命題 p, q が非共立的ならば，p, q の間に順序関係は存在しない，いいかえれば，$p \leqq q$ ならば p, q は共立的である．

以上の考察から次の定理をうる．

定理 23.1.　量子論理において，命題全体はオーソモジュラー束を作り，2命題 p, q が共立的であるための必要十分条件は pCq である．

証明.　命題全体を L とし，$\neg p$を p の直補元 $p^{\perp}$ とすれば，(23.1), (23.2) より (3.4) と (3.2) が成立つ．次に，$p \leqq q$ のとき，(23.5) より p と q は共立的だから，(23.4) より $p, p^{\perp}, q^{\perp}$ について分配法則が成立つ．よって，

$$q^{\perp}=1\wedge q^{\perp}=(p\vee p^{\perp})\wedge q^{\perp}=(p\wedge q^{\perp})\vee(p^{\perp}\wedge q^{\perp})\leqq(q\wedge q^{\perp})\vee q^{\perp}=p^{\perp}.$$

故に，(3.3) が成立つから L は直可補束である．さらに，$p \leqq q$ のとき，$p, p^{\perp}, q$ について分配法則が成立つことから，

$$q=q\wedge(p\vee p^{\perp})=(q\wedge p)\vee(q\wedge p^{\perp})=p\vee(q\wedge p^{\perp}).$$

すなわち，定理3.4の (γ) が成立ち，L はオーソモジュラーである．また，(23.4) と定理14.4の系2とより，p, q が共立的であることと pCq は同値である．　　　（証終）

結局，古典力学，量子力学のどちらの論理でも命題全体はオーソモジュラー束を作っており，両者の違いはそれがさらに分配束になっているか否かにある．

以下，古典力学，量子力学の両方に適用できるように，命題全体の束はオー

ソモジュラー束とし，さらにσ完備性も入れて，オブザーバブルと状態の2つの概念を数学的に定義することを考える．

§24.　オブザーバブルと質問

定義 24.1.　σ完備オーソモジュラー束Lを**論理**と呼ぶ．前節でみたように，古典力学の論理は分配法則をみたす論理であり，量子力学の論理は部分的にしか分配法則をみたさない論理である．

実数空間$\boldsymbol{R}$において，定義12.3のように開集合全体から生成されるσ集合体$\mathscr{B}(\boldsymbol{R})$を考え，これに属する集合をBorel集合という．定理12.2より$\mathscr{B}(\boldsymbol{R})$は可分である．

$\mathscr{B}(\boldsymbol{R})$から論理$L$への写像$u$が次の3条件をみたすとき，$u$は$L$にともなう**オブザーバブル**と呼ばれる．

(24.1)　$u(\boldsymbol{R})=1$，$u(\phi)=0$.

(24.2)　$A\in\mathscr{B}(\boldsymbol{R})$に対し$u(A)^{\perp}=u(\boldsymbol{R}-A)$.

(24.3)　$A_n\in\mathscr{B}(\boldsymbol{R})$ $(n=1,2,\cdots)$が互いに素であるとき（$m\neq n$ならば$A_m\cap A_n=\phi$），$u(\bigcup_{n=1}^{\infty}A_n)=\bigvee_{n=1}^{\infty}u(A_n)$.

Lにともなうオブザーバブルの全体を$\boldsymbol{O}(L)$と書く．

前節でみたように，物理量uを観測したときその値がAに属するという命題$p(u,A)$を含む同値類〔$p(u,A)$〕をとれば，写像$A\rightarrow$〔$p(u,A)$〕の持つ性質として上の3条件は自然なものと考えられる．

補題 24.1.　$u\in\boldsymbol{O}(L)$，$A,B\in\mathscr{B}(\boldsymbol{R})$とする．

(i)　$A\cap B=\phi$ならば，$u(A\cup B)=u(A)\vee u(B)$かつ$u(A)\perp u(B)$.

(ii)　$A\subset B$ならば$u(A)\leqq u(B)$.

証明.　$A\cap B=\phi$のとき，(24.3)において$A_1=A$，$A_2=B$，A_3以下はϕとすれば，$u(\phi)=0$より$u(A\cup B)=u(A)\vee u(B)$．これより，$A\subset B$ならば

$$u(B)=u(A)\vee u(B-A)\geqq u(A).$$

さらにこれより，$A\cap B=\phi$ならば，$u(A)\leqq u(\boldsymbol{R}-B)=u(B)^{\perp}$となるから，$u(A)\perp u(B)$.

（証終）

注意 24.1.　オブザーバブルの定義において，条件(24.2)はより弱い次の条件でお

きかえることができる.

(24.2′)　$A\in\mathcal{B}(\boldsymbol{R})$ に対し $u(A)\perp u(\boldsymbol{R}-A)$.

実際，(24.2′) より $u(\boldsymbol{R}-A)\leqq u(A)^{\perp}$ であり，(24.1), (24.3) を仮定すれば，前補題の(i)の前半が成立つから，$u(A)\vee u(\boldsymbol{R}-A)=u(\boldsymbol{R})=1$. よって，定理3.4の ($\gamma$) を用いて

$$u(A)^{\perp}=u(\boldsymbol{R}-A)\vee(u(A)^{\perp}\wedge u(\boldsymbol{R}-A)^{\perp})=u(\boldsymbol{R}-A)\vee(u(A)\vee u(\boldsymbol{R}-A))^{\perp}$$
$$=u(\boldsymbol{R}-A)\vee 1^{\perp}=u(\boldsymbol{R}-A).$$

定理 24.1.　論理 L にともなうオブザーバブル $u\in\boldsymbol{O}(L)$ は σ 完備 Boole 束 $\mathcal{B}(\boldsymbol{R})$ から L への σ 直準同形写像（定義 13.2）である.

証明.　$A_n\in\mathcal{B}(\boldsymbol{R})$ とし $A=\bigcup_{n=1}^{\infty}A_n$ とおく. 前補題の(ii)より，各 n について $u(A_n)\leqq u(A)$ であるから，$\bigvee_{n=1}^{\infty}u(A_n)\leqq u(A)$. 一方，$B_n=A_n-\bigcup_{i=1}^{n-1}A_i$ ($B_1=A_1$) とおけば，$\{B_n\}$ は互いに素で $\bigcup_{n=1}^{\infty}B_n=A$ であるから (24.3) より

$$u(A)=\bigvee_{n=1}^{\infty}u(B_n)\leqq\bigvee_{n=1}^{\infty}u(A_n).$$

よって，$u(\bigcup_n A_n)=\bigvee_n u(A_n)$ が成立つ. さらに (24.2) より

$$u(\bigcap_n A_n)=u(\bigcup_n(\boldsymbol{R}-A_n))^{\perp}=(\bigvee_n u(\boldsymbol{R}-A_n))^{\perp}=\bigwedge_n u(\boldsymbol{R}-A_n)^{\perp}=\bigwedge_n u(A_n).$$

以上より u は σ 準同形であり，さらに (24.1), (24.2) より直準同形である.　(証終)

オブザーバブルのうち比較的簡単な形のものは次の方法で構成される.

定理 24.2.　D を $\boldsymbol{R}$ の有限または可算無限部分集合とする. 各 $t\in D$ に $a_t\in L$ を対応させ

$$(a_t;\,t\in D)\perp \text{ かつ } \bigvee_{t\in D}a_t=1$$

が成立つとする. このとき

(24.4)　$u(A)=\bigvee(a_t;\,t\in A\cap D)$　$(A\in\mathcal{B}(\boldsymbol{R}))$

(ただし，$A\cap D=\phi$ のときは $u(A)=0$ とする)

とおけば，u は L にともなうオブザーバブルで，$u(\boldsymbol{R}-D)=0$ である. 逆に，$u(\boldsymbol{R}-D)=0$ となる $u\in\boldsymbol{O}(L)$ をとれば，$t\in D$ に対し $u(\{t\})=a_t$ とおいて，u は (24.4) の形に表される.

証明.　u が (24.1) と (24.2′) をみたすことは明らか. また，$\{A_n\}$ が互いに素であれば，

$$\bigvee_n u(A_n)=\bigvee_n\bigvee(a_t;\,t\in A_n\cap D)=\bigvee(a_t;\,t\in\bigcup_n(A_n\cap D))$$
$$=\bigvee(a_t;\,t\in\bigcup_n A_n\cap D)=u(\bigcup_n A_n).$$

よって $u\in\boldsymbol{O}(L)$ で明らかに $u(\boldsymbol{R}-D)=0$ である. 逆は明らか.　(証終)

系.　$a,b\in L$ とする. aCb であるための必要十分条件は，$u\in\boldsymbol{O}(L)$ と A,B

$\in\mathcal{B}(\boldsymbol{R})$ が存在して $u(A)=a$, $u(B)=b$ となることである．ここで，$a\leqq b$ ならば，$A\subset B$, $a\perp b$ ならば $A\cap B=\phi$ とすることができる．

証明． 4元 $a\wedge b, a\wedge b^{\perp}, a^{\perp}\wedge b, a^{\perp}\wedge b^{\perp}$ は互いに直交し，aCb のときその結びは1となる．よって，前定理において $D=\{1,2,3,4\}$ とし，

$$a_1=a\wedge b,\ a_2=a\wedge b^{\perp},\ a_3=a^{\perp}\wedge b,\ a_4=a^{\perp}\wedge b^{\perp}$$

とおいて $u\in\boldsymbol{O}(L)$ を作ることができる．$A=\{1,2\}$, $B=\{1,3\}$ とおけば $u(A)=a$, $u(B)=b$ となる．ここで，$a\leqq b$ のとき $a_2=0$ であるから，D から2が除かれて $A\subset B$．また，$a\perp b$ のとき $a_1=0$ であるから，1が除かれて $A\cap B=\phi$．

逆に，$a=u(A)$, $b=u(B)$ となる u, A, B が存在すれば，

$$(a\wedge b)\vee(a\wedge b^{\perp})=u(A\cap B)\vee u(A\cap(\boldsymbol{R}-B))=u(A)=a$$

となるから，aCb である． （証終）

この系は，量子論理における2つの命題が共立的であるための必要十分条件は，両方の同値類の中に同一の物理量に関する実験命題が含まれることである，ということを意味している．

定理 24.3. $u\in\boldsymbol{O}(L)$ に対し，$\boldsymbol{R}$ の開集合 G の中で $u(G)=0$ となるような最大のものが存在する．

証明． $u(G)=0$ となるような G の全体を $\{G_\alpha;\alpha\in J\}$ とし，$G_0=\bigcup_{\alpha\in J}G_\alpha$ とおく．定理12.2より各 G_α は $\mathcal{I}$ に属する開区間の合併集合で表されるから，G_0 は $u(I)=0$ となるような $I\in\mathcal{I}$ の全体の合併集合である．$\mathcal{I}$ は可算集合であるから，定理24.1より $u(G_0)=0$ となって G_0 が求めるものである． （証終）

定義 24.2. オブザーバブル $u\in\boldsymbol{O}(L)$ に対し前定理で定まる開集合の補集合を u の**スペクトル**といい，$\sigma(u)$ で表す．よって，スペクトルは $u(F)=1$ となるような閉集合 F の中で最小のものである．例えば，定理24.2で作った u のスペクトルは $\{t\in D;\ a_t\neq 0\}$ の閉包である．

定義 24.3. $(X,\mathcal{F})$ を可測空間とする（付録C1参照）．X 上の実数値関数 f が次の条件をみたすとき，**$\mathcal{F}$ 可測**と呼ばれる．

(24.5) $A\in\mathcal{B}(\boldsymbol{R})$ ならば $f^{-1}(A)\in\mathcal{F}$.

$\mathcal{B}(\boldsymbol{R})$ を生成するような部分集合族 $\mathcal{M}$ をとれば（例えば，$\mathcal{M}=\mathcal{O}(\boldsymbol{R})$ または $\mathcal{I}$），この条件は次の条件と同値である．

(24.5′) $A\in\mathcal{M}$ ならば $f^{-1}(A)\in\mathcal{F}$.

実際，$\{A\in\mathscr{B}(\boldsymbol{R});\ f^{-1}(A)\in\mathscr{F}\}$ は $\mathscr{M}$ を含む σ 集合体であるから $\mathscr{B}(\boldsymbol{R})$ に一致する．

次に，$B\in\mathscr{B}(\boldsymbol{R})$ を固定し，$\mathscr{F}=\{A\in\mathscr{B}(\boldsymbol{R}); A\subset B\}$ とおくとき，$(B,\mathscr{F})$ は可測空間である．B 上で定義された実数値関数 f が $\mathscr{F}$ 可測，すなわち

(24.6)　$A\in\mathscr{B}(\boldsymbol{R})$ ならば $f^{-1}(A)\in\mathscr{B}(\boldsymbol{R})$

をみたすとき，f は B 上の **Borel 関数**と呼ばれる．連続関数や $A\in\mathscr{B}(\boldsymbol{R})$ $(A\subset B)$ の定義関数は Borel 関数である．

定理 24.4.　オブザーバブル $u\in\boldsymbol{O}(L)$ と，そのスペクトル $\sigma(u)$ を含む Borel 集合 B 上で定義された Borel 関数 φ をとるとき，

(24.7)　$v(A)=u(\varphi^{-1}(A))\quad(A\in\mathscr{B}(\boldsymbol{R}))$

とおけば，$v\in\boldsymbol{O}(L)$ であり，そのスペクトルは次の性質をもつ．

$$\sigma(v)\subset\overline{\varphi(\sigma(u))},\quad \sigma(u)\subset\overline{\varphi^{-1}(\sigma(v))}.$$

証明．　$\varphi^{-1}(\phi)=\phi$ と $\varphi^{-1}(\boldsymbol{R})=B\supset\sigma(u)$ より

$$v(\phi)=u(\phi)=0,\quad v(\boldsymbol{R})\geqq u(\sigma(u))=1.$$

また，$\varphi^{-1}(A)\cap\varphi^{-1}(\boldsymbol{R}-A)=\phi$ より，$v(A)\perp v(\boldsymbol{R}-A)$．さらに，$\{A_n\}$ が互いに素であるとき，$\{\varphi^{-1}(A_n)\}$ も互いに素で $\varphi^{-1}(\bigcup_n A_n)=\bigcup_n\varphi^{-1}(A_n)$ だから

$$v(\bigcup_n A_n)=u(\bigcup_n\varphi^{-1}(A_n))=\bigvee_n u(\varphi^{-1}(A_n))=\bigvee_n v(A_n).$$

以上より $v\in\boldsymbol{O}(L)$ である．$\varphi(\sigma(u))=A$ とおけば，$\varphi^{-1}(A)\supset\sigma(u)$ より，$v(A)\geqq u(\sigma(u))=1$ であるから，$\sigma(v)\subset\bar{A}$．また，$\sigma(v)=F$ とおけば，$u(\varphi^{-1}(F))=v(F)=1$ より，$\sigma(u)\subset\overline{\varphi^{-1}(F)}$．　（証終）

定義 24.4.　前定理のように，$u\in\boldsymbol{O}(L)$ と Borel 関数 φ に対して定まる $v\in\boldsymbol{O}(L)$ を $\varphi\circ u$ と書く（φ の定義域は $\sigma(u)$ としてよい）．すなわち，

(24.8)　$(\varphi\circ u)(A)=u(\varphi^{-1}(A))\quad(A\in\mathscr{B}(\boldsymbol{R}))$．

実験的命題で考えれば，“$\varphi\circ u$ の観測値が A に属する”は“u の観測値が $\varphi^{-1}(A)$ に属する”，すなわち“φ(u の観測値）が A に属する”と同値である．

定義 24.5.　スペクトルが2点集合 $\{0,1\}$ に含まれるようなオブザーバブル $q\in\boldsymbol{O}(L)$ を**質問**という．$q(\{0,1\})=1$ であるから，$q(\{1\})=a$ とすれば $q(\{0\})=a^{\perp}$ であり，$0<a<1$ の場合でも，q のとる値は4元 $1,a,a^{\perp},0$ に限られる．

定理 24.5.　質問 $q\in \boldsymbol{O}(L)$ に対して $q(\{1\})\in L$ を対応させるとき，この写像は質問全体の集合から L への全単射である．

証明.　$q\to q(\{1\})$ が単射であることは明らか．任意の $a\in L$ に対し，定理 24.2 において $D=\{0,1\}$ とし，$a_1=a, a_0=a^{\perp}$ として得られるオブザーバブル q は明らかに質問であり，$q(\{1\})=a_1=a$ である．　(証終)

定義 24.6.　前定理によって，$a\in L$ に対応する質問がただ1つ存在し，これを q_a と書く．$A\in \mathcal{B}(\boldsymbol{R})$ に対し

$$q_a(A)=\begin{cases}1 & (1,0\in A\text{ のとき})\\ a & (1\in A,\ 0\notin A\text{ のとき})\\ a^{\perp} & (0\in A,\ 1\notin A\text{ のとき})\\ 0 & (1,0\notin A\text{ のとき})\end{cases}$$

特に，

$$q_1(A)=\begin{cases}1 & (1\in A\text{ のとき})\\ 0 & (1\notin A\text{ のとき})\end{cases},\quad q_0(A)=\begin{cases}1 & (0\in A\text{ のとき})\\ 0 & (0\notin A\text{ のとき})\end{cases}.$$

定理 24.6.　$u\in \boldsymbol{O}(L)$ とする．$A\in \mathcal{B}(\boldsymbol{R})$ の定義関数 χ_A に対し，

$$\chi_A\circ u=q_{u(A)}.$$

特に，$\chi_{\sigma(u)}\circ u=q_1$，$\chi_{\phi}\circ u=q_0$.

証明.　$\chi_A{}^{-1}(\boldsymbol{R}-\{0,1\})=\phi$ より，$(\chi_A\circ u)(\boldsymbol{R}-\{0,1\})=u(\phi)=0$ であるから，$\chi_A\circ u$ は質問である．さらに，$\chi_A{}^{-1}(\{1\})=A$ より，$(\chi_A\circ u)(\{1\})=u(A)$ であるから，$\chi_A\circ u=q_{u(A)}$.
(証終)

§25.　古典力学の論理にともなうオブザーバブル

この節では古典力学の場合，すなわち，論理 L が σ 完備 Boole 束である場合に，前節で定義したオブザーバブルは L の表現 Boole 空間上の関数とみなしうることを示そう．そのために次の定理が必要となる．

定理 25.1.　L は σ 完備 Boole 束とする．可測空間 $(X,\mathcal{F})$ と $\mathcal{F}$ から L への σ 直準同形写像 φ をとり，$\varphi(\mathcal{F})=L$ とする．u が $\mathcal{B}(\boldsymbol{R})$ から L への σ 直準同形写像ならば，X 上の $\mathcal{F}$ 可測関数 f で次の条件をみたすものが存在する．

(25.1)　$u(A)=\varphi(f^{-1}(A))\quad (A\in \mathcal{B}(\boldsymbol{R}))$.

ここで，２つの関数 f_1, f_2 がこの条件をみたすならば，

$$\varphi(\{x\in X;\ f_1(x)\neq f_2(x)\})=0.$$

証明. (i) 有理数の全体を $\{r_1, r_2, \cdots\}$ とし，$D_i=(-\infty, r_i)$ $(i=1,2,\cdots)$ とおいて，可算無限個の $M_i\in\mathcal{F}$ を次の２条件をみたすように選び出すことを考える．

(25.2) すべての i について $\varphi(M_i)=u(D_i)$,

(25.3) $r_i<r_j$ (すなわち，$D_i\subset D_j$) ならば $M_i\subset M_j$.

$M_1,\cdots,M_n$ がこの２条件をみたすように選ばれたとする．$r_1,\cdots,r_n$ を大きさの順序に並べて $r_{i_1}<r_{i_2}<\cdots<r_{i_n}$ とする．さらに，$r_{i_0}=-\infty$，$r_{i_{n+1}}=+\infty$ とおけば，適当な $k(0\leqq k\leqq n)$ をとって $r_{i_k}<r_{n+1}<r_{i_{k+1}}$ が成立つ．$\varphi(\mathcal{F})=L$ より，$\varphi(M_{n+1}')=u(D_{n+1})$ となる $M_{n+1}'\in\mathcal{F}$ が存在する．そこで

$$M_{n+1}=(M_{n+1}'\cap M_{i_{k+1}})\cup M_{i_k}\quad(\text{ただし，}M_{i_0}=\phi,\ M_{i_{n+1}}=X)$$

とおけば，$M_{n+1}\in\mathcal{F}$ であり，$M_{i_k}\subset M_{n+1}\subset M_{i_{k+1}}$ であるから M_{n+1} を加えても (25.3) が成立つ．また $D_{i_k}\subset D_{n+1}\subset D_{i_{k+1}}$ より

$$\varphi(M_{i_k})=u(D_{i_k})\leqq u(D_{n+1})\leqq u(D_{i_{k+1}})=\varphi(M_{i_{k+1}})$$

であるから，

$$\varphi(M_{n+1})=(\varphi(M_{n+1}')\wedge\varphi(M_{i_{k+1}}))\vee\varphi(M_{i_k})=u(D_{i_k})$$

となり，(25.2) も成立つ．よって，帰納法により $\{M_1, M_2, \cdots\}$ を２条件をみたすように選ぶことができる．ここで，

$$\varphi(\textstyle\bigcap_{i=1}^{\infty}M_i)=\bigwedge_{i=1}^{\infty}\varphi(M_i)=\bigwedge_{i=1}^{\infty}u(D_i)=u(\bigcap_{i=1}^{\infty}D_i)=u(\phi)=0$$

であるから，各 M_i の代りに $M_i-\bigcap_{j=1}^{\infty}M_j$ をとることによって

(25.4) $\bigcap_{i=1}^{\infty}M_i=\phi$

として差支えない．また，

$$\varphi(\textstyle\bigcup_{i=1}^{\infty}M_i)=\bigvee_i\varphi(M_i)=\bigvee_i u(D_i)=u(\bigcup_i D_i)=u(\boldsymbol{R})=1$$

であるから，$N=X-\bigcup_{i=1}^{\infty}M_i$ とおけば，$N\in\mathcal{F}$ かつ $\varphi(N)=0$ である．

(ii) X 上の関数 f を次のように定める．

$$f(x)=\begin{cases}\inf\{r_i;\ x\in M_i\} & (x\in\bigcup_{i=1}^{\infty}M_i=X-N\text{ のとき})\\ 0 & (x\in N\text{ のとき}).\end{cases}$$

$x\in X-N$ のとき，(25.4) より $f(x)$ は有限値で，

$$f(x)\in D_k\Leftrightarrow f(x)<r_k\Leftrightarrow r_j<r_k\text{ となる }j\text{ が存在して }x\in M_j$$

であるから，$f^{-1}(D_k)\cap(X-N)=\bigcup_{r_j<r_k}M_j$ となり，これより $f^{-1}(D_k)\in\mathcal{F}$ である．$\mathcal{B}(\boldsymbol{R})$ は $\{D_k\}$ より生成されるから，f は $\mathcal{F}$ 可測である．さらに，$\varphi(N)=0$ より

$$\varphi(f^{-1}(D_k))=\varphi(\textstyle\bigcup_{r_j<r_k}M_j)=\bigvee_{r_j<r_k}u(D_j)=u(\bigcup_{r_j<r_k}D_j)=u(D_k).$$

$\{A\in\mathcal{B}(\boldsymbol{R});\varphi(f^{-1}(A))=u(A)\}$ は明らかに σ 集合体で，上式よりすべての D_k を含むから $\mathcal{B}(\boldsymbol{R})$ と一致する．よって，f は (25.1) をみたす．

(iii) f_1, f_2 が (25.1) をみたすとき，$M=\{x\in X; f_1(x)<f_2(x)\}$ とおけば，

$$M=\bigcup_k\{x\in X; f_1(x)<r_k\leqq f_2(x)\}=\bigcup_k(f_1^{-1}(D_k)\cap f_2^{-1}(\boldsymbol{R}-D_k))$$

より，$\varphi(M)=\bigvee_k(u(D_k)\wedge u(\boldsymbol{R}-D_k))=0$．同様に，$\varphi(\{x\in X; f_1(x)>f_2(x)\})$ も 0 である．

（証終）

論理 L が分配束のときは σ 完備 Boole 束である．定理 11.3 より，L の表現 Boole 空間 X において開かつ閉部分集合全体の作る Boole 束は L と同形であり，$a\in L$ に対応する部分集合を $E(a)$ と書くとき，定理 13.2 より

$$\mathscr{F}=\{M\subset X; M\sim E(a)\}$$

（ただし，$M\sim N$ は $(M-N)\cup(N-M)$ が第 1 類集合であることを示す）は σ 集合体である．さらに，$M\in\mathscr{F}$ に対し $E(a)$ は一意的に定まり，$\varphi(M)=a$ とおけば，φ は $\mathscr{F}$ から L の上への（全射）σ 直準同形写像である．

定理 25.2.　論理 L が分配束であるとき，L の表現 Boole 空間 X をとり，その上の $\mathscr{F}$ 可測関数 f_1, f_2 について，$\{x\in X; f_1(x)\neq f_2(x)\}$ が第 1 類集合ならば f_1 と f_2 は同一視するものとする．このとき，L にともなうオブザーバブル $\boldsymbol{u}$ の全体 $\boldsymbol{O}(L)$ と X 上の $\mathscr{F}$ 可測関数 f の全体との間に次の関係をみたすような 1 対 1 対応が存在する．

$$E(u(A))\sim f^{-1}(A)\quad(A\in\mathscr{B}(\boldsymbol{R})).$$

証明.　$u\in\boldsymbol{O}(L)$ は定理 24.1 より $\mathscr{B}(\boldsymbol{R})$ から L への σ 直準同形写像であるから，定理 25.1 より X 上の $\mathscr{F}$ 可測関数 f で (25.1) をみたすものがただ 1 つ存在する．ここで，

$$f^{-1}(A)\sim E(\varphi(f^{-1}(A)))=E(u(A)).$$

逆に，任意の $\mathscr{F}$ 可測関数 f に対し，写像 $A\to f^{-1}(A)$ は $\mathscr{B}(\boldsymbol{R})$ から $\mathscr{F}$ への σ 直準同形であるから，(25.1) によって定まる u はオブザーバブルである．（証終）

この定理により，古典力学の論理にともなうオブザーバブルは関数として表現できることがわかった．

§26.　オブザーバブルの値域と同時観測可能性

定義 26.1.　L は σ 完備直可補束とする．S が L の直部分束（定義 14.3）でさらに次の条件をみたすとき，**σ 直部分束**と呼ばれる．

(26.1)　$a_n\in S\ (n=1,2,\cdots)$ ならば $\bigvee_{n=1}^{\infty}a_n\in S$.

直部分束の条件 (14.7) と (26.1) より，S は次の条件もみたす．

$$a_n \in S \ (n=1,2,\cdots) \ ならば \ \wedge_{n=1}^{\infty} a_n \in S.$$

よって，σ 直部分束 S はそれ自身 σ 完備直可補束であり，S の可算個の元の結びと交わりは，L における結びと交わりにそれぞれ一致する．σ 直部分束 S がさらに分配束であるとき，L の **σ-Boole 部分束**と呼ばれる．

特に L がオーソモジュラー，すなわち論理である場合には，その σ 直部分束 S もオーソモジュラーである (S は**部分論理**とも呼ばれる)．

論理 L にともなうオブザーバブル $u \in \boldsymbol{O}(L)$ に対して

$$u(\mathcal{B}(\boldsymbol{R})) = \{u(A); A \in \mathcal{B}(\boldsymbol{R})\}$$

を u の**値域**という．定理 24.1 によって，これは L の σ–Boole 部分束であることが容易に確かめられる．質問 $q_a (0<a<1)$ の値域は 4 元 Boole 部分束 $\{1, a, a^{\perp}, 0\}$ である．

定義 26.2.　L は σ 完備直可補束とする．L の部分集合 S に対し，S を含む最小の σ 直部分束が存在し，これを S から生成される σ 直部分束という．L の可算部分集合でそれから生成される σ 直部分束が L に一致するようなものがあるとき，L は**可分**であるという．この定義は定義 12.2 の拡張である．実際，σ 集合体 $\mathcal{F}$ が定義 12.2 の意味で可分であることは，$\mathcal{F}$ を包含関係を順序として σ 完備 Boole 束と考えたとき，上記の意味で可分であることと同値である．

定理 26.1.　論理 L にともなうオブザーバブル $u \in \boldsymbol{O}(L)$ をとるとき，その値域 $u(\mathcal{B}(\boldsymbol{R}))$ は L の σ–Boole 部分束で可分である．逆に，L の可分な σ–Boole 部分束 L_0 に対し，それを値域とするオブザーバブルが存在する．

証明.　$\mathcal{B}(\boldsymbol{R})$ は定理 12.2 より可算集合 $\mathcal{J}$ から生成されるから，$u(\mathcal{B}(\boldsymbol{R}))$ は $S=\{u(A); A \in \mathcal{J}\}$ から生成され，したがって可分である．

逆に，L_0 を可分な σ–Boole 部分束とする．定理 13.2 より，L_0 の表現 Boole 空間 X における σ 集合体 $\mathcal{F}$ と，$\mathcal{F}$ から L_0 の上への σ 直準同形写像 φ が存在する．L_0 を生成する可算集合を $\{a_n; n=1,2,\cdots\}$ とし，各 n について $\varphi(B_n)=a_n$ となる $B_n \in \mathcal{F}$ をとって，$\{B_n; n=1,2,\cdots\}$ から生成される X 上の σ 集合体を $\mathcal{F}_0$ とする．このとき，$\varphi(\mathcal{F}_0)$ は L_0 の σ 直部分束で a_n をすべて含むから，L_0 と一致する．また，$\mathcal{F}_0$ は可分であるから，定理 12.3 より X 上の実数値関数 f で $\mathcal{F}_f=\mathcal{F}_0$ となるものが存在する．そこで，

$$u(A)=\varphi(f^{-1}(A)) \quad (A \in \mathcal{B}(\boldsymbol{R}))$$

とおけば，u は $\mathcal{B}(\boldsymbol{R})$ から L への σ 直準同形写像だからオブザーバブルであり，さらに，$u(\mathcal{B}(\boldsymbol{R}))=\varphi(\mathcal{F}_f)=\varphi(\mathcal{F}_0)=L_0$.　（証終）

次に，2つのオブザーバブルの値域が包含関係をもつ場合を調べよう．そのために次の補題を準備する．

補題 26.1.　集合 X 上の実数値関数 f をとれば，$\mathcal{F}_f=\{f^{-1}(A); A\in\mathcal{B}(\boldsymbol{R})\}$ は σ 集合体である．X 上の実数値関数 g が $\mathcal{F}_f$ 可測ならば，Borel 関数 φ で $g=\varphi\circ f$ となるものが存在する．

証明.　(i)　g が単純，すなわち $g(X)$ が有限集合 $\{p_1, \cdots, p_n\}$ である場合，$M_i=\{x\in X; g(x)=p_i\}$ とおけば，$\{M_1, \cdots, M_n\}$ は互いに素で $\bigcup_{i=1}^n M_i=X$ であり，また $M_i\in\mathcal{F}_f$ だから，$M_i=f^{-1}(A_i)$ となる $A_i\in\mathcal{B}(\boldsymbol{R})$ が存在する．ここで，A_i の代りに $A_i-\bigcup_{j=1}^{i-1}A_j$ をとることにより $\{A_1, \cdots, A_n\}$ は互いに素としてよい．$\boldsymbol{R}$ 上の関数 φ を

$$\varphi(t)=\begin{cases} p_i & (t\in A_i \text{ のとき}) \\ 0 & (t\notin\bigcup_{i=1}^n A_i \text{ のとき}) \end{cases}$$

と定義すれば，φ は Borel 関数であって，$g=\varphi\circ f$ が成立つ．

(ii)　一般の $\mathcal{F}_f$ 可測関数 g については，$\mathcal{F}_f$ 可測な単純関数の列 $\{g_n\}$ をとって，すべての $x\in X$ に対し $\lim_{n\to\infty} g_n(x)=g(x)$ とすることができる．(i)より各 g_n に対して Borel 関数 φ_n で $g_n=\varphi_n\circ f$ となるものがとれる．

$$\varphi(t)=\begin{cases} \lim_{n\to\infty}\varphi_n(t) & (\lim_{n\to\infty}\varphi_n(t) \text{ が存在するとき}) \\ 0 & (\text{その他の } t) \end{cases}$$

とおけば，φ はやはり Borel 関数で，$g=\varphi\circ f$ が成立つ．　（証終）

定理 26.2.　論理 L にともなう2つのオブザーバブル $u, v\in\boldsymbol{O}(L)$ をとるとき，$v(\mathcal{B}(\boldsymbol{R}))\subset u(\mathcal{B}(\boldsymbol{R}))$ であるための必要十分条件は，Borel 関数 φ が存在して $v=\varphi\circ u$ となることである．

証明.　十分性は明らか．$u(\mathcal{B}(\boldsymbol{R}))=L_0$ とおき，$v(\mathcal{B}(\boldsymbol{R}))\subset L_0$ とする．定理 13.2 より L_0 の表現 Boole 空間 X 上の σ 集合体 $\mathcal{F}$ と，$\mathcal{F}$ から L_0 の上への σ 直準同形写像 ψ が存在する．さらに，定理 25.1 より，X 上の $\mathcal{F}$ 可測関数 f で

$$u(A)=\psi(f^{-1}(A)) \quad (A\in\mathcal{B}(\boldsymbol{R}))$$

となるものが存在する．ψ を $\mathcal{F}_f$ 上に制限した写像は，$\mathcal{F}_f$ から L_0 への σ 直準同形で，$\psi(\mathcal{F}_f)=u(\mathcal{B}(\boldsymbol{R}))=L_0$ である．v は $\mathcal{B}(\boldsymbol{R})$ から L_0 への σ 直準同形写像であるから，定理 25.1 より，X 上の $\mathcal{F}_f$ 可測関数 g で

$$v(A)=\psi(g^{-1}(A)) \quad (A\in\mathcal{B}(\boldsymbol{R}))$$

となるものが存在する．前補題より Borel 関数 φ で $g=\varphi\circ f$ となるものが存在し，このときすべての $A\in\mathcal{B}(\boldsymbol{R})$ に対して

$$u(\varphi^{-1}(A))=\phi(f^{-1}(\varphi^{-1}(A)))=\phi(g^{-1}(A))=v(A).$$

よって，$v=\varphi\circ u$ である．（証終）

定義 26.3.　論理 L にともなう2つのオブザーバブル $u, v\in \boldsymbol{O}(L)$ をとる．

(26.2)　すべての $A, B\in \mathscr{B}(\boldsymbol{R})$ に対し $u(A)Cv(B)$

ならば，u と v は**同時観測可能**であるといい，$u\leftrightarrow v$ と書く．例えば，2つの質問 q_a, q_b については，$q_a\leftrightarrow q_b$ であるための必要十分条件は，aCb である．

1つの $u\in \boldsymbol{O}(L)$ については，すべての $A, B\in \mathscr{B}(\boldsymbol{R})$ に対し $u(A)Cu(B)$ である．これより，2つの任意の Borel 関数 φ_1, φ_2 に対し $\varphi_1\circ u\leftrightarrow \varphi_2\circ u$ が成立つ．この逆を次に証明しよう．

定理 26.3.　(Varadarajan)　論理 L にともなう有限または可算無限個のオブザーバブル $\{u_n\}$ をとる．すべての m, n に対し $u_m\leftrightarrow u_n$ であるならば，1つのオブザーバブル u と各 n に対する Borel 関数 φ_n とが存在して $u_n=\varphi_n\circ u$ と表すことができる．

証明.　各 n に対し $S_n=u_n(\mathscr{B}(\boldsymbol{R}))$ とおけば，S_n は L における可換族（定義 14.4）である．さらに仮定より $S=\bigcup_n S_n$ も可換族である．よって，S から生成される σ 直部分束を L_0 とすれば，これは S から生成される完全直部分束に含まれるから定理 14.6 より可換族で，したがって σ-Boole 部分束である．しかも，各 S_n が可分であるから L_0 も可分である．よって定理 26.1 より $L_0=u(\mathscr{B}(\boldsymbol{R}))$ となるような $u\in \boldsymbol{O}(L)$ が存在する．各 n に対し，$u_n(\mathscr{B}(\boldsymbol{R}))=S_n\subset u(\mathscr{B}(\boldsymbol{R}))$ であるから，定理 26.2 より Borel 関数 φ_n が存在して $u_n=\varphi\circ u$ である．（証終）

この証明からわかるように，もし L 自身が可分ならば，オブザーバブルの数は非可算個でも差支えない．

§27.　状　　態

定義 27.1.　可測空間 $(\boldsymbol{R}, \mathscr{B}(\boldsymbol{R}))$ 上の確率測度 μ（付録 C1 参照）を，簡単に **$\boldsymbol{R}$ 上の確率測度** または **$\boldsymbol{R}$ 上の確率分布**という．μ は次の性質をもっている．

(27.1)　すべての $A\in \mathscr{B}(\boldsymbol{R})$ に対し $0\leqq \mu(A)\leqq 1$ で，$\mu(\phi)=0$，$\mu(\boldsymbol{R})=1$.

(27.2)　$A, B\in \mathscr{B}(\boldsymbol{R})$，$A\subset B$ ならば $\mu(A)\leqq \mu(B)$.

(27.3)　有限または可算無限個の $A_n \in \mathcal{B}(\boldsymbol{R})$ に対し $\mu(\bigcup_n A_n) \leqq \sum_n \mu(A_n)$ で $\{A_n\}$ が互いに素であれば等号が成立つ.

さらに，定理 24.3 と同様にして，$\mu(G)=0$ となるような開集合 G の中で最大のものが存在することが示される．その補集合を μ の**台**といい，$\mathrm{Supp}\,\mu$ と書く．これは $\mu(F)=1$ となる閉集合 F の中で最小のものである.

例 27.1.　$t \in \boldsymbol{R}$ を固定して，$A \in \mathcal{B}(\boldsymbol{R})$ に対し

$$\delta_t(A)=\begin{cases}1 & (t \in A \text{ のとき})\\ 0 & (t \notin A \text{ のとき})\end{cases}$$

とおけば，δ_t は $\boldsymbol{R}$ 上の確率測度で，$\mathrm{Supp}\,\delta_t$ は1点集合 $\{t\}$ である．これは Dirac の δ 測度と呼ばれる.

補題 27.1.　$\boldsymbol{R}$ 上の確率測度 μ について次の3命題は同値である.

(α)　ある $t \in \boldsymbol{R}$ が存在して，$\mu=\delta_t$ である.

(β)　すべての $A \in \mathcal{B}(\boldsymbol{R})$ に対して $\mu(A)$ は0または1である.

(γ)　μ の台は1点集合である.

証明.　$(\gamma)\Rightarrow(\alpha)\Rightarrow(\beta)$ は明らかであるから，$(\beta)\Rightarrow(\gamma)$ を示す．もし μ の台が異なる2点 t_1, t_2 を含むとすれば，2つの開集合 G_1, G_2 で $t_i \in G_i\,(i=1,2)$，$G_1 \cap G_2=\phi$ となるものがとれ，このとき $\mu(G_i) \neq 0$ だから (β) より $\mu(G_i)=1$．よって，$\mu(G_1 \cup G_2)=\mu(G_1)+\mu(G_2)=2$ となって不合理である.　(証終)

量子力学では，1つのオブザーバブルと1つの状態を定めるとき，その状態における u の観測値として§23で述べたように $\boldsymbol{R}$ 上の確率分布が定まる．したがって，状態とは各オブザーバブルに $\boldsymbol{R}$ 上の確率分布を対応させるものと考えることができる．さらに，Borel 関数 φ に対し

$$\varphi \circ u \text{ の観測値} = \varphi(u \text{ の観測値})$$

としているから，ある状態において，$\varphi \circ u$ の観測値が A に属する確率は u の観測値が $\varphi^{-1}(A)$ に属する確率に一致する．このことから次の定義を与える.

定義 27.2.　L は論理とする．$\boldsymbol{O}(L)$ の各元 u に $\boldsymbol{R}$ 上の確率測度 P_u を対応させる写像 $P: u \to P_u$ が次の条件をみたすとき**状態を表す写像**という.

(27.4)　任意の $u \in \boldsymbol{O}(L)$ と任意の Borel 関数 φ に対して

$$P_{\varphi \circ u}(A)=P_u(\varphi^{-1}(A)) \quad (A \in \mathcal{B}(\boldsymbol{R})).$$

補題 27.2. P は状態を表す写像とする.

(i) $P_{q_0}=\delta_0$, $P_{q_1}=\delta_1$.

(ii) $u\in \boldsymbol{O}(L)$, $A\in\mathscr{B}(\boldsymbol{R})$ に対し $P_u(A)=P_{q_{u(A)}}(\{1\})$. 特に, $u(A)=0$ ならば $P_u(A)=0$.

証明. (i) (27.4) において $\varphi(t)\equiv 0$ とすると, 定理 24.6 より $\varphi\circ u=q_0$ であるから, $P_{q_0}=\delta_0$ であることがわかる. また, $\varphi(t)\equiv 1$ とすると, $\varphi\circ u=q_1$ より $P_{q_1}=\delta_1$ がわかる.

(ii) 定理 24.6 より

$$P_{q_{u(A)}}(\{1\})=P_{\chi_A\circ u}(\{1\})=P_u(\chi_A{}^{-1}(\{1\}))=P_u(A).$$

特に, $u(A)=0$ ならば(i)より

$$P_u(A)=P_{q_0}(\{1\})=\delta_0(\{1\})=0. \qquad \text{(証終)}$$

定義 27.3. 論理 L の上で定義された関数 α が次の 3 条件をみたすとき, $\boldsymbol{L}$ **上の確率測度**と呼ばれる.

(27.5) すべての $a\in L$ に対し $0\leqq\alpha(a)\leqq 1$.

(27.6) $\alpha(0)=0$, $\alpha(1)=1$.

(27.7) $\{a_n; n=1, 2, \cdots\}$ が L の元の直交系であるとき

$$\alpha(\textstyle\bigvee_{n=1}^{\infty}a_n)=\sum_{n=1}^{\infty}\alpha(a_n).$$

σ 集合体 $\mathscr{F}$ は包含関係を順序として σ 完備 Boole 束すなわち古典的な論理であるが, その $\mathscr{F}$ の上の確率測度の概念を一般化したのが上の定義である. L 上の確率測度 α をとるとき, $a\perp b$ ならば $\alpha(a\vee b)=\alpha(a)+\alpha(b)$ であり, これより $\alpha(a^{\perp})=1-\alpha(a)$ である. また, $a\leqq b$ ならば $\alpha(a)\leqq\alpha(b)$ である.

定理 27.1. 論理 L 上の確率測度 α をとり, 各 $u\in\boldsymbol{O}(L)$ に対して

$$P_u{}^{\alpha}(A)=\alpha(u(A)) \quad (A\in\mathscr{B}(\boldsymbol{R}))$$

とおけば, $P_u{}^{\alpha}$ は $\boldsymbol{R}$ 上の確率測度であり, 写像 $u\to P_u{}^{\alpha}$ は状態を表す写像である. 逆に, 状態を表す写像 $u\to P_u$ が与えられたとき, すべての $u\in\boldsymbol{O}(L)$ に対し

$$P_u(A)=\alpha(u(A)) \quad (A\in\mathscr{B}(\boldsymbol{R}))$$

となるような L 上の確率測度 α がただ 1 つ存在する.

証明. (i) $P_u{}^{\alpha}$ が $\boldsymbol{R}$ 上の確率測度であることは明らかである. さらに Borel 関数 φ に対し

$$P_{\varphi\circ u}{}^{\alpha}(A)=\alpha(((\varphi\circ u)(A))=\alpha(u(\varphi^{-1}(A)))=P_u{}^{\alpha}(\varphi^{-1}(A))$$

であるから，$u\to P_u{}^{\alpha}$ は状態を表す写像である．

(ii)　$u\to P_u$ を状態を表す写像とする．

$$\alpha(a)=P_{q_a}(\{1\})\quad(a\in L)$$

とおくとき，α は L 上の確率測度であることを示そう．(27.5) は明らかで，(27.6) も補題 27.2 の(i)より明らか．次に，$\{a_n\}$ を直交系とし，$a=\vee_n a_n$ とおく．さらに，$a_0=a^{\perp}$ とおけば

$$(a_n;n=0,1,2,\cdots)\perp \text{ かつ } \vee_{n=0}^{\infty}a_n=1.$$

よって定理 24.2 において，$D=\{0\}\cup N$（N は自然数全体）としてオブザーバブル u を作ると，$u(\{n\})=a_n$，$u(N)=a$ である．補題 27.2 の(ii)より

$$P_u(N)=P_{q_a}(\{1\})=\alpha(a),\quad P_u(\{n\})=P_{q_{a_n}}(\{1\})=\alpha(a_n)$$

しかるに，P_u は $\boldsymbol{R}$ 上の確率測度であるから，

$$\alpha(a)=P_u(N)=\textstyle\sum_{n=1}^{\infty}P_u(\{n\})=\sum_{n=1}^{\infty}\alpha(a_n).$$

以上より，α は L 上の確率測度であって，さらに，

$$P_u(A)=P_{q_{u(A)}}(\{1\})=\alpha(u(A)).$$

このような α の一意性は明らかである．　（証終）

定義 27.4.　この定理によって，L 上の確率測度 α を L にともなう**状態**と呼び，その全体を $\boldsymbol{S}(L)$ と書く．$\alpha\in\boldsymbol{S}(L)$, $u\in\boldsymbol{O}(L)$ に対し

(27.8)　$P_u{}^{\alpha}(A)=\alpha(u(A))\quad(A\in\mathscr{B}(\boldsymbol{R}))$

で定まる $\boldsymbol{R}$ 上の確率測度 $P_u{}^{\alpha}$ を，状態 α におけるオブザーバブル u の確率分布という．任意の状態 α に対し，$P_u{}^{\alpha}$ の台は u のスペクトル $\sigma(u)$ に含まれる．なぜならば，$P_u{}^{\alpha}(\sigma(u))=\alpha(u(\sigma(u)))=\alpha(1)=1$.

次に，状態 $\alpha\in\boldsymbol{S}(L)$ の性質を調べる．

定理 27.2.　論理 L にともなう状態 $\alpha\in\boldsymbol{S}(L)$ をとる．

(i)　L において $\{a_n\}$ が単調増大列ならば，$\lim_{n\to\infty}\alpha(a_n)=\alpha(\vee_n a_n)$．$\{a_n\}$ が単調減少列ならば，$\lim_{n\to\infty}\alpha(a_n)=\alpha(\wedge_n a_n)$．

(ii)　aCb ならば，$\alpha(a\vee b)+\alpha(a\wedge b)=\alpha(a)+\alpha(b)$．

(iii)　有限または可算無限集合 $\{a_n\}$ が可換族ならば，$\alpha(\vee_n a_n)\leqq\sum_n\alpha(a_n)$．

証明.　(i)　$a_n\leqq a_{n+1}$ とするとき，$b_1=a_1$，$b_n=a_n-a_{n-1}$ とおけば，明らかに $\{b_n\}$ は直交系で，$\vee_{i=1}^{n}b_i=a_n$ より $\vee_n b_n=\vee_n a_n$．よって，

$$\alpha(\vee_n a_n)=\alpha(\vee_n b_n)=\textstyle\sum_n\alpha(b_n)=\lim_{n\to\infty}\sum_{i=1}^{n}\alpha(b_i)=\lim_{n\to\infty}\alpha(a_n).$$

単調減少のときは $\{a_n{}^{\perp}\}$ が単調増大であるから，

$$\alpha(\wedge_n a_n)=1-\alpha(\vee_n a_n{}^{\perp})=1-\lim_{n\to\infty}\alpha(a_n{}^{\perp})=\lim_{n\to\infty}\alpha(a_n).$$

(ii)　aCb のとき，$a_1=a-a\vee b$ とおけば，$\alpha(a_1)+\alpha(a\wedge b)=\alpha(a)$．また，定理 14.2 より $a_1\perp b$ であり，$a_1\vee b=a_1\vee(a\wedge b)\vee b=a\vee b$ であるから，$\alpha(a_1)+\alpha(b)=\alpha(a\vee b)$．よって，$\alpha(a\vee b)+\alpha(a\wedge b)=\alpha(a)+\alpha(b)$．

(iii)　$\{a_1,\cdots,a_n\}$ が可換族ならば，(ii)より

$$\alpha(a_1\vee\cdots\vee a_n)\leqq\alpha(a_1)+\alpha(a_2\vee\cdots\vee a_n)\leqq\cdots\leqq\alpha(a_1)+\cdots+\alpha(a_n).$$

さらに，可算無限集合 $\{a_n\}$ が可換族ならば，(i)より

$$\alpha(\vee_n a_n)=\lim_{n\to\infty}\alpha(\vee_{i=1}^n a_i)\leqq\lim_{n\to\infty}\textstyle\sum_{i=1}^n\alpha(a_i)=\sum_n\alpha(a_n).$$

（証終）

次に，状態の中でも少し特殊な性質をもつものを考える．

定義 27.5.　論理 L にともなう状態 $\alpha\in S(L)$ をとる．もし，$\alpha(a)=0$ となる $a\in L$ の中で最大のものが存在するならば，その直補元を α の **台**といい，$\mathrm{Supp}\,\alpha$ と書く．これは，α の値が 1 となるような最小の元である．また，$a\in L$ に対して

(27.9)　$\alpha(a)=0\Leftrightarrow a\perp\mathrm{Supp}\,\alpha.$

台をもつ状態の全体を $S_s(L)$ と書く．

次に，状態 $\alpha\in S(L)$ は次の性質をもつとき，**完全加法的**と呼ばれる．

(27.10)　$\{a_\mu;\mu\in I\}$ が非可算個の L の元からなる直交系で $\vee_{\mu\in I}a_\mu$ が存在するならば，$\alpha(\vee_{\mu\in I}a_\mu)=\sum_{\mu\in I}\alpha(a_\mu)$．（この等式より，可算個の μ を除いて $\alpha(a_\mu)=0$ となる．）

完全加法的な状態の全体を $S_a(L)$ と書く．

$S_s(L)\subset S_a(L)$ であることを次に示そう．

補題 27.3.　論理 L において，$\{a_\mu;\mu\in I\}$ は非可算個の元の直交系で，$a=\vee_{\mu\in I}a_\mu$ が存在するとする．I_0 を I の可算部分集合とし，$a_0=\vee_{\mu\in I_0}a_\mu$ とおけば $\vee_{\mu\in I-I_0}a_\mu$ も存在して $a-a_0$ に等しい．

証明.　$\mu\in I-I_0$ のとき，すべての $\nu\in I_0$ に対し $a_\mu\perp a_\nu$ だから，$a_\mu\perp a_0$．よって，$a_\mu\leqq a-a_0$．次に，b を $\{a_\mu;\mu\in I-I_0\}$ の上界とする．$b'=(a-a_0)\wedge b$ とおけば，b' も $\{a_\mu;\mu\in I-I_0\}$ の上界で，したがって $b'\vee a_0$ は $\{a_\mu;\mu\in I\}$ の上界となるから，$a\leqq b'\vee a_0$．よって，

$$(a-a_0)-b'=a\wedge a_0{}^{\perp}\wedge(b')^{\perp}=a\wedge(b'\vee a_0)^{\perp}\leqq a\wedge a^{\perp}=0.$$

これより，$a-a_0=b'\leqq b$ となるから，$a-a_0$ は $\{a_\mu;\mu\in I-I_0\}$ の最小上界である．（証終）

定理 27.3. 論理Lにともなう状態$\alpha\in S(L)$が台をもつための必要十分条件は，αが完全加法的でさらに次の性質をもつことである．

(27.11)　$\alpha(a)=\alpha(b)=0$ ならば $\alpha(a\vee b)=0$.

証明. 必要性. αが台cをもつとする. $\alpha(a)=\alpha(b)=0$ ならば, $a\perp c, b\perp c$ だから $a\vee b\perp c$. よって, $\alpha(a\vee b)=0$. 次に, $\{a_\mu;\mu\in I\}$ を非可算個の元の直交系とし, $a=\bigvee_{\mu\in I}a_\mu$ が存在するとする. $\alpha(a_\mu)\geqq n^{-1}$ となる a_μ はたかだかn個しか存在しないから, $I_0=\{\mu\in I;\alpha(a_\mu)>0\}$ とおけば, これは可算集合である. よって, $a_0=\bigvee_{\mu\in I_0}a_\mu$, $a'=a-a_0$ とおくとき, 前補題より $a'=\bigvee_{\mu\in I-I_0}a_\mu$. すべての $\mu\in I-I_0$ に対し $\alpha(a_\mu)=0$ より $a_\mu\perp c$ であるから, $a'\perp c$ となり, したがって $\alpha(a')=0$ である. よって,

$$\alpha(a)=\alpha(a_0)+\alpha(a')=\alpha(a_0)=\textstyle\sum_{\mu\in I_0}\alpha(a_\mu)=\sum_{\mu\in I}\alpha(a_\mu).$$

十分性. 0以外のすべての $a\in L$ に対し $\alpha(a)>0$ である場合は, 1がαの台である. $\alpha(a)=0$ となる $a\neq 0$ が存在している場合, すべてのμに対し $a_\mu\neq 0$, $\alpha(a_\mu)=0$ となるような直交系 $\{a_\mu\}$ を考えると, Zorn の補題よりその中で極大なもの $\{a_\mu;\mu\in I_1\}$ が存在する. このとき, I_1が非可算集合であっても $\bigvee_{\mu\in I_1}a_\mu$ が存在することを示そう. 0を含まず $\{a_\mu;\mu\in I_1\}$ を含むような直交系の中で極大なものが存在するから, これを $\{a_\nu;\nu\in I\}$ とおく. このとき極大性より $\{a_\nu;\nu\in I\}$ は1より小さい上界をもたないから, $\bigvee_{\nu\in I}a_\nu=1$. また, $I_0=\{\nu\in I;\alpha(a_\nu)>0\}$ は可算集合であるから, $\bigvee_{\nu\in I_0}a_\nu=c$ が存在する. 明らかに, $I_1\cap I_0=\phi$ であり, また, $\nu\in I-I_1$ をとるとき, もし $\alpha(a_\nu)=0$ ならば $\{a_\mu;\mu\in I_1\}$ の極大性に反するから, $\alpha(a_\nu)>0$, すなわち $\nu\in I_0$. よって, $I_1=I-I_0$ となり, 前補題より $\bigvee_{\mu\in I_1}a_\mu$ が存在して $c^\perp$ に等しい.

次に, cがαの台であることを示す. αの完全加法性より

$$\alpha(c^\perp)=\textstyle\sum_{\mu\in I_1}\alpha(a_\mu)=0.$$

一方, $\alpha(b)=0$ とすると, (27.11) より $\alpha(b\vee c^\perp)=0$ であるから, $b'=(b\vee c^\perp)-c^\perp$ とおけば, $b'\perp c^\perp$ かつ $\alpha(b')=0$. よって, $\{a_\mu;\mu\in I_1\}$ の極大性より $b'=0$. これより, $c^\perp=b\vee c^\perp\geqq b$. したがって, cはαの台である.　(証終)

(27.11)をみたす状態は, Jauch–Piron の状態と呼ばれることがある[1].

注意 27.1. 論理LがBoole束の場合は, Lの任意の2元は可換であるから, 定理27.2の(ii)より, すべての $\alpha\in S(L)$ は (27.11) をみたす. よって, $S_s(L)=S_a(L)$ である.

LがBoole束の場合でも, 完全加法的でない（したがって台をもたない）状態は存在する. 例えば, 実数の閉区間〔0,1〕に含まれるBorel集合全体の作るσ完備Boole束を考えると, Lebesgue 測度はそれにともなう状態であるが, 完全加法的ではない.

---

1) Jauch の本〔25〕では, 状態の定義の中に次の条件がはいっている.

$$\alpha(a_n)=0\ (n=1,2,\cdots)\ \text{ならば}\ \alpha(\textstyle\bigvee_n a_n)=0.$$

これと (27.11) とは, 定理27.2の(i)によって同値である.

§28.　正則な状態空間

定義 28.1.　論理 L にともなう状態の集合 $S_0(\subset S(L))$ をとる．$a, b\in L$ について，

(28.1)　すべての $\alpha\in S_0$ に対し $\alpha(a)\leqq\alpha(b)$ ならば $a\leqq b$

が成立つとき，S_0 は **L の順序を決定する**という．(これは S_0 が十分多くの元をもつことを意味しているので，S_0 は**充満な集合**とも呼ばれる．) 次に，

(28.2)　$\{\alpha\in S_0; \alpha(a)=1\}\subset\{\alpha\in S_0; \alpha(b)=1\}$ ならば $a\leqq b$

が成立つとき，S_0 は **L の順序を強い意味で決定する**という．このとき明らかに (28.1) は成立っている．さらに，(28.2) からは次の性質も導かれる．

(28.3)　$a>0$ ならば $\alpha(a)=1$ となる $\alpha\in S_0$ が存在する．

実際，もし $\{\alpha\in S_0; \alpha(a)=1\}$ が空集合ならば，(28.2) より $a=0$ である．(28.3) は確かめやすい条件であるため次の補題が有用となる．

補題 28.1.　$S(L)$ の部分集合 S_0 のすべての元が (27.11) の性質をもつとき，S_0 が (28.3) をみたすならば，L の順序を強い意味で決定する．

証明.　$\{\alpha\in S_0; \alpha(a)=1\}\subset\{\alpha\in S_0; \alpha(b)=1\}$ とする．もし $a\leqq b$ でないならば，$a\wedge b<a$ であるから，$c=a-a\wedge b$ とおくとき，$c>0$. よって，(28.3) より $\alpha(c)=1$ となる $\alpha\in S_0$ が存在する．このとき $\alpha(a)=1$ であるから，仮定より $\alpha(b)=1$. よって，$\alpha(a^\perp)=\alpha(b^\perp)=0$ で (27.11) より $\alpha(a^\perp\vee b^\perp)=0$. しかるに，$c\leqq(a\wedge b)^\perp=a^\perp\vee b^\perp$ であるから，これは不合理である．　(証終)

一般に，論理 L をとるとき，状態の全体 $S(L)$ でさえも L の順序を決定するとは限らない．極端な場合として，状態が全く存在しないような L も発見されている ([18] 参照)．そこで，L の順序を決定する S_0 の存在は，L に課すべき重要な条件として考える必要がある．

次に，$S(L)$ の凸構造について考察しよう．

補題 28.2.　$\alpha_1, \alpha_2\in S(L)$, $0\leqq c\leqq 1$ のとき，$c\alpha_1+(1-c)\alpha_2\in S(L)$. 一般に，$\alpha_\nu\in S(L)$ $(\nu=1, 2, \cdots)$, $c_\nu\geqq 0$, $\sum_{\nu=1}^\infty c_\nu=1$ のとき，$\sum_{\nu=1}^\infty c_\nu\alpha_\nu\in S(L)$.

証明.　$\alpha=\sum_{\nu=1}^\infty c_\nu\alpha_\nu$ は明らかに (27.5), (27.6) をみたす．$(a_n)\perp$ をとれば，

$$\sum_{n=1}^\infty\alpha(a_n)=\sum_n\sum_\nu c_\nu\alpha_\nu(a_n)=\sum_\nu c_\nu\sum_n\alpha_\nu(a_n)=\sum_\nu c_\nu\alpha_\nu(\vee_n a_n)=\alpha(\vee_n a_n).$$

よって，$\alpha \in S(L)$ である．（証終）

定義 28.2. $S(L)$ の部分集合 S_0 が次の条件をみたすとき，**σ 凸部分集合**と呼ばれる．

(28.4)　$\alpha_\nu \in S_0 (\nu=1,2,\cdots)$，$c_\nu \geqq 0$，$\sum_{\nu=1}^{\infty} c_\nu = 1$ ならば $\sum_{\nu=1}^{\infty} c_\nu \alpha_\nu \in S_0$.

完全加法的な状態の全体 $S_a(L)$ は明らかに σ 凸部分集合である．また，台をもつ状態の全体 $S_s(L)$ も σ 凸部分集合である．実際，α_ν がすべて台をもてば，

$$\mathrm{Supp}\,\alpha = \vee(\mathrm{Supp}\,\alpha_\nu; c_\nu > 0).$$

次に，S_0 は $S(L)$ の σ 凸部分集合とする．$\alpha \in S_0$ が S_0 の端点であるとき，すなわち

(28.5)　$\alpha_1, \alpha_2 \in S_0$，$0 < c < 1$，$\alpha = c\alpha_1 + (1-c)\alpha_2$ ならば $\alpha_1 = \alpha_2 = \alpha$

が成立つとき，α は S_0 の**純粋状態**と呼ばれ，その全体を $P(S_0)$ と書く．σ 凸部分集合 S_0 が次の条件をみたすとき，十分多くの純粋状態をもつという．

(28.6)　任意の $\alpha \in S_0$ は，有限または可算無限個の $\alpha_\nu \in P(S_0)$ と $c_\nu > 0$，$\sum_\nu c_\nu = 1$ となる c_ν をとって，$\alpha = \sum_\nu c_\nu \alpha_\nu$ と表される．

この場合，S_0 が L の順序を決定（強い意味で決定）するならば，$P(S_0)$ だけで L の順序を決定（強い意味で決定）する．

定義 28.3. $S(L)$ の σ 凸部分集合 S_0 が十分多くの純粋状態をもち，L の順序を強い意味で決定し，さらにすべての $\alpha \in S_0$ が (27.11) をみたしているとき，S_0 は L にともなう**正則な状態空間**と呼ぶことにする．正則な状態空間は一般には存在するとは限らないし，また存在しても 1 つとは限らない．後に述べるように，L が特別の場合には，$S_s(L)$ または $S(L)$ 自身が正則な状態空間となる．

L が原子的である場合に，正則な状態空間を作る方法を次に述べよう．

定理 28.1. 論理 L が原子的束であって，さらに次の条件をみたすとする（L の原子元全体を Ω で表す）．

(28.7)　各 $p \in \Omega$ に対しそれを台とする状態が少なくとも 1 つ存在する．

各 p に対しそれを台とする状態 α_p を 1 つ固定し，その有限または可算無限個 $\{\alpha_{p_\nu}\}$ によって $\sum_\nu c_\nu \alpha_{p_\nu} (c_\nu > 0, \sum_\nu c_\nu = 1)$ と表される状態の全体を S_0 とおく

とき，S_0は正則な状態空間で，$\boldsymbol{P}(S_0)=\{\alpha_p;\ p\in\Omega\}$ である．また，S_0に属する状態で原子元pを台とするものはα_pだけである．

証明． $a\in L$が0でないとき，Lは原子的だから$p\leqq a$となる$p\in\Omega$が存在し，$\alpha_p(a)=1$であるから，S_0は(28.3)をみたす．また，すべての$\alpha\in S_0$は台をもつから(27.11)をみたし，補題28.1よりS_0はLの順序を強い意味で決定する．

次に，$\alpha\in S_0$の台が原子元pならば，$\alpha=\alpha_p$であることを示す．$\alpha=\sum_\nu c_\nu\alpha_{p_\nu}$ $(c_\nu>0,\ \sum_\nu c_\nu=1)$とおく．$\alpha(p)=1$より，すべての$\nu$に対して$\alpha_{p_\nu}(p)=1$となるから，$p_\nu\leqq p$．しかるに，$p$は原子元だから$p_\nu=p$であり，$\alpha=\alpha_p$となる．このことから，$\alpha_p\in\boldsymbol{P}(S_0)$である．なぜならば，$\alpha_p=c\alpha_1+(1-c)\alpha_2$, $\alpha_1,\alpha_2\in S_0\,(0<c<1)$とすれば，$\alpha_p(p)=1$より$\alpha_1(p)=\alpha_2(p)=1$で，$\alpha_1$と$\alpha_2$の台は$p$となるから，$\alpha_1=\alpha_2=\alpha_p$．これより$S_0$は十分多くの純粋状態をもつ．

任意の$\alpha\in\boldsymbol{P}(S_0)$をとり，$\alpha=\sum_\nu c_\nu\alpha_{p_\nu}(c_\nu>0,\ \sum_\nu c_\nu=1)$と表すとき，$\nu$が2個以上とすれば，任意の$\nu$を1つ固定するとき$c_\nu<1$で，

$$\alpha_1=(1-c_\nu)^{-1}\sum_{\mu\neq\nu}c_\mu\alpha_{p_\mu}$$

はS_0に属し，$\alpha=c_\nu\alpha_{p_\nu}+(1-c_\nu)\alpha_1$となるから，$\alpha_{p_\nu}=\alpha$．よって，$p_\nu$はすべて一致し，$\alpha=\alpha_p$と表される．　　　　（証終）

例 28.1. 原子的な論理の簡単な例として，§3の図7の最初に示した6元束$\{1,a,a^\perp,b,b^\perp,0\}$を$L$とする．$s,t\in[0,1]$を任意にとって

$$\alpha(0)=0,\ \alpha(a)=s,\ \alpha(b)=t,\ \alpha(a^\perp)=1-s,\ \alpha(b^\perp)=1-t,\ \alpha(1)=1$$

とおけば，αは明らかにLにともなう状態であり，これをα_{st}と書けば

$$S(L)=\{\alpha_{st};\ s,t\in[0,1]\}.$$

この中で(27.11)をみたさず，したがって台をもたないものは，$\alpha_{00},\alpha_{10},\alpha_{01},\alpha_{11}$の4つだけであり，$s,t\in(0,1)$については

$$\mathrm{Supp}\,\alpha_{st}=1,\ \mathrm{Supp}\,\alpha_{1t}=a,\ \mathrm{Supp}\,\alpha_{0t}=a^\perp,\ \mathrm{Supp}\,\alpha_{s1}=b,\ \mathrm{Supp}\,\alpha_{s0}=b^\perp$$

である．よって，$s,t\in(0,1)$を固定すれば，$\{\alpha_{1t},\alpha_{0t},\alpha_{s1},\alpha_{s0}\}$から生成される$S(L)$の凸部分集合$S_0$は正則な状態空間となる．（$S(L)$自身は十分多くの純粋状態をもつが，それらは(27.11)をみたさない．また，$S_s(L)$は純粋状態をもたない．）

次に，論理Lが原子的でさらにBoole束の場合には，前定理の方法で作られる正則な状態空間が一意的に定まり，$S_s(L)$と一致することを示そう．

補題 28.3. 論理Lにおいて，原子元pがすべての$x\in L$と可換である（すなわちpはLの中心元）ならば，pを台とする状態α_pがただ1つ存在する．このα_pは2値である，すなわち1と0以外の値をとらない．

証明．

$$\alpha_p(x)=\begin{cases}1 & (x\geqq p\text{ のとき})\\ 0 & (x\ngeqq p\text{ のとき})\end{cases}$$

とおく．ここで次のことに注意する．

(28.8)　$x \not\geqq p \Longleftrightarrow x \leqq p^{\perp}$.

実際，$x \not\geqq p$ ならば，$x \wedge p = 0$ で，x と p の可換性より，$x = (x \wedge p) \vee (x \wedge p^{\perp}) = x \wedge p^{\perp} \leqq p^{\perp}$. 逆に，$x \leqq p^{\perp}$ ならば，$p \leqq x^{\perp}$ であるから，$p \not\geqq x$.

L において $\{a_n\}$ が直交系のとき，a_nの中で p を含むものはたかだか 1 つである．すべての n について $a_n \not\geqq p$ のとき，(28.8) より $\bigvee_n a_n \not\geqq p$ であるから，$\alpha_p(\bigvee_n a_n) = 0 = \sum_n \alpha_p(a_n)$．また，1 つの a_n が p を含むときは，$\alpha_p(\bigvee_n a_n) = 1 = \sum_n \alpha_p(a_n)$．よって，$\alpha_p$ は状態であり，その台は p である．

次に，$\alpha' \in S(L)$ の台が p ならば，$x \geqq p$ のとき $\alpha'(x) = 1 = \alpha_p(x)$ であり，$x \not\geqq p$ のとき，$x \leqq p^{\perp}$ より，$\alpha'(x) \leqq \alpha'(p^{\perp}) = 1 - \alpha'(p) = 0$ となるから，$\alpha'(x) = 0 = \alpha_p(x)$．故に，$\alpha' = \alpha_p$ である．　(証終)

定理 28.2.　論理 L は Boole 束であるとする．

(i)　L の原子元 p に対し，それを台とする状態 α_p がただ 1 つ存在し，α_p は 2 値である．

(ii)　L がさらに原子的であるとき，台をもつ状態の全体 $S_s(L)$ は正則な状態空間であり，$P(S_s(L)) = \{\alpha_p; p \in \Omega\}$ である．

証明.　(i)は前補題より明らかである．(ii)は，$\{\alpha_p; p \in \Omega\}$ より定理 28.1 の方法で正則な状態空間 S_0 を作るとき，$S_0 = S_s(L)$ であることを示せばよい．任意の $\alpha \in S_s(L)$ をとりその台を c とする．Boole 束では異なる原子元は直交するから，$\alpha(p) > 0$ となる原子元 p は可算個しかない．$p \leqq c$ のとき，もし $\alpha(p) = 0$ とすれば，$\alpha(c - p) = 1$ となり，c が台であることに反するから，$\alpha(p) > 0$．よって，$p \leqq c$ となる p は可算個で，これを $p_1, p_2, \cdots$ とすれば，L は原子的だから，$c = \bigvee_n p_n$ となり，したがって $\sum_n \alpha(p_n) = \alpha(c) = 1$．そこで，$p_n$ を台とする状態 α_{p_n} をとって

(28.9)　$\alpha(x) = \sum_n \alpha(p_n) \alpha_{p_n}(x)$　$(x \in L)$

を示す．L は原子的で，α, α_{p_n} はすべて完全加法的であるから (定理 27.3)，x が原子元のとき成立すればよい．x がある p_m に一致するとき，$\alpha_{p_n}(p_m) = \delta_{mn}$ より (28.9) の両辺とも $\alpha(p_m)$ であり，また x がどの p_n とも一致しないとき両辺とも 0 である．よって (28.9) は成立し，$S_s(L) = S_0$ となる．　(証終)

集合 X における σ 集合体 $\mathcal{F}$ が可分であるとき (定理 12.1)，あるいは $\mathcal{F}$ が 1 元部分集合をすべて含むときは，$\mathcal{F}$ は原子的な σ 完備 Boole 束であるから，この定理が適用される．さらに，原子元が可算個ならば，$S(L) = S_a(L) = S_s(L)$ であるから，$S(L)$ 自身が正則な状態空間である．

原子的な論理でも Boole 束でないならば，この定理のような都合の良い結果

は一般には得られないが，次章で考察する標準量子論理では，やはり $S_s(L)$ が正則な状態空間となることが証明される．

注意 28.1.　論理 L にともなう状態 $\alpha\in S(L)$ が2値であるとき，すべてのオブザーバブル $u\in\boldsymbol{O}(L)$ に対して $\boldsymbol{R}$ 上の確率測度 $P_u{}^{\alpha}$ は2値となり，補題27.1より $P_u{}^{\alpha}$ は δ 測度で，その標準偏差 $\sigma(P_u{}^{\alpha})$ は0である．しかるに，量子力学においては，例えば1つの電子の位置と速度のように，2つのオブザーバブル u, v で，すべての状態 α において積 $\sigma(P_u{}^{\alpha})\sigma(P_v{}^{\alpha})$ が一定の正数より小さくなりえないものがある（不確定性原理）．このことから，量子力学の論理ではそれにともなう状態として2値のものはとりえないことになる[1]．

次の定理からわかるように，論理 L が既約ならば，$S_s(L)$ の中に2値のものは存在しない．次章の標準量子論理は既約である．

定理 28.3.　論理 L について，$S_s(L)$ の中に2値の状態が存在するための必要十分条件は，L の原子元で中心元となるものが存在することである．

証明.　十分であることは補題28.3より明らか．逆に，$\alpha\in S_s(L)$ が2値であるとする．α の台を c とし，$L'=\{x\in L; 0\leqq x\leqq c^{\perp}\}$ とする．直積 $L'\times\{0,1\}$ から L への写像 φ を次のように定義する．

$$\varphi(x,0)=x,\ \ \varphi(x,1)=x\vee c\ \ (x\in L').$$

任意の $a\in L$ をとるとき，$\alpha(a)=0$ または $\alpha(a)=1$ であるが，$\alpha(a)=0$ のときは，$a\perp c$ より $a\in L'$ であって，$\varphi(a,0)=a$．$\alpha(a)=1$ のときは，$a\geqq c$ かつ $a-c\in L'$ で，$\varphi(a-c,1)=(a-c)\vee c=a$．よって，$\varphi$ は全射である．また，この考察から，φ が単射であることも明らか．さらに φ は同調写像であるから，φ によって $L'\times\{0,1\}$ と L とは同形である．$\varphi(0,1)=c$ より c は L の中心元で，$(0,1)$ が $L'\times\{0,1\}$ の原子元だから，c は L の原子元である．　　（証終）

§29.　状態の重ね合わせ

定理 29.1.　L は論理とする．$S(L)$ の部分集合 $\{\alpha_\nu; \nu\in I\}$ と $\alpha_0\in S(L)$ をとるとき，次の2条件は同値である．

(α)　すべての $\nu\in I$ に対して $\alpha_\nu(a)=0$ ならば，$\alpha_0(a)=0$.

(β)　任意のオブザーバブル $u\in\boldsymbol{O}(L)$ に対し

(29.1)　$\mathrm{Supp}\ P_u{}^{\alpha_0}\subset\overline{\bigcup_{\nu\in I}\mathrm{Supp}\ P_u{}^{\alpha_\nu}}$.

1)　状態 α に対し，$\sup\{\alpha(a)-\alpha(a)^2; a\in L\}$ を α の全域分散と呼ぶことがある（[25]）．α が2値とは全域分散が0であることを意味している．

$\alpha_\nu(\nu\in I)$, α_0 がすべて台をもつときは，さらに次の条件とも同値である．

(γ)　$\mathrm{Supp}\,\alpha_0\leqq\bigvee_{\nu\in I}\mathrm{Supp}\,\alpha_\nu$.

証明． (α)⇒(β)．(29.1) の右辺を F とおく．すべての $\nu\in I$ に対し $(\boldsymbol{R}-F)\cap\mathrm{Supp}\,P_u^{\alpha_\nu}=\phi$ であるから，$\alpha_\nu(u(\boldsymbol{R}-F))=P_u^{\alpha_\nu}(\boldsymbol{R}-F)=0$. よって，(α) より $P_u^{\alpha_0}(\boldsymbol{R}-F)=\alpha_0(u(\boldsymbol{R}-F))=0$ となるから，$\mathrm{Supp}\,P_u^{\alpha_0}\subset F$.

(β)⇒(α)．すべての $\nu\in I$ に対し $\alpha_\nu(a)=0$ とする．$q_a\in\boldsymbol{O}(L)$ をとれば，

$$P_{q_a}^{\alpha_\nu}(\boldsymbol{R}-\{0\})=\alpha_\nu(q_a(\boldsymbol{R}-\{0\}))=\alpha_\nu(a)=0.$$

よって，(β) より $\mathrm{Supp}\,P_{q_a}^{\alpha_0}\subset\overline{\bigcup_{\nu\in I}\mathrm{Supp}\,P_{q_a}^{\alpha_\nu}}=\{0\}$ となるから，

$$\alpha_0(a)=P_{q_a}^{\alpha_0}(\boldsymbol{R}-\{0\})=0.$$

次に，$\alpha\in S(L)$ が台をもつとき，$\{a\in L;\alpha(a)=0\}=\{a\in L; a\leqq(\mathrm{Supp}\,\alpha)^\perp\}$．よって，(α) は $\bigwedge_{\nu\in I}(\mathrm{Supp}\,\alpha_\nu)^\perp\leqq(\mathrm{Supp}\,\alpha_0)^\perp$ と同値，したがって (γ) と同値である．（証終）

定義 29.1.　S_0 は $S(L)$ の σ 凸部分集合とする．S_0 の部分集合 $\{\alpha_\nu;\nu\in I\}$ と 1 つの $\alpha_0\in S_0$ をとるとき，前定理の条件がみたされているならば，α_0 は $\{\alpha_\nu;\nu\in I\}$ の**重ね合わせ**であるという．

$\alpha_0=\sum_\nu c_\nu\alpha_\nu\,(c_\nu>0, \sum_\nu c_\nu=1$, ν は 2 個以上) の場合，明らかに α_0 は $\{\alpha_\nu\}$ の重ね合わせであるが，このときは α_0 は純粋状態でない．重ね合わせの本質的なものは，S_0 における純粋状態が他のいくつかの純粋状態の重ね合わせとなる場合である．例えば，定理 28.1 で構成した正則な状態空間について考えてみると，$\mathrm{Supp}\,\alpha_p=p$ であるから，α_{p_0} が $\{\alpha_{p_\nu};\nu\in I\}$ の重ね合わせとなる条件は，$p_0\leqq\bigvee_{\nu\in I}p_\nu$ である．したがって，この状態空間で本質的な重ね合わせが生ずるのは，例えば論理 L が次の性質をもつ場合である．

(29.2)　2 つの異なる原子元 p, q に対し第 3 の原子元 r で $r\leqq p\vee q$ となるものが存在する．

(定理 6.1 や §8 でみられるように，この性質は L の既約性と深い関係をもつ)．簡単なものとして，例 28.1 の L は (29.2) をみたしている．ここで S_0 の純粋状態は 4 つあるが，そのうち 2 つをとれば，他はその重ね合わせである．

一方，L が Boole 束の場合には本質的な重ね合わせは起りえないことが次のように示される．

補題 29.1.　S_0 は $S(L), S_s(L), S_a(L)$ のいずれかとする．S_0 における純粋状態 α をとるとき，$z\in L$ が L の中心元ならば $\alpha(z)$ は 1 また 0 である．

証明.　$0<\alpha(z)<1$ と仮定する.

$$\alpha_1(a)=\alpha(a\wedge z)/\alpha(z) \quad (a\in L)$$

とおけば，$0\leqq\alpha_1(a)\leqq 1$ で $\alpha_1(1)=1$，$\alpha_1(0)=0$ である．$\{a_n\}$ を直交系とするとき，$\{a_n\wedge z\}$ も直交系で，定理14.3より $\vee_n a_n\wedge z=\vee_n(a_n\wedge z)$ だから，

$$\textstyle\sum_n\alpha_1(a_n)=\frac{\sum_n\alpha(a_n\wedge z)}{\alpha(z)}=\frac{\alpha(\vee_n(a_n\wedge z))}{\alpha(z)}=\frac{\alpha(\vee_n a_n\wedge z)}{\alpha(z)}=\alpha_1(\vee_n a_n)$$

よって，$\alpha_1\in S(L)$ である．α が $S_s(L)$ または $S_a(L)$ に属するとき，α_1 も同様である[1]から，$\alpha_1\in S_0$．次に，$\alpha_2(a)=\alpha(a\wedge z^{\perp})/\alpha(z^{\perp})$ とおけば，同様にして $\alpha_2\in S_0$ が証明され，$\alpha(z)\alpha_1+\alpha(z^{\perp})\alpha_2=\alpha$ が成立つ．α は純粋だから，$\alpha=\alpha_1$ で，$\alpha(z)=\alpha_1(z)=1$ となって不合理.　　　　　　　　　　　　　　　　　　　　　　　　　　　　　　　(証終)

定理 29.2.　論理 L はBoole束とし，S_0 は $S(L)$ または $S_s(L)\,(=S_a(L))$ とする．S_0 において，純粋状態 α_0 が有限個または可算無限個の純粋状態 $\{\alpha_n\}$ の重ね合わせであるとすれば，α_0 はどれかの α_n と一致する．

証明.　(i)　前補題より S_0 の純粋状態はすべて2値である．よって，2つの純粋状態 α,α' が相異なるときは，$\alpha(a)=0$，$\alpha'(a)=1$ となる $a\in L$ が存在する．実際，$\alpha(b)\neq\alpha'(b)$ となる $b\in L$ をとって，$a=b$ または $b^{\perp}$ とすればよい．

(ii)　もし，すべての n に対して $\alpha_0\neq\alpha_n$ であるならば，(i) より $\alpha_0(a_n)=0$，$\alpha_n(a_n)=1$ となる $a_n\in L$ が存在する．$a=\vee_n a_n$ とおけば，すべての n に対して $\alpha_n(a)\geqq\alpha_n(a_n)=1$ であるから，$\alpha_n(a^{\perp})=0$．よって，$\alpha_0(a^{\perp})=0$ となるから $\alpha_0(a)=1$．しかるに L はBoole束だから，定理27.2の(iii)より，$\alpha_0(a)\leqq\sum_n\alpha_0(a_n)=0$ となって不合理.

定義 29.2.　$S(L)$ の σ 凸部分集合 S_0 をとり，その純粋状態の全体 $\boldsymbol{P}(S_0)$ を考える．$\boldsymbol{P}(S_0)$ の部分集合 $\boldsymbol{M}$ が次の条件をみたすとき，**重ね合わせについて閉じている**という．

(29.3)　$\alpha\in\boldsymbol{P}(S_0)$ が $\boldsymbol{M}$ に属するいくつかの状態の重ね合わせならば，$\alpha\in\boldsymbol{M}$.

空集合も重ね合わせについて閉じているとして，閉じている部分集合の全体を $\mathcal{M}$ とすれば，$\mathcal{M}$ は例1.1の2条件をみたしているから，包含関係を順序として完備束を作る．また，1元部分集合はすべて $\mathcal{M}$ に属するから，$\mathcal{M}$ は原子的束である．

定理 29.3.　論理 L は完備かつ原子的であり，条件 (28.7) をみたしているとして，定理28.1の方法で構成された正則な状態空間 S_0 を考える．各 $a\in L$

1)　$\mathrm{Supp}\,\alpha_1=z\wedge\mathrm{Supp}\,\alpha$ は容易に確かめられる．

に対し $\boldsymbol{P}(S_0)$ の部分集合

$$\boldsymbol{M}_a=\{\alpha\in\boldsymbol{P}(S_0);\mathrm{Supp}\,\alpha\leqq a\}$$

は重ね合わせについて閉じており，写像 $a\to\boldsymbol{M}_a$ によって L と $\mathcal{M}$ は束同形である.(このことは**重ね合わせの原理**と呼ばれる.)

証明. $\boldsymbol{M}_a\in\mathcal{M}$ は明らかである．次に，$\boldsymbol{M}\in\mathcal{M}$ に対し $a=\vee(p;\alpha_p\in\boldsymbol{M})$ とおけば $\boldsymbol{M}=\boldsymbol{M}_a$ である．実際，$\alpha_q\in\boldsymbol{M}$ ならば，$\mathrm{Supp}\,\alpha_q=q\leqq a$ より $\alpha_q\in\boldsymbol{M}_a$ であり，逆に $\alpha_q\in\boldsymbol{M}_a$ ならば，$\mathrm{Supp}\,\alpha_q\leqq a=\vee(\mathrm{Supp}\,\alpha_p;\alpha_p\in\boldsymbol{M})$ で $\boldsymbol{M}$ は重ね合わせについて閉じているから，$\alpha_q\in\boldsymbol{M}$. よって，$\varphi:a\to\boldsymbol{M}_a$ は全射である．また，L が原子的であることから，φ が単射であることも容易に確かめられる．さらに同調写像であることは明らかで，φ によって L と $\mathcal{M}$ は束同形である．（証終）

L として次章の標準量子論理をとれば，L は完備かつ原子的で，この定理を適用することにより $S_s(L)$ について重ね合わせの原理が成立つことがわかる.

問　題

1. オブザーバブル $u\in\boldsymbol{O}(L)$ と Borel 関数 φ をとり，$v=\varphi\circ u$ とする．φ が $\sigma(u)$ 上で連続ならば，$\sigma(v)=\overline{\varphi(\sigma(u))}$.

2. 論理 L が Boole 束であるとき，L の表現 Boole 空間 X 上の $\mathcal{F}$ 可測関数 f に対し，定理 25.2 によって対応するオブザーバブルを u_f と書くと，任意の Borel 関数 φ に対し $\varphi\circ u_f=u_{\varphi\circ f}$ である.

3. 状態の集合 $S_0\subset S(L)$ が L の順序を決定するとする.

(i) $a\perp b\Leftrightarrow$ すべての $\alpha\in S_0$ に対し $\alpha(a)+\alpha(b)\leqq 1$.

(ii) $aCb\Leftrightarrow$ すべての $\alpha\in S_0$ に対し $\alpha(a)+\alpha(b)-\alpha(a\wedge b)\leqq 1$.

4. 状態の集合 $S_0\subset S(L)$ について，次の 3 条件は同値であり，これらは条件 (28.1) より弱い.

(α) $0\neq a\in L$ ならば $\alpha(a)>0$ となる $\alpha\in S_0$ が存在する.

(β) $a<b$ ならば $\alpha(a)<\alpha(b)$ となる $\alpha\in S_0$ が存在する.

(γ) 任意の $u\in\boldsymbol{O}(L)$ に対し $\bigcup(\mathrm{Supp}P_u{}^{\alpha};\alpha\in S_0)$ の閉包は u のスペクトルと一致する.

5. $S_0\subset S(L)$ が L の順序を決定しているとき，$a,b\in L$ に対し

$$d(a,b)=\sup\{|\alpha(a)-\alpha(b)|;\alpha\in S_0\}$$

は距離の 3 公理（付録 B 7 参照）をみたし，L は距離空間となる．また，S_0 がさらに (28.3) をみたしている場合には，aCb かつ $a\neq b$ ならば $d(a,b)=1$ である.

6. §3 の図 7 の 2 番目に示した 12 元束を L として，例 28.1 と同様の考察をせよ.(原子元 c は L の中心に属している.)

7. S_0 は $S(L)$ の σ 凸部分集合とする．$\alpha \in S_0$ が2値であれば，α は S_0 における純粋状態である．

参考ノート

量子論理の研究は，1936年のBirkhoffとvon Neumannによる論文〔7〕に始まり，次は1957年のMackeyの論文〔33〕に飛ぶが，1960年代にはいって，オーソモジュラー束の研究と並行して多くの研究成果が出されるようになった．〔20〕に載っているGreechieとGudderによる解説でその様子を伺うことができる．

量子力学における，命題，オブザーバブル，状態の公理的な構成法にはいくつかの種類があり，例えばMackeyの本〔34〕をはじめ，Varadarajan〔56〕，Jauch〔25〕，Piron〔48〕達の本をみてもそれぞれに扱い方が異なっているが，本書では，主として〔56〕に従って解説を試みた．しかし，〔56〕では状態に関する議論が不十分と思われたので，§27の後半以後，次章の標準量子論理との関連を考えながら，新しい考察をいくつか加えてみた．

なお，非古典論理については〔54〕を参考にした．

第7章
標準量子論理

前章で述べたように，量子論理はBoole束でないσ完備オーソモジュラー束であるが，その中で代表的なものは，Hilbert空間Xの閉部分空間全体の作る束$L_c(X)$である．この章では，この論理$L_c(X)$にともなうオブザーバブルと状態について考察するが，ここで重要な役割を演ずるのは，Hilbert空間X上の線形作用素の理論である．

§30.　オブザーバブルより生ずる測度

定義 30.1.　Hilbert空間X（係数体$\boldsymbol{K}$は$\boldsymbol{R}$または$\boldsymbol{C}$とする）については§18で述べたが，Xの閉部分空間全体が包含関係を順序として作る束$L_c(X)$は既約，完備かつ原子的なオーソモジュラー束であって，Xの次元（付録E1参照）が1の場合を除いてはBoole束でない．通常，Xが可算無限次元の場合に$L_c(X)$は標準量子論理と呼ばれているが，ここでは次元が有限および非可算無限のときも含めて，Xの次元が2以上の場合，$L_c(X)$を**標準量子論理**と呼ぶことにする．§19で示したように，$L_c(X)$の元MにXにおけるM上への射影作用素P_Mを対応させれば，これにより$L_c(X)$は射影作用素全体の束$P(\boldsymbol{B}(X))$と同形である．ここで$\boldsymbol{B}(X)$はX上の有界線形作用素全体の作るBaer $*$環で，$P_1, P_2 \in P(\boldsymbol{B}(X))$について，$P_1 \leqq P_2$は$P_1P_2=P_1$で定義され，$P_1{}^{\perp}=I-P_1$で，$P_1 \perp P_2$は$P_1P_2=O$と同値である．

以下，$P(\boldsymbol{B}(X))$を標準量子論理と考える．また，Xの次元を**標準量子論理の次元**という．

補題 30.1.　Hilbert空間Xにおける射影作用素の列$\{P_n; n=1, 2, \cdots\}$が直交系である（$m \neq n$ならば$P_mP_n=O$）とし，$P=\vee_{n=1}^{\infty}P_n$とおく．

(i)　$\lim_{n\to\infty}\sum_{i=1}^{n}P_ix=Px \quad (x \in X)$.

(ii)　$\sum_{n=1}^{\infty}\|P_nx\|^2=\|Px\|^2 \quad (x \in X)$.

証明. $P_n x = y_n$, $\sum_{i=1}^n y_i = z_n$ とおくとき, $\{y_n\}$ は X における直交系であるから

$$\|z_n\|^2 = \langle z_n, z_n\rangle = \sum_{i=1}^n \langle y_i, y_i\rangle = \sum_{i=1}^n \|y_i\|^2.$$

さらに, $\sum_{i=1}^n P_i$ はまた $\boldsymbol{B}(X)$ の射影元, すなわち射影作用素であるから

$$\|z_n\| = \|(\sum_{i=1}^n P_i)x\| \leqq \|x\|.$$

よって, $\sum_{n=1}^\infty \|y_n\|^2 \leqq \|x\|^2$ となるから, $m > n$ のとき

$$\|z_m - z_n\|^2 = \|\sum_{i=n+1}^m y_i\|^2 = \sum_{i=n+1}^m \|y_i\|^2 \to 0 \quad (m, n\to\infty).$$

X の完備性より, $z = \lim_{n\to\infty} z_n$ が存在する. このとき, $z = Px$ であることを示そう. $PX = M$ とおけば, $y_n \in P_n X \subset M$ より $z_n \in M$. M は閉集合だから $z \in M$. よって, $x - z \in M^\perp$ を示せばよい. $M = \bigvee_{n=1}^\infty P_n X$ より

$$M^\perp = \bigwedge_{n=1}^\infty (P_n X)^\perp = \bigcap_{n=1}^\infty (P_n X)^\perp.$$

n を固定するとき, 任意の $u \in P_n X$ に対し

$$\langle x, u\rangle = \langle x, P_n u\rangle = \langle P_n x, u\rangle = \langle y_n, u\rangle.$$

一方, $m \geqq n$ ならば $\langle z_m, u\rangle = \sum_{i=1}^m \langle y_i, u\rangle = \langle y_n, u\rangle$ で, $m\to\infty$ とすれば, $\langle z, u\rangle = \langle y_n, u\rangle$. 故に, $\langle x - z, u\rangle = 0$ となって, $x - z \in (P_n X)^\perp$ が成立つ. これより, $x - z \in M^\perp$ だから, $z = Px$ となり, (i)が証明された. また,

$$\|z\|^2 = \lim_{n\to\infty} \|z_n\|^2 = \lim_{n\to\infty} \sum_{i=1}^n \|y_i\|^2 = \sum_{n=1}^\infty \|y_n\|^2$$

より(ii)が成立つ. (証終)

定義 30.2. 標準量子論理 $L = P(\boldsymbol{B}(X))$ にともなうオブザーバブル u は, 定義 24.1 より, Borel 集合体 $\mathcal{B}(\boldsymbol{R})$ から $P(\boldsymbol{B}(X))$ への写像で次の3条件をみたすものである (Hilbert 空間論ではこれを**スペクトル測度**と呼んでいる).

(30.1) $u(\boldsymbol{R}) = I$, $u(\phi) = O$.

(30.2) $A \in \mathcal{B}(\boldsymbol{R})$ に対し $I - u(A) = u(\boldsymbol{R} - A)$.

(30.3) $A_n \in \mathcal{B}(\boldsymbol{R})$ $(n = 1, 2, \cdots)$ が互いに素であるとき

$$u(\bigcup_{n=1}^\infty A_n) = \bigvee_{n=1}^\infty u(A_n).$$

ここで補題 24.1 より $\{u(A_n); n = 1, 2, \cdots\}$ は射影作用素の直交系である.

定理 30.1. オブザーバブル $u \in \boldsymbol{O}(P(\boldsymbol{B}(X)))$ と $x \in X$ をとって

$$\mu^u{}_x(A) = \|u(A)x\|^2 \quad (A \in \mathcal{B}(R))$$

とおけば, $\mu^u{}_x$ は $\boldsymbol{R}$ 上の正測度 (付録 C1 参照) であり,

$$\mu^u{}_x(\boldsymbol{R}) = \|x\|^2, \quad \mathrm{Supp}\, \mu^u{}_x \subset \sigma(u).$$

証明. $0 \leqq \mu^u{}_x(A) < +\infty$ であり, また, (30.1) より $\mu^u{}_x(\boldsymbol{R}) = \|x\|^2$, $\mu^u{}_x(\phi) = 0$.

$A_n\in\mathcal{B}(\boldsymbol{R})$ が互いに素のとき，(30.3) と補題 30.1 の(ii)より

$$\mu^u{}_x(\bigcup_n A_n)=\|(\bigvee_n u(A_n))x\|^2=\sum_n\|u(A_n)x\|^2=\sum_n\mu^u{}_x(A_n).$$

よって，$\mu^u{}_x$ は正測度である．台が $\sigma(u)$ に含まれることは明らか． (証終)

以下，$\boldsymbol{K}=\boldsymbol{C}$，すなわち X は複素 Hilbert 空間とする． 実 Hilbert 空間についても同様のことは成立つ．

補題 30.2. $x,y\in X$ に対し

$$\langle x,y\rangle=\frac{1}{4}(\|x+y\|^2-\|x-y\|^2+i\|x+iy\|^2-i\|x-iy\|^2).$$

証明. $\|x+y\|^2-\|x-y\|^2=2\langle x,y\rangle+2\langle y,x\rangle=4\mathrm{Re}\langle x,y\rangle,$

$\|x+iy\|^2-\|x-iy\|^2=4\mathrm{Re}\langle x,iy\rangle=4\mathrm{Im}\langle x,y\rangle.$ (証終)

定理 30.2. オブザーバブル $u\in\boldsymbol{O}(P(\boldsymbol{B}(X)))$ と $x,y\in X$ をとって

$$\mu^u{}_{\langle x,y\rangle}(A)=\langle u(A)x,y\rangle\quad(A\in\mathcal{B}(\boldsymbol{R}))$$

とおけば，$\mu^u{}_{\langle x,y\rangle}$ は $\boldsymbol{R}$ 上の複素測度（付録 C 2 参照）であり，

$$\mu^u{}_{\langle x,y\rangle}=\frac{1}{4}(\mu^u{}_{x+y}-\mu^u{}_{x-y}+i\mu^u{}_{x+iy}-i\mu^u{}_{x-iy}),\quad \mu^u{}_{\langle x,x\rangle}=\mu^u{}_x.$$

証明. $u(A)x=x'$，$u(A)y=y'$ とおけば，前補題を用いて

$$\begin{aligned}\mu^u{}_{\langle x,y\rangle}(A)&=\langle u(A)x,y\rangle=\langle u(A)x,u(A)y\rangle=\langle x',y'\rangle\\&=\frac{1}{4}(\|x'+y'\|^2-\|x'-y'\|^2+i\|x'+iy'\|^2-i\|x'-iy'\|^2)\\&=\frac{1}{4}(\|u(A)(x+y)\|^2-\|u(A)(x-y)\|^2+i\|u(A)(x+iy)\|^2-i\|u(A)(x-iy)\|^2)\\&=\frac{1}{4}(\mu^u{}_{x+y}(A)-\mu^u{}_{x-y}(A)+i\mu^u{}_{x+iy}(A)-i\mu^u{}_{x-iy}(A)).\end{aligned}$$

定理 30.1 より $\mu^u{}_{\langle x,y\rangle}$ は σ 加法性をもち複素測度である． (証終)

注意 30.1. この定理の複素測度について，次の関係は明らかである．

$$\mu^u{}_{<\alpha x_1+\beta x_2,y>}=\alpha\mu^u{}_{<x_1,y>}+\beta\mu^u{}_{<x_2,y>},$$
$$\mu^u{}_{<x,\alpha y_1+\beta y_2>}=\bar{\alpha}\mu^u{}_{<x,y_1>}+\bar{\beta}\mu^u{}_{<x,y_2>},$$
$$\mu^u{}_{\langle y,x\rangle}=\overline{\mu^u{}_{\langle x,y\rangle}}.$$

複素数値の Borel 関数 f が $\sigma(u)$ 上で有界ならば，$\mu^u{}_x$ について積分可能で，

$$(30.4)\quad \left|\int_R f\mu^u{}_x\right|\leqq\sup\{|f(\lambda)|;\lambda\in\sigma(u)\}\|x\|^2.$$ （付録 C 3，C 4 参照）

また，f は $\mu^u{}_{\langle x,y\rangle}$ についても積分可能であり

$$(30.5)\quad \int_R fd\mu^u{}_{\langle x,y\rangle}=\frac{1}{4}\left(\int_R fd\mu^u{}_{x+y}-\int_R fd\mu^u{}_{x-y}+i\int_R fd\mu^u{}_{x+iy}-i\int_R fd\mu^u{}_{x-iy}\right),$$

(30.6)　$\displaystyle\int_R fd\mu^u{}_{\langle y,x\rangle}=\overline{\int_R \bar{f}d\mu^u{}_{\langle x,y\rangle}}.$　(付録C5参照)

定理 30.3.　$u\in \boldsymbol{O}(P(\boldsymbol{B}(X)))$ と $x,y\in X$ と $A\in\mathscr{B}(\boldsymbol{R})$ をとるとき，$\mu^u{}_{\langle x,u(A)y\rangle}$ は $\mu^u{}_{\langle x,y\rangle}$ を A 上に制限したものである．すなわち，

$$\mu^u{}_{\langle x,u(A)y\rangle}(B)=\mu^u{}_{\langle x,y\rangle}(A\cap B)\quad(B\in\mathscr{B}(\boldsymbol{R})).$$

これより，$\sigma(u)$ 上で有界なBorel関数（複素数値）に対し

$$\int_R fd\mu^u{}_{\langle x,u(A)y\rangle}=\int_A fd\mu^u{}_{\langle x,y\rangle}.$$

証明.　定理24.2の系より2つの射影作用素 $u(A),u(B)$ は可換であるから，$u(A)u(B)=u(A)\wedge u(B)=u(A\cap B)$．よって，

$$\begin{aligned}\mu^u{}_{\langle x,u(A)y\rangle}(B)&=\langle u(B)x,u(A)y\rangle=\langle u(A)u(B)x,y\rangle=\langle u(A\cap B)x,y\rangle\\&=\mu^u{}_{\langle x,y\rangle}(A\cap B).\end{aligned}$$

（証終）

§31.　オブザーバブルとBorel関数より定まる線形作用素

定理 31.1.　オブザーバブル $u\in(P(\boldsymbol{B}(X)))$ と，そのスペクトル $\sigma(u)$ 上で有界なBorel関数 f をとるとき，次の式をみたす有界線形作用素 $T\in\boldsymbol{B}(X)$ がただ1つ存在する．

(31.1)　$\displaystyle\langle Tx,y\rangle=\int_R fd\mu^u{}_{\langle x,y\rangle}\quad(x,y\in X).$

このとき，$T=\displaystyle\int_R fd\mu^u$ と書く．

証明.　(31.1)の右辺を $\varphi(x,y)$ とおくとき，注意30.1のはじめの2式より，φ は X 上の双線形汎関数（付録F4参照）である．よって，補題30.2と同様にして次の式が証明される．

$$\varphi(x,y)=4^{-1}(\varphi(x+y,x+y)-\varphi(x-y,\ x-y)+i\varphi(x+iy,\ x+iy)-i\varphi(x-iy,\ x-iy)).$$

そこで $\sup\{|f(\lambda)|;\lambda\in\sigma(u)\}=c$ とおけば，(30.4)により

$$|\varphi(x+y,x+y)|=\left|\int_R fd\mu^u{}_{x+y}\right|\leqq c\|x+y\|^2.$$

他の3項についても同様であるから，$\|x\|\leqq1$，$\|y\|\leqq1$ のとき

$$\begin{aligned}|\varphi(x,y)|&\leqq4^{-1}c(\|x+y\|^2+\|x-y\|^2+\|x+iy\|^2+\|x-iy\|^2)\\&=2^{-1}c(\|x\|^2+\|y\|^2+\|x\|^2+\|iy\|^2)\leqq2c.\end{aligned}$$

よって φ は有界で，$\varphi(x,y)=\langle Tx,y\rangle$ となる $T\in\boldsymbol{B}(X)$ がただ1つ存在する（付録F4参照）．

（証終）

前節では，オブザーバブルが Hilbert 空間論でスペクトル測度と呼ばれるものであることを述べたが，この定理の有界線形作用素 T はこのスペクトル測度による f の**スペクトル積分**と呼ばれるものである．

注意 31.1. $\boldsymbol{R}$ の可算無限部分集合 $D=\{\lambda_n\}$ をとり，$\{P_n; n=1,2,\cdots\}$ は射影作用素の直交系で $\bigvee_{n=1}^{\infty}P_n=I$ とする．定理 24.3 より $u(\{\lambda_n\})=P_n$ となるようなオブザーバブル u が作れるが，このときは $\sigma(u)$ 上で有界な Borel 関数 f のスペクトル積分 T は次のように級数で表示される．

$$\langle Tx, y\rangle=\sum_{n=1}^{\infty}f(\lambda_n)\langle P_n x, y\rangle \quad (x, y\in X).$$

定理 31.2. $u\in \boldsymbol{O}(P(\boldsymbol{B}(X)))$ とし，$\sigma(u)$ 上で有界な Borel 関数 f, g をとって，$T=\int_R f d\mu^u$，$S=\int_R g d\mu^u$ とする．

(i) $T+S=\int_R (f+g)\,d\mu^u$，$\alpha T=\int_R \alpha f d\mu^u$.

(ii) $T^*=\int_R \bar{f} d\mu^u$. これより，$f$ が実数値ならば $T^*=T$.

(iii) $TS=ST=\int_R fg d\mu^u$. これより，$T^n=\int_R f^n d\mu^u$ $(n=1,2,\cdots)$.

証明． (i)は明らかであり，(ii)は (30.6) により

$$\int_R \bar{f} d\mu^u{}_{\langle x,y\rangle}=\overline{\int_R f d\mu^u{}_{\langle y,x\rangle}}=\overline{\langle Ty, x\rangle}=\langle x, Ty\rangle=\langle T^*x, y\rangle.$$

(iii) $\nu=\mu^u{}_{\langle Sx,y\rangle}$ とおくとき，任意の $A\in\mathcal{B}(R)$ に対し，定理 30.3 より

$$\nu(A)=\langle u(A)Sx, y\rangle=\langle Sx, u(A)y\rangle=\int_R g d\mu^u{}_{\langle x, u(A)y\rangle}=\int_A g d\mu^u{}_{\langle x,y\rangle}$$

であるから，

$$\langle TSx, y\rangle=\int_R f d\nu=\int_R fg d\mu^u{}_{\langle x,y\rangle}.$$

同様に，$\langle STx, y\rangle=\int_R gf d\mu^u{}_{\langle x,y\rangle}$.　(証終)

定義 31.1. オブザーバブル $u\in \boldsymbol{O}(P(\boldsymbol{B}(X)))$ のスペクトル $\sigma(u)$ が有界集合のとき，Borel 関数 $f(\lambda)\equiv\lambda$ は $\sigma(u)$ 上で有界だから，定理 31.1 より $T=\int_R f d\mu^u\in \boldsymbol{B}(X)$ が定まる．これを

$$(31.2)\quad T=\int_R \lambda d\mu^u(\lambda)$$

と書く．前定理の(ii)より T は自己共役作用素 $(T^*=T)$ である．また，前定

理の(iii)より $T^n=\int_R \lambda^n d\mu^u(\lambda)$ $(n=1,2,\cdots)$ であり，$T^0=I$ とおけば，この式は $n=0$ でも成立つ．よって，任意の多項式 $p(\lambda)$（係数は複素数でよい）に対して

(31.3)　$p(T)=\int_R p(\lambda)\,d\mu^u(\lambda)$.

定理 31.3. スペクトルが有界な $u\in \boldsymbol{O}(P(\boldsymbol{B}(X)))$ に対し，$T=\int_R \lambda d\mu^u$ とする．実数 λ が $\sigma(u)$ に属するための必要十分条件は，$\lambda I-T$ が可逆でない，すなわち $(\lambda I-T)S=S(\lambda I-T)=I$ となる $S\in \boldsymbol{B}(X)$ が存在しないことである．

証明. $\lambda I-T$ は自己共役作用素であるから，これが可逆であるための必要十分条件は，

すべての $x\in X$ に対し $\|(\lambda I-T)x\|\geqq c\|x\|$

となるような $c>0$ が存在することである（付録 F2，G2 参照）．

$\lambda_0\in\sigma(u)$ とする．任意の $c>0$ に対し $G_c=\left(\lambda_0-\dfrac{c}{2},\ \lambda_0+\dfrac{c}{2}\right)$ とおけば，これは $\boldsymbol{R}-\sigma(u)$ に含まれないから $u(G_c)\neq 0$. よって，$u(G_c)X$ に属する 0 でない $x_c\in X$ が存在する．$u(G_c)x_c=x_c$ より

$$\mu^u{}_{x_c}(\boldsymbol{R}-G_c)=\|u(\boldsymbol{R}-G_c)x_c\|^2=\|(I-u(G_c))x_c\|^2=0.$$

しかるに，(31.3) より $(\lambda_0 I-T)^2=\int_R(\lambda_0-\lambda)^2 d\mu^u(\lambda)$ であるから，

$$\|(\lambda_0 I-T)x_c\|^2=\langle(\lambda_0 I-T)^2x_c,\ x_c\rangle=\int_R(\lambda_0-\lambda)^2 d\mu^u{}_{x_c}(\lambda)$$
$$=\int_{G_c}(\lambda_0-\lambda)^2 d\mu^u{}_{x_c}(\lambda)\leqq\left(\frac{c}{2}\right)^2\mu^u{}_{x_c}(\boldsymbol{R})<c^2\|x_c\|^2.$$

よって，$\lambda_0 I-T$ は可逆でない．

$\lambda_0\notin\sigma(u)$ とする．$\sigma(u)$ は閉集合だから，$c>0$ を十分小さくとれば，

$$(\lambda_0-c,\ \lambda_0+c)\cap\sigma(u)=\phi.$$

任意の $x\in X$ に対し，定理 30.1 より $\mathrm{Supp}\,\mu^u{}_x\subset\sigma(u)$ であるから，

$$\|(\lambda_0 I-T)x\|^2=\int_R(\lambda_0-\lambda)^2 d\mu^u{}_x(\lambda)=\int_{\sigma(u)}(\lambda_0-\lambda)^2 d\mu^u{}_x(\lambda)$$
$$\geqq c^2\int_{\sigma(u)} d\mu^u{}_x(\lambda)=c^2\mu^u{}_x(\boldsymbol{R})=c^2\|x\|^2.$$

よって，$\lambda_0 I-T$ は可逆である．　　　　（証終）

Hilbert 空間論において，$T\in\boldsymbol{B}(X)$ に対して

$$\sigma(T)=\{\lambda\in\boldsymbol{C};\ \lambda I-T\ が可逆でない\}$$

を T の**スペクトル**と呼ぶが，T が自己共役のとき $\sigma(T)\subset\boldsymbol{R}$ であり，上の定理

はuとTのスペクトルが一致することを示している（付録G1, G2参照）．

§32.　オブザーバブルと自己共役作用素との対応

前節で示したように，スペクトルが有界であるようなオブザーバブルuに対し，$T=\int_R \lambda d\mu^u(\lambda)$ は自己共役な有界線形作用素であるが，逆に，自己共役なTに対して上式をみたすオブザーバブルuが存在することをこの節で証明する．これは，Hilbert空間論で自己共役作用素の**スペクトル表示**，または**スペクトル分解**と呼ばれる定理に外ならない．

定義 32.1.　$\boldsymbol{R}$の有界閉集合Fをとり，その上の複素数値連続関数全体の作る線形空間を$\mathcal{C}(F)$と書く．$f\in\mathcal{C}(F)$に対し

$$\|f\|=\sup\{|f(\lambda)|\,;\ \lambda\in F\}$$

とおけば，$\mathcal{C}(F)$はこれをノルムとしてBanach空間である．ここでは，$\mathcal{C}(F)$についてよく知られた次の2つの定理を利用する（通常は実数値連続関数についての定理として書かれているが，複素数値の場合にも簡単に拡張できる）．

Weierstrassの定理．$f\in\mathcal{C}(F)$をとるとき，任意の$\varepsilon>0$に対して複素係数の多項式$p(\lambda)$で$\sup\{|f(\lambda)-p(\lambda)|;\ \lambda\in F\}<\varepsilon$となるものが存在する．すなわち，多項式で表される関数の全体は$\mathcal{C}(F)$で稠密である．

Rieszの定理．$\mathcal{C}(F)$上の有界線形汎関数Λに対し，F上の複素測度μで次の条件をみたすものがただ1つ存在する．

(32.1)　すべての$f\in\mathcal{C}(F)$に対し　$\int_F f d\mu=\Lambda(f)$．

（証明は省略する．例えばRieszの定理については，溝畑茂著，ルベーグ積分，岩波全書265の附録を参照のこと．）

補題 32.1.　$\boldsymbol{R}$の有界閉集合Fの上の2つの複素測度μ,νをとるとき，すべての多項式$p(\lambda)$に対して　$\int_F p d\mu=\int_F p d\nu$ならば$\mu=\nu$である．

証明．　Weierstrassの定理より，すべての$f\in\mathcal{C}(F)$に対し$\int_F f d\mu=\int_F f d\nu$となるから，Rieszの定理の一意性より$\mu=\nu$である．　（証終）

定理 32.1.　$T\in\mathscr{B}(X)$が自己共役であるとき，オブザーバブル$u\in\boldsymbol{O}(P$

$(\boldsymbol{B}(X)))$ で $T=\int_R \lambda d\mu^u(\lambda)$ をみたすものがただ1つ存在する.

証明 (i) T のスペクトル $F=\sigma(T)$ は $\boldsymbol{R}$ に含まれる有界閉集合である(付録G1,G2参照). $x,y\in X$ を任意にとって固定するとき, F 上の複素測度 $\mu_{\langle x,y\rangle}$ で, 次の条件をみたすものが存在することを示そう.

(32.2)　すべての多項式 p に対し $\int_F p d\mu_{\langle x,y\rangle}=\langle p(T)x,y\rangle$.

$\mathcal{C}(F)$ において, 多項式全体の作る部分空間 $\mathcal{M}$ は Weierstrass の定理より稠密である. $\Lambda(p)=\langle p(T)x,y\rangle$ とおけば, Λ は $\mathcal{M}$ 上の線形汎関数で

$$|\Lambda(p)|\leqq\|p(T)\|\cdot\|x\|\cdot\|y\|=\|x\|\cdot\|y\|\cdot\sup\{|p(\lambda)|;\lambda\in F\}$$

である (付録G3参照) から, Λ は有界すなわち連続である. よって, Λ は $\mathcal{C}(F)$ 上の有界線形汎関数に拡張されるから, Riesz の定理により, (32.2) をみたす複素測度 $\mu_{\langle x,y\rangle}$ が存在する. ここで明らかに

(32.3)　$\left|\int_F f d\mu_{\langle x,y\rangle}\right|\leqq\|x\|\cdot\|y\|\cdot\|f\|\ (f\in\mathcal{C}(F))$.

(ii)　次に, $A\in\mathcal{B}(\boldsymbol{R})$ (ただし $A\subset F$) を任意にとり固定して

$$\varphi_A(x,y)=\mu_{\langle x,y\rangle}(A)\ \ (x,y\in X)$$

とおくとき, φ_A は双線形であることを示そう. すべての多項式 p に対し

$$\int_F p d\mu_{<x_1,y>}+\int_F p d\mu_{<x_2,y>}=\langle p(T)x_1,y\rangle+\langle p(T)x_2,y\rangle=\langle p(T)(x_1+x_2),y\rangle$$

$$=\int_F p d\mu_{<x_1+x_2,y>}$$

だから, 補題32.1より $\mu_{<x_1,y>}+\mu_{<x_2,y>}=\mu_{<x_1+x_2,y>}$ であり, また同様にして $\mu_{\langle\alpha x,y\rangle}=\alpha\mu_{<x,y>}$ も示される. さらに, $\bar{p}(T)=p(T)^*$ より

$$\int_F p d\mu_{\langle y,x\rangle}=\langle p(T)y,x\rangle=\langle y,\bar{p}(T)x\rangle=\overline{\langle\bar{p}(T)x,y\rangle}$$

$$=\overline{\int_F \bar{p} d\mu_{\langle x,y\rangle}}=\int_F p d\overline{\mu_{\langle x,y\rangle}}$$

であるから, $\mu_{\langle y,x\rangle}=\overline{\mu_{\langle x,y\rangle}}$. 故に, φ_A は双線形で次の性質をもつ.

(32.4)　$\varphi_A(x,y)=\overline{\varphi_A(y,x)}\ \ (x,y\in X)$.

また, (32.3) より $|\varphi_A(x,y)|=\left|\int_F \chi_A d\mu_{\langle x,y\rangle}\right|\leqq\|x\|\cdot\|y\|$ が証明されるから, φ_A は有界となり, したがって $P_A\in\mathcal{B}(X)$ が存在して

(32.5)　$\langle P_A x,y\rangle=\varphi_A(x,y)=\mu_{\langle x,y\rangle}(A)\ \ (x,y\in X)$.

ここで (32.4) より $\langle P_A x,y\rangle=\langle x,P_A y\rangle$ となり, P_A は自己共役である.

(iii)　F に含まれる $A,A'\in\mathcal{B}(\boldsymbol{R})$ に対して, $P_{A\cap A'}=P_AP_{A'}$ を示す. 多項式 p を任意にとって固定し, $\nu(A)=\int_A p d\mu_{\langle x,y\rangle}$ とおけば, ν は F 上の複素測度であり, 任意の多項式 q に対して

$$\int_F q d\nu=\int_F q\cdot p d\mu_{\langle x,y\rangle}=\langle p(T)q(T)x,y\rangle=\langle q(T)x,\bar{p}(T)y\rangle$$

$$= \int_F q d\mu_{\langle x, \bar{p}(T)y\rangle}.$$

よって，補題 32.1 より $\nu = \mu_{\langle x, \bar{p}(T)y\rangle}$ であり，(32.5) によって

$$\int_A p d\mu_{\langle x,y\rangle} = \mu_{\langle x, \bar{p}(T)y\rangle}(A) = \langle P_A x, \bar{p}(T)x\rangle.$$

次に，A' を固定して $\nu'(A) = \mu_{\langle x,y\rangle}(A \cap A')$ とおけば，上式より

$$\int_F p d\nu' = \int_{A'} p d\mu_{\langle x,y\rangle} = \langle P_{A'}x, \bar{p}(T)y\rangle = \langle p(T)P_{A'}x, y\rangle = \int_F p d\mu_{<P_{A'}x,y>}.$$

これが任意の p で成立つから，$\nu' = \mu_{<P_{A'}x,y>}$ であり，

$$\langle P_{A\cap A'}x, y\rangle = \mu_{\langle x,y\rangle}(A\cap A') = \mu_{<P_{A'}x,y>}(A) = \langle P_A P_{A'}x, y\rangle.$$

この式はすべての x, y について成立つから，$P_{A\cap A'} = P_A P_{A'}$.

(iv) (iii)の結果で $A = A'$ とすれば，$P_A{}^2 = P_A$ であるから，$P_A \in P(\boldsymbol{B}(X))$. そこで

$$u(A) = P_{A\cap F} \quad (A \in \mathcal{B}(\boldsymbol{R}))$$

とおいて，u がオブザーバブルであることを示す．(32.5) より $\langle u(A)x, y\rangle = \mu_{\langle x,y\rangle}(A\cap F)$ であるから，(32.2) より

$$\langle u(\boldsymbol{R})x, y\rangle = \mu_{\langle x,y\rangle}(F) = \int_F 1 d\mu_{\langle x,y\rangle} = \langle x, y\rangle$$

となって，$u(\boldsymbol{R}) = I$. また，$u(\phi) = O$ も明らか．$A \cap A' = \phi$ ならば，(iii)より

$$u(A)u(A') = P_{A\cap F}P_{A'\cap F} = P_{A\cap A'\cap F} = P_\phi = O$$

であるから，$u(A) \perp u(A')$. さらに，$A_n \in \mathcal{B}(\boldsymbol{R})$ $(n = 1, 2, \cdots)$ が互いに素であるとき，$A = \bigcup_n A_n$ とおけば，

$$\langle u(A)x, y\rangle = \mu_{\langle x,y\rangle}(A\cap F) = \sum_n \mu_{\langle x,y\rangle}(A_n \cap F) = \sum_n \langle u(A_n)x, y\rangle.$$

しかるに，$\{u(A_n); n = 1, 2, \cdots\}$ は直交系であるから，補題 30.1 より

$$\text{すべての } x \in X \text{ に対し } \sum_n \|u(A_n)x\|^2 = \|\bigvee_n u(A_n)x\|^2$$

であり，これと補題 30.2 を用いれば，

$$\sum_n \langle u(A_n)x, y\rangle = \sum_n \langle u(A_n)x, u(A_n)y\rangle = \langle \bigvee_n u(A_n)x, \bigvee_n u(A_n)y\rangle = \langle \bigvee_n u(A_n)x, y\rangle.$$

よって，$u(A) = \bigvee_n u(A_n)$ である．以上より，u はオブザーバブルであり，

$$\mu^u{}_{\langle x,y\rangle}(A) = \langle u(A)x, y\rangle = \mu_{\langle x,y\rangle}(A\cap F)$$

であるから，(32.2) より

$$\int_R \lambda d\mu^u{}_{\langle x,y\rangle}(\lambda) = \int_F \lambda d\mu_{\langle x,y\rangle}(\lambda) = \langle Tx, y\rangle.$$

よって，u が求めるものである．

(v) 2つのオブザーバブル u, v に対して，$T = \int_R \lambda d\mu^u(\lambda) = \int_R \lambda d\mu^v(\lambda)$ とすれば，定理 31.3 より $\sigma(u) = \sigma(v) = \sigma(T)$ であり，$\mu^u{}_{\langle x,y\rangle}$，$\mu^v{}_{\langle x,y\rangle}$ はともに台が $\sigma(T)$ に含まれて，すべての多項式 p に対し

$$\int_{\sigma(T)} p d\mu^u{}_{\langle x,y\rangle} = \langle p(T)x, y\rangle = \int_{\sigma(T)} p d\mu^v{}_{\langle x,y\rangle}$$

であるから，$\mu^u{}_{\langle x,y\rangle} = \mu^v{}_{\langle x,y\rangle}$. よって，任意の $A \in \mathcal{B}(\boldsymbol{R})$ に対し

$$\langle u(A)x, y\rangle = \mu^{u}{}_{\langle x,y\rangle}(A) = \mu^{v}{}_{\langle x,y\rangle}(A) = \langle v(A)x, y\rangle$$

となるから $u(A)=v(A)$.　　(証終)

この定理より，標準量子論理では，スペクトルが有界なオブザーバブル全体と自己共役な有界線形作用素全体との間に1対1対応が存在することがわかった．なお，非有界線形作用素の理論を用いれば，この結果をスペクトルが有界でないオブザーバブルに拡張することも可能である．

定理 32.2. 自己共役な作用素 $T\in \boldsymbol{B}(X)$ に対応するオブザーバブルを u とする $\left(T=\int_{R}\lambda d\mu^{u}(\lambda)\right)$. $S\in \boldsymbol{B}(X)$ が T と可換であるための必要十分条件は，すべての $A\in \mathcal{B}(\boldsymbol{R})$ に対し S と $u(A)$ が可換となることである．

証明. $ST=TS$ ならば．任意の多項式 p に対し

$$\int_{R} p d\mu^{u}{}_{\langle Sx,y\rangle} = \langle p(T)Sx, y\rangle = \langle Sp(T)x, y\rangle = \langle p(T)x,\ S^{*}y\rangle = \int_{R} p d\mu^{u}{}_{\langle x,S^{*}y\rangle}$$

であるから，$\mu^{u}{}_{\langle Sx,y\rangle}=\mu^{u}{}_{\langle x,S^{*}y\rangle}$ となり，任意の $A\in \mathcal{B}(\boldsymbol{R})$ に対して，

$$\langle u(A)Sx, y\rangle = \mu^{u}{}_{\langle Sx,y\rangle}(A) = \mu^{u}{}_{\langle x,S^{*}y\rangle}(A) = \langle u(A)x,\ S^{*}y\rangle = \langle Su(A)x, y\rangle.$$

よって，$u(A)S=Su(A)$ である．

逆に，$u(A)S=Su(A)$ がすべての $A\in \mathcal{B}(\boldsymbol{R})$ について成立てば，$\mu^{u}{}_{\langle Sx,y\rangle}=\mu^{u}{}_{\langle x,S^{*}y\rangle}$ であるから，

$$\langle TSx, y\rangle = \int_{R}\lambda d\mu^{u}{}_{\langle Sx,y\rangle}(\lambda) = \int_{R}\lambda d\mu^{u}{}_{\langle x,S^{*}y\rangle}(\lambda) = \langle Tx, S^{*}y\rangle = \langle STx, y\rangle.$$

よって，$TS=ST$.　　(証終)

系. 2つのオブザーバブル $u,v\in \boldsymbol{O}(P(\boldsymbol{B}(X)))$ のスペクトルが有界であるとき，対応する自己共役作用素を T,S とすれば，u と v が同時観測可能（定義 26.3）であるための必要十分条件は，$TS=ST$ である．

証明. 同時観測可能とは，すべての $A,B\in \mathcal{B}(\boldsymbol{R})$ に対し，$u(A)Cv(B)$，すなわち $u(A)v(B)=v(B)u(A)$ となることである．定理より，これは

$$\text{すべての } B\in \mathcal{B}(\boldsymbol{R}) \text{ に対し } Tv(B)=v(B)T$$

と同値であり，さらに $TS=ST$ と同値となる．　　(証終)

注意 32.1. 自己共役作用素 $T\in \boldsymbol{B}(X)$ に対応するオブザーバブルを u とする．このとき，$\sigma(T)=\sigma(u)$ の上で有界な Borel 関数 φ に対し，定理 31.1 より有界線形作用素 $\int_{R}\varphi d\mu^{u}$ が定まる．これを $\varphi(T)$ と書く．φ が実数値ならば $\varphi(T)$ は自己共役であるが，これに対応するオブザーバブルは $v=\varphi\circ u$（定義 24.4）である．実際，任意の $A\in \mathcal{B}(\boldsymbol{R})$ に対し，その定義関数 χ_{A} をとれば，$v(A)=u(\varphi^{-1}(A))$ より

$$\int_R \chi_A d\mu^v{}_{\langle x,y\rangle} = \mu^v{}_{\langle x,y\rangle}(A) = \mu^u{}_{\langle x,y\rangle}(\varphi^{-1}(A)) = \int_R \chi_A \circ \varphi d\mu^u{}_{\langle x,y\rangle}.$$

よって，$\overline{\varphi(\sigma(u))}$ $(\supset\sigma(v))$ の上で有界なBorel関数 f に対して，$\int_R f d\mu^v{}_{\langle x,y\rangle} = \int_R f\circ\varphi d\mu^u{}_{\langle x,y\rangle}$ であることが証明され，とくに $f(\lambda)\equiv\lambda$ とすれば，

$$\int_R \lambda d\mu^v{}_{\langle x,y\rangle}(\lambda) = \int_R \varphi(\lambda) d\mu^u{}_{\langle x,y\rangle}(\lambda) = \langle\varphi(T)x, y\rangle.$$

よって，$\varphi\circ u$ は $\varphi(T)$ に対応する．

§33.　原子元を台とする状態

標準量子論理 $P(\boldsymbol{B}(X))$ にともなうものとして，前節まではオブザーバブルについて述べたが，この節以後は状態について考察する．ここでHilbert空間 X の係数体 $\boldsymbol{K}$ は $\boldsymbol{R}, \boldsymbol{C}$ のどちらでもよい．状態 α は定義27.4より $P(\boldsymbol{B}(X))$ の上の確率測度であるが，まずその特別なものを調べる．

定理 33.1.　Hilbert空間 X の元 x で $\|x\|=1$ となるものをとって

(33.1)　$\alpha_x(P) = \|Px\|^2$　$(P\in P(\boldsymbol{B}(X)))$

とおけば，α_x は $P(\boldsymbol{B}(X))$ の上の確率測度，すなわち状態である．

証明.　$0\leqq\alpha_x(P)\leqq 1$，$\alpha_x(I)=1$，$\alpha_x(O)=0$ は明らか．$\{P_n\}$ が直交系のとき，$P=\bigvee_n P_n$ とおけば，補題30.1より

$$\sum_n \alpha_x(P_n) = \sum_n \|P_n x\|^2 = \|Px\|^2 = \alpha_x(P)$$

となるから，α_x は確率測度である．　（証終）

系.　標準量子論理 $P(\boldsymbol{B}(X))$ の原子元 Q をとる（すなわち，Q は QX が1次元部分空間となる射影作用素）．$x\in QX$ で $\|x\|=1$ となるものをとるとき，前定理の α_x は x のとり方に無関係に定まり，これを α_Q とおけば，α_Q は Q を台とする状態である．

証明.　$x_1, x_2\in QX$，$\|x_1\|=\|x_2\|=1$ ならば，$|\lambda|=1$ となる $\lambda\in\boldsymbol{K}$ が存在して $x_1=\lambda x_2$ と書けるから，$\|Px_1\|=\|Px_2\|$ となり，よって，$\alpha_{x_1}=\alpha_{x_2}$．また，

$$\alpha_Q(P)=0 \Longleftrightarrow Px=0 \Longleftrightarrow P(QX)=\{0\} \Longleftrightarrow P\perp Q$$

であるから，Q は α_Q の台である．　（証終）

この系より，標準量子論理は定理28.1の条件(28.7)をみたしている．よって，有限または可算無限個の原子元 $\{Q_\nu\}$ をとって $\sum_\nu c_\nu\alpha_{Q_\nu}$ $(c_\nu>0,\ \sum_\nu c_\nu=1)$ と表される状態の全体を $\boldsymbol{S}_0$ とおくとき，$\boldsymbol{S}_0$ は正則な状態空間であり，$\boldsymbol{S}_0$ に

おける純粋状態の全体 $\boldsymbol{P}(\boldsymbol{S}_0)$ は $\{\alpha_Q;\ Q$ は $P(\boldsymbol{B}(X))$ の原子元$\}$ である．

次に，定理 29.3 を適用すれば，標準量子論理では，$\boldsymbol{S}_0$ について重ね合わせの原理が成立っている．より具体的に述べると，$\boldsymbol{S}_0$ の純粋状態 α_{Q_0} が $\{\alpha_{Q_\nu}\}$ $(\subset \boldsymbol{P}(\boldsymbol{S}_0))$ の重ね合わせであることは $Q_0 \leqq \vee_\nu Q_\nu$ と同値であり，各 $P \in P(\boldsymbol{B}(X))$ に対し，重ね合わせで閉じた集合 $\boldsymbol{M}_P = \{\alpha_Q;\ Q \leqq P\}$ が対応している．また，(33.1) の形の状態について述べれば，α_{x_0} が $\{\alpha_{x_\nu}\}$ の重ね合わせであることは $\boldsymbol{x}_0$ が $\{x_\nu\}$ から生成される閉部分空間に属することと同値である．

この章の最後の節では，$\boldsymbol{S}_0$ が実は台をもつ状態の全体 $\boldsymbol{S}_s$ と一致することが証明される（ただし，X が 2 次元の場合を除く）．

§34.　状態と von Neumann 作用素との対応

ここでは，前節の状態空間 $\boldsymbol{S}_0$ の元 $\alpha = \sum_\nu c_\nu \alpha_{Q_\nu}$ に有界線形作用素 $T = \sum_\nu c_\nu Q_\nu$ を対応させて，T がどのような特性をもつ作用素であるか，また，α が T でどのように表示されるかを考える．

定理 34.1.　$T \in \boldsymbol{B}(X)$ に対し，X の完全正規直交系 $\{e_\mu;\ \mu \in I\}$（付録 E1 参照）をとって

(34.1)　$\|T\|_H = (\sum_{\mu\in I} \|Te_\mu\|^2)^{1/2}$（付録 E 3 参照）

とおく．この値は完全正規直交性のとり方に無関係に定まって，

(34.2)　$\|T\|_H = \|T^*\|_H = (\sum_{\mu,\nu\in I} |\langle Te_\mu, e_\nu\rangle|^2)^{1/2}$.

証明.　$\{e_\mu';\ \mu \in I\}$ も完全正規直交系とすれば，Parseval の等式（付録 E 2 参照）より

$$\sum_{\mu\in I} \|Te_\mu\|^2 = \sum_{\mu\in I}(\sum_{\nu\in I} |\langle Te_\mu,\ e_\nu'\rangle|^2) = \sum_{\nu\in I}(\sum_{\mu\in I} |\langle T^*e_\nu',\ e_\mu\rangle|^2)$$
$$= \sum_{\nu\in I} \|T^*e_\nu'\|^2.$$

とくに，$e_\mu' = e_\mu$ $(\mu \in I)$ とすれば，(34.2) が成立つ．さらに，e_μ と e_ν' を入れかえてみると，(34.2) とあわせて

$$\sum_{\nu\in I} \|Te_\nu'\|^2 = \sum_{\mu\in I} \|T^*e_\mu\|^2 = \sum_{\mu\in I} \|Te_\mu\|^2.$$　（証終）

定義 34.1.　$T \in \boldsymbol{B}(X)$ は，$\|T\|_H < +\infty$ のとき，**Hilbert–Schmidt 作用素**と呼ばれ，その全体を $\boldsymbol{H}(X)$ と書く．$T \in \boldsymbol{H}(X)$ のとき，明らかに $\lambda T \in \boldsymbol{H}(X)$ で $\|\lambda T\|_H = |\lambda| \|T\|_H$．また，$T_1, T_2 \in \boldsymbol{H}(X)$ のとき，$T_1 + T_2 \in \boldsymbol{H}(X)$ で

$$\|T_1 + T_2\|_H \leqq \|T_1\|_H + \|T_2\|_H.$$

実際，$\{e_\mu\}$ を完全正規直交系とすると，

$$(\sum_\mu\|(T_1+T_2)e_\mu\|^2)^{1/2}=(\sum_{\mu,\nu}|\langle(T_1+T_2)e_\mu, e_\nu\rangle|^2)^{1/2}$$
$$\leqq(\sum_{\mu,\nu}|\langle T_1e_\mu, e_\nu\rangle|^2)^{1/2}+(\sum_{\mu,\nu}|\langle T_2e_\mu, e_\nu\rangle|^2)^{1/2}=\|T_1\|_H+\|T_2\|_H.$$

定理 34.2.　$T\in \boldsymbol{H}(X)$ とする．

(i)　$\|T\|\leqq\|T\|_H$.

(ii)　T はコンクパト作用素（付録 F 9 参照）である．

(iii)　任意の $S\in\boldsymbol{B}(X)$ に対して $TS, ST\in\boldsymbol{H}(X)$ で

(34.3)　$\|TS\|_H,\ \|ST\|_H\leqq\|S\|\|T\|_H$.

証明.　(i)　$\|e\|=1$ のとき，e を含む完全正規直交系 $\{e_\mu\}$ をとれば，

$$\|Te\|^2\leqq\sum_\mu\|Te_\mu\|^2=\|T\|_H{}^2$$

となるから，$\|T\|=\sup\{\|Te\|;\ \|e\|=1\}\leqq\|T\|_H$.

(ii)　$\{e_\mu;\ \mu\in I\}$ を完全正規直交系とする．$\sum_{\mu\in I}\|Te_\mu\|^2<+\infty$ であるから，任意の自然数 n に対して I の有限部分集合 I_n が存在して

$$\sum_{\mu\in I-I_n}\|Te_\mu\|^2<n^{-2}.$$

$T_n\in\boldsymbol{B}(X)$ を次のようにとる．

$$T_ne_\mu=\begin{cases}Te_\mu & (\mu\in I_n \text{ のとき})\\ 0 & (\mu\in I-I_n \text{ のとき}).\end{cases}$$

このとき，T_nX は有限次元，すなわち T_n は退化作用素であって，$\|T-T_n\|_H{}^2=\sum_{\mu\in I-I_n}\|Te_\mu\|^2<n^{-2}$．よって，(i)より

$$\|T-T_n\|\leqq\|T-T_n\|_H<n^{-1}\to 0\ \ (n\to\infty)$$

であるから，T はコンパクト作用素である（付録 F 9 参照）．

(iii)　$\sum_\mu\|STe_\mu\|^2\leqq\|S\|^2\sum_\mu\|Te_\mu\|^2=\|S\|^2\|T\|_H{}^2$

より，$ST\in\boldsymbol{H}(X)$ で $\|ST\|_H\leqq\|S\|\|T\|_H$．また，

$$\|TS\|_H=\|S^*T^*\|_H\leqq\|S^*\|\|T^*\|_H=\|S\|\|T\|_H.$$　（証終）

定理 34.3.　$T_1, T_2\in\boldsymbol{H}(X)$ とする．X の完全正規直交系 $\{e_\mu;\ \mu\in I\}$ に対し

(34.4)　$\langle T_1, T_2\rangle_H=\sum_{\mu\in I}\langle T_1e_\mu, T_2e_\mu\rangle$（付録 E 3 参照）

は $\boldsymbol{K}$ の値で，$\{e_\mu\}$ のとり方に無関係に定まり，次の性質をもつ．

(34.5)　$\langle T_1, T_2{}^*\rangle_H=\langle T_2, T_1{}^*\rangle_H$.

(34.6)　$|\langle T_1, T_2\rangle_H|\leqq\|T_1\|_H\|T_2\|_H$.

証明.　$\boldsymbol{K}=\boldsymbol{C}$ の場合を書く（$\boldsymbol{K}=\boldsymbol{R}$ のときはより簡単である）．各 e_μ に対し

$$\langle T_1e_\mu, T_2e_\mu\rangle=\frac{1}{4}(\|(T_1+T_2)e_\mu\|^2-\|(T_1-T_2)e_\mu\|^2+i\|(T_1+iT_2)e_\mu\|^2-i\|(T_1-iT_2)e_\mu\|^2)$$

であるから，$\langle T_1, T_2\rangle_H$ は $\{e_\mu\}$ に無関係に定まり，

$$\frac{1}{4}(\|T_1+T_2\|_H{}^2-\|T_1-T_2\|_H{}^2+i\|T_1+iT_2\|_H{}^2-i\|T_1-iT_2\|_H{}^2$$

に等しい．さらに，

$$\|T_1\pm T_2{}^*\|_H=\|T_1{}^*\pm T_2\|_H=\|T_2\pm T_1{}^*\|_H,$$
$$\|T_1\pm iT_2{}^*\|_H=\|T_1{}^*\mp iT_2\|_H=\|T_2\pm iT_1{}^*\|_H$$

であるから，(34.5) が成立つ．

また，$\langle T_1, T_2\rangle_H$ が $\boldsymbol{H}(X)$ 上の Hermite 形式（定義 17.2）であることは明らかであるから，(34.6) は補題 18.1 と同じように証明される．　(証終)

定義 34.2.　$T\in\boldsymbol{B}(X)$ に対して $|T|=\sqrt{T^*T}$（付録 F 7 参照）を考えよう．X の完全正規直交系 $\{e_\mu;\ \mu\in I\}$ に対し

(34.7)　$\|T\|_t=\sum_{\mu\in I}\langle|T|e_\mu, e_\mu\rangle$

とおけば，この値は $\{e_\mu\}$ のとり方に無関係に定まる．実際，各 e_μ に対し $\langle|T|e_\mu, e_\mu\rangle=\|\sqrt{|T|}e_\mu\|^2$ だから，この値は $\|\sqrt{|T|}\|_H{}^2$ に等しい．$\|T\|_t<+\infty$（すなわち $\sqrt{|T|}\in\boldsymbol{H}(X)$）のとき，$T$ は**核型作用素**（または**トレースクラスの作用素**）と呼ばれ，その全体を $\boldsymbol{T}(X)$ と書く．

定理 34.4.　$T\in\boldsymbol{B}(X)$ が核型作用素であるための必要十分条件は，2つの $T_1, T_2\in\boldsymbol{H}(X)$ で $T=T_1T_2$ となるものが存在することである．

証明．　必要性．極形式分解（付録 F 8 参照）によって，$T=U|T|=U\sqrt{|T|}\sqrt{|T|}$ と表され，ここで，$T_1=U\sqrt{|T|}$ と $T_2=\sqrt{|T|}$ は $\boldsymbol{H}(X)$ に属する．

十分性．$|T|=U^*T=U^*T_1T_2$ より，各 e_μ に対し $\langle|T|e_\mu, e_\mu\rangle=\langle T_2e_\mu,\ T_1{}^*Ue_\mu\rangle$ だから，$\|T\|_t=\langle T_2,\ T_1{}^*U\rangle_H$ で，これは有限値である．　(証終)

系．　$\boldsymbol{T}(X)\subset\boldsymbol{H}(X)$．また，$T\in\boldsymbol{T}(X)$ のとき，$\lambda T, T^*\in\boldsymbol{T}(X)$ で，さらに任意の $S\in\boldsymbol{B}(X)$ に対し $TS, ST\in\boldsymbol{T}(X)$．

証明．　$T=T_1T_2(T_1, T_2\in\boldsymbol{H}(X))$ のとき，$\lambda T=(\lambda T_1)T_2$，$T^*=T_2{}^*T_1{}^*$，$TS=T_1(T_2S)$，$ST=(ST_1)T_2$ であるから，$\boldsymbol{H}(X)$ の性質と前定理より明らか．　(証終)

なお，核型作用素の例としては退化作用素があげられる．実際 T が退化作用素ならば，$|T|X=U^*(TX)$ は有限次元であるから，それを生成する有限個の正規直交系をとり，それを含む完全正規直交系 $\{e_\mu\}$ を作れば，有限個の

e_μ を除いて $\langle |T|e_\mu, e_\mu\rangle=0$ となって，$\|T\|_t<+\infty$ である．

定義 34.3.　$T\in \boldsymbol{T}(X)$ をとるとき，X の完全正規直交系 $\{e_\mu;\ \mu\in I\}$ に対し

(34.8)　$\mathrm{Tr}(T)=\sum_{\mu\in I}\langle Te_\mu, e_\mu\rangle$

は $\boldsymbol{K}$ の値で，$\{e_\mu\}$ のとり方に無関係に定まる．実際，$T=T_1T_2$，$T_1, T_2\in \boldsymbol{H}(X)$ と書けるから

$$\sum_\mu\langle Te_\mu, e_\mu\rangle=\sum_\mu\langle T_2e_\mu, T_1{}^*e_\mu\rangle=\langle T_2, T_1{}^*\rangle_H.$$

$\mathrm{Tr}(T)$ を T の**トレース**（または跡）という．$T\in \boldsymbol{T}(X)$ のとき，明らかに

(34.9)　$\mathrm{Tr}(\lambda T)=\lambda\mathrm{Tr}(T)$，$\mathrm{Tr}(T^*)=\overline{\mathrm{Tr}(T)}$　($\boldsymbol{K}=\boldsymbol{R}$ のときは$=\mathrm{Tr}(T)$)．

さらに，トレースは次の重要な性質をもつ．

定理 34.5.　$T\in \boldsymbol{T}(X)$ のとき，任意の $S\in \boldsymbol{B}(X)$ に対して

(34.10)　$\mathrm{Tr}(TS)=\mathrm{Tr}(ST)$,

(34.11)　$|\mathrm{Tr}(TS)|\leqq\|S\|\|T\|_t.$

証明.　$T=T_1T_2$，$T_1, T_2\in \boldsymbol{H}(X)$ とするとき，(34.5) を用いて

$\mathrm{Tr}(TS)=\langle T_2S,\ T_1{}^*\rangle_H=\langle T_1,\ S^*T_2{}^*\rangle_H=\langle ST_1, T_2{}^*\rangle_H=\langle T_2,\ T_1{}^*S^*\rangle_H=\mathrm{Tr}(ST).$

次に，$T=U|T|$ より $\mathrm{Tr}(TS)=\langle\sqrt{|T|}S,\ \sqrt{|T|}U^*\rangle_H$ が成立つが，$\|U^*\|\leqq 1$ であるから，(34.6) と (34.3) より

$$|\mathrm{Tr}(TS)|\leqq\|\sqrt{|T|}S\|_H\|\sqrt{|T|}U^*\|_H\leqq\|S\|\|\sqrt{|T|}\|_H{}^2=\|S\|\|T\|_t.$$　（証終）

さらに核型作用素に関する重要な結果として，$\boldsymbol{T}(X)$ が線形空間であり，$\|T\|_t$ はその上のノルムで，これにより $\boldsymbol{T}(X)$ は Banach 空間となることが証明されるが，以下の議論ではそこまで必要としないので省略する．

定義 34.4. 核型作用素 $T\in \boldsymbol{T}(X)$ がさらに $T\geqq O$（付録 F 6 参照）であるとき，**von Neumann 作用素**と呼ばれる．このとき，$|T|=T$ だから

$$\mathrm{Tr}(T)=\|T\|_t=\|\sqrt{T}\|_H{}^2\geqq\|\sqrt{T}\|^2=\|T\|.$$

2 つの作用素 T_1, T_2 が von Neumann 作用素ならば，明らかに T_1+T_2 も同様で，$\mathrm{Tr}(T_1+T_2)=\mathrm{Tr}(T_1)+\mathrm{Tr}(T_2)$ であるが，このことは次の形に一般化される．

定理 34.6.　$T_n\,(n=1, 2, \cdots)$ がすべて von Neumann 作用素で，$\sum_{n=1}^\infty\mathrm{Tr}(T_n)<+\infty$ ならば，$T=\sum_{n=1}^\infty T_n$ も von Neumann 作用素で

(34. 12)　$\mathrm{Tr}(T)=\sum_{n=1}^{\infty}\mathrm{Tr}(T_n)$

である．さらに，任意の$S\in \boldsymbol{B}(X)$ に対して

(34. 13)　$\mathrm{Tr}(TS)=\sum_{n=1}^{\infty}\mathrm{Tr}(T_nS)$．

証明．　$S_n=\sum_{k=1}^{n}T_k$ とおけば，$m>n$ のとき S_m-S_n は von Neumann 作用素で

$$\|S_m-S_n\|\leqq \mathrm{Tr}(S_m-S_n)=\sum_{k=n+1}^{m}\mathrm{Tr}(T_k)$$

だから，$\{S_n\}$ は $\boldsymbol{B}(X)$ における Cauchy 列であり，$T=\lim_{n\to\infty}S_n$ が存在して $T\geqq O$．$\{e_n\}$ を完全正規直交系とすれば，

$$\sum_{\mu}\langle Te_{\mu},e_{\mu}\rangle=\sum_{\mu}(\sum_{n}\langle T_ne_{\mu},e_{\mu}\rangle)=\sum_{n}(\sum_{\mu}\langle T_ne_{\mu},e_{\mu}\rangle)=\sum_{n}\mathrm{Tr}(T_n)<+\infty$$

であるから，$T\in \boldsymbol{T}(X)$ で，(34. 12) が成立つ．さらに，(34. 11) を用いると

$$|\mathrm{Tr}((T-S_n)S)|\leqq\|S\|\mathrm{Tr}(T-S_n)\to 0\ \ (n\to\infty)$$

であるから，

$$\mathrm{Tr}(TS)=\lim_{n\to\infty}\mathrm{Tr}(S_nS)=\lim_{n\to\infty}\sum_{k=1}^{n}\mathrm{Tr}(T_kS)=\sum_{n=1}^{\infty}\mathrm{Tr}(T_nS).$$

（証終）

定義 34. 5.　von Neumann 作用素 T でトレースが1であるもの，すなわち $T\in \boldsymbol{T}(X)$ で $T\geqq O$ かつ $\mathrm{Tr}(T)=1$ となるもの全体を $\boldsymbol{W}(X)$ と書く．X の1次元部分空間の上への射影作用素，すなわち $P(\boldsymbol{B}(X))$ の原子元の全体を $\boldsymbol{W}_P(X)$ と書く．

定理 34. 7.　$\boldsymbol{W}_P(X)\subset \boldsymbol{W}(X)$ であり，任意の $T\in \boldsymbol{W}(X)$ は，有限または可算無限個の互いに直交する $Q_n\in \boldsymbol{W}_P(X)$ と $\sum_n c_n=1$ となる $c_n>0$ をとって，$T=\sum_n c_nQ_n$ と表すことができる．

証明．　$Q\in \boldsymbol{W}_P(X)$ をとり，$QX=\boldsymbol{K}e$，$\|e\|=1$ とする．e を含む完全正規直交系 $\{e_{\mu}\}$ をとれば，

$$\sum_{\mu}\langle Qe_{\mu},e_{\mu}\rangle=\langle Qe,e\rangle=\|e\|^2=1$$

であるから，Q は von Neumann 作用素で $\mathrm{Tr}(Q)=1$．

次に，$T\in \boldsymbol{W}(X)$ とする．$T\in \boldsymbol{T}(X)\subset \boldsymbol{H}(X)$ だから，定理 34. 2 より T はコンパクト作用素である．よって，0でない T の固有値 $\{\lambda_n\}$（無限個のときは0に収束する）と互いに直交する射影作用素 $\{P_n\}$ で P_nX がすべて有限次元であるものをとって，$T=\sum_n\lambda_nP_n$ と表すことができる（付録 F 10 参照）．ここで，$T\geqq O$ より $\lambda_n>0$ である．また，P_nX は有限次元であるから，P_n は互いに直交する $\boldsymbol{W}_P(X)$ の元の有限和として表される．よって，

$$T=\sum_m c_mQ_m\ \ (Q_m\in \boldsymbol{W}_P(X),\ c_m>0)$$

と表されているが，(34. 12) と (34. 9) より

$$1=\mathrm{Tr}(T)=\sum_m c_m\mathrm{Tr}(Q_m)=\sum_m c_m.$$

（証終）

定理 34.8. $T\in \boldsymbol{W}(X)$ に対し

(34.14) $\alpha_T(P)=\mathrm{Tr}(TP)=\mathrm{Tr}(PT)\quad (P\in P(\boldsymbol{B}(X)))$

とおけば，α_T は標準量子論理 $L=P(\boldsymbol{B}(X))$ にともなう状態で，$\overline{TX}$ の上への射影作用素を P_T とおけば，P_T は α_T の台である．また，$\boldsymbol{W}(X)$ から $\boldsymbol{S}(L)$ への写像 $T\to\alpha_T$ は単射であり，その像

$$\boldsymbol{S}_W=\{\alpha_T;\ T\in \boldsymbol{W}(X)\}$$

は正則な状態空間で，その純粋状態の全体 $\boldsymbol{P}(\boldsymbol{S}_W)$ は $\{\alpha_Q;\ Q\in \boldsymbol{W}_P(X)\}$ と一致する．

証明. (i) $Q\in \boldsymbol{W}_P(X)$ のとき，$QX=\boldsymbol{K}e$, $\|e\|=1$ とする．e を含む完全正規直交系 $\{e_\mu\}$ をとれば，

$$\mathrm{Tr}(PQ)=\textstyle\sum_\mu\langle PQe_\mu, e_\mu\rangle=\langle PQe, e\rangle=\langle Pe, e\rangle=\|Pe\|^2.$$

よって，α_Q は定理 33.1 の系で定めた状態と同じで，その台は Q である．

次に，$T\in \boldsymbol{W}(X)$ のとき，前定理より $T=\sum_n c_nQ_n$, $Q_n\in \boldsymbol{W}_P(X)$ (互いに直交する), $c_n>0$, $\sum_n c_n=1$ とできる．(34.13) より

(34.15) $\alpha_T(P)=\mathrm{Tr}(TP)=\sum_n c_n\mathrm{Tr}(Q_nP)=\sum_n c_n\alpha_{Q_n}(P)$.

よって，$\alpha_T=\sum_n c_n\alpha_{Q_n}$ は状態であり，またその台は明らかに $\vee_n Q_n$ であるが，$\overline{TX}=\vee_n Q_nX$ であることから，台は $\overline{TX}$ の上への射影作用素である．

(ii) $\alpha_{T_1}=\alpha_{T_2}$ のとき，$T_1=T_2$ を示す．0 でない $x\in X$ を任意にとるとき，$\boldsymbol{K}x$ の上への射影作用素 P と，$e=\|x\|^{-1}x$ を含む完全正規直交系 $\{e_\mu\}$ をとれば，$i=1,2$ に対し

$$\alpha_{T_i}(P)=\textstyle\sum_\mu\langle T_iPe_\mu, e_\mu\rangle=\langle T_ie, e\rangle=\|x\|^{-2}\langle T_ix, x\rangle.$$

よって，仮定より $\langle (T_1-T_2)x, x\rangle=0$ となるから，$T_1-T_2=O$ (付録 F 6 参照).

(iii) 定理 33.1 の系の後で述べたように，$\{\alpha_Q;\ Q\in \boldsymbol{W}_P(X)\}$ より生成される σ 凸集合 $\boldsymbol{S}_0$ は正則な状態空間で $\boldsymbol{P}(\boldsymbol{S}_0)=\{\alpha_Q;\ Q\in \boldsymbol{W}_P(X)\}$ である．しかるに，(34.15) より $\boldsymbol{S}_W\subset\boldsymbol{S}_0$ であり，一方，$\alpha=\sum_n c_n\alpha_{Q_n}$ とするとき，$T=\sum_n c_nQ_n$ は定理 34.6 より $W(X)$ に属し，$\alpha_T=\alpha$ であるから $\boldsymbol{S}_0=\boldsymbol{S}_W$. (証終)

標準量子論理における状態の σ 凸集合について，§27 での考察とあわせて，

$$\boldsymbol{S}_W\subset\boldsymbol{S}_s\subset\boldsymbol{S}_a$$

であることがわかったが，実は，X が 2 次元の場合を除いて，この 3 つはすべて一致することが証明される．これは，X が 3 以上の可算次元のとき，$\boldsymbol{S}_W$ は状態の全体 $\boldsymbol{S}$ と一致する，という有名な Gleason の定理 (〔17〕参照) の一般化であって，証明は Gleason の方法を辿ればよい．少し長くなるが，以下

これについて述べてみる.

§35. 3次元実Hilbert空間におけるフレーム関数

定義 35.1. XをHilbert空間(係数体$\boldsymbol{K}$は$\boldsymbol{R}$または$\boldsymbol{C}$)とし,その単位球面

$$\mathcal{E}(X)=\{x\in X;\ \|x\|=1\}$$

を考える. $\mathcal{E}(X)$ 上の実数値関数fが次の2条件をみたすとき, $\mathcal{E}(X)$ 上の**フレーム関数**と呼ばれる.

(35.1) $\lambda\in\boldsymbol{K}$, $|\lambda|=1$ ならば$f(\lambda x)=f(x)$.

(35.2) 定数Wが存在して, Xの任意の完全正規直交系 $\{e_\mu;\ \mu\in I\}$ に対して $\sum_{\mu\in I}f(e_\mu)=W$ (左辺は絶対収束(付録E3参照)とする).

この定数Wをfの**重さ**という. すべての$x\in\mathcal{E}(X)$ に対し$f(x)\geqq 0$ のとき, fは**非負値フレーム関数**と呼ばれる.

Xの閉部分空間Mをとり, fをMの単位球面$\mathcal{E}(M)=\mathcal{E}(X)\cap M$上に制限すれば, これは$\mathcal{E}(M)$ 上のフレーム関数である. 実際, $M^\perp$を生成する正規直交系 $\{e_\nu'\}$ を1つ固定して, $\sum_\nu f(e_\nu')=W'$ とおけば, Mの任意の完全正規直交系 $\{e_\mu\}$ に対し $\sum_\mu f(e_\mu)=W-W'$ が成立つ.

例 35.1. Xが有限次元の場合は, $\mathcal{E}(X)$ 上の定数値関数は明らかにフレーム関数である. Xが1次元の場合は, (35.1) より逆も成立つ.

例 35.2. Xが2次元実Hilbert空間$\boldsymbol{R}^2$の場合

$$\mathcal{E}(\boldsymbol{R}^2)=\{(\cos\theta,\ \sin\theta);\ 0\leqq\theta<2\pi\}$$

と書けるから, $f((\cos\theta,\sin\theta))=g(\theta)$ とおく. $g(\theta+\pi)=g(\theta)$ ならば (35.1) が成立ち, $g(\theta)+g\left(\theta+\frac{\pi}{2}\right)=W$ならば (35.2) が成立つ. よって, $g(\theta)$ は$0\leqq\theta<\frac{\pi}{2}$で任意の値をとらせて, フレーム関数$f$を作ることができる. これより, 非負値フレーム関数で連続でないものも存在する.

$X=\boldsymbol{R}^3$ の場合は, 非負値フレーム関数がすべて連続であることを次に示そう. 以下この節では, $\boldsymbol{R}^3$ における単位球面を$\mathcal{E}$と書く. また, $\mathcal{E}$において北極をp_0, 赤道をC_0, 北半球(北極を除く)をNとする. すなわち,

$$\mathcal{E}=\{(x,y,z);\ x^2+y^2+z^2=1\},\quad p_0=(0,0,1),$$

$$C_0=\{(x,y,z)\in\mathcal{E};\ z=0\},\quad N=\{(x,y,z)\in\mathcal{E};\ 0<z<1\}$$

$p=(\xi,\eta,\zeta)\in N$ に対し，平面

$$\{(x,y,z)\in \boldsymbol{R}^3;\ \xi x+\eta y-\zeta^{-1}(\xi^2+\eta^2)z=0\}$$

と $\mathcal{E}$ との交わりである大円を C_p とおけば，C_p と C_0 の交点 p', p'' は p と直交している．

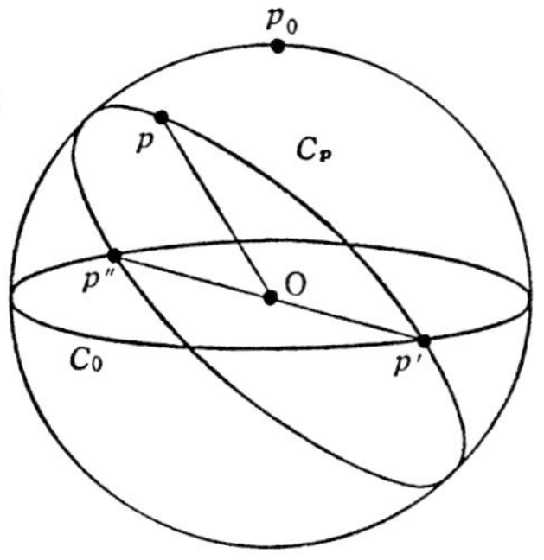

補題 35.1. $p\in N$ に対して，$\mathcal{E}$ の部分集合

$$M_p=\{q\in N;\ r\in C_q\cap N,\ p\in C_r となる r が存在\}$$

は空でない開集合を含む．

証明． p_0, C_0, N, C_p は x 軸，y 軸のとり方に無関係に定まる．よって，x 軸，y 軸を適当にとって，p の y 座標を 0 としてよい．すなわち，

$$p=(\cos\alpha, 0, \sin\alpha)\quad (0<\alpha<\pi,\ \ \alpha\neq\pi/2).$$

$r\in N$ の座標を (ξ,η,ζ) とするとき，$p\in C_r$ となるための必要十分条件は，$\xi\cos\alpha-\zeta^{-1}(\xi^2+\eta^2)\sin\alpha=0$ である．そこで，ξ,η,ζ を変数とする 2 次式

$$\psi=\zeta\xi\ \cos\alpha-(\xi^2+\eta^2)\ \sin\alpha$$

を考えると，$p\in C_r \Leftrightarrow \psi(r)=0$ である．

$$G=\{q\in N;\ \ \psi(q)>0\}$$

とおけば，ψ の連続性より G は開集合であるが，さらに空ではない．実際，$0<\lambda<1$ として，$q_\lambda\in N$ の座標を $\xi=\eta=\lambda\cos\alpha$ にとれば，

$$\psi(q_\lambda)=\lambda\cos^2\alpha\{(1-2\lambda^2\cos^2\alpha)^{1/2}-2\lambda\sin\alpha\}$$

であるから，λ が十分小さいとき $\psi(q_\lambda)>0$ となる．そこで，$G\subset M_p$ を示せばよい．$q\in G$ ならば，$\psi(q)>0$ であり，一方，$q'\in C_q\cap C_0$ をとれば，$\psi(q')=-\sin\alpha<0$．よって，$r\in C_q\cap N$ で $\psi(r)=0$ となるものが存在するが，このとき $p\in C_r$ であるから，$q\in M_p$．

（証終）

$\mathcal{E}$ 上のフレーム関数 f と $\mathcal{E}$ の部分集合 M に対し

$$\operatorname{osc}(f, M)=\sup\{f(p);\ p\in M\}-\inf\{f(p);\ p\in M\}$$

とおく．

補題 35.2. f は $\mathcal{E}$ 上の非負値フレーム関数とし，C_0 の上で一定値 k をとるとする．

(i) $p\in N$ ならば，$f(p)\leqq f(p_0)+k$.

(ii) $p\in N$, $q\in C_p$ ならば，$f(p)\leqq f(q)+f(p_0)$.

(iii) $f(p_0)<\delta$ のとき，N に含まれる空でない開集合 G で $\operatorname{osc}(f,G)\leqq 3\delta$ となるものが存在する．

証明． (i) f の重さを W とする．C_p と C_0 の交点の1つを p' とすれば，$p\perp p'$ より $f(p)+f(p')\leqq W$．よって，$f(p)\leqq W-k$．また，C_0 上に直交する2点 q,q' をとれば，$\{p_0,q,q'\}$ は直交系だから，$W=f(p_0)+f(q)+f(q')=f(p_0)+2k$．よって，$f(p)\leqq f(p_0)+k$．

(ii) $q\in C_0$ のときは(i)より明らか．$q\notin C_0$ のとき，$f(-q)=f(q)$ だから，$q\in N$ としてよい．また，$q\neq p$ としてよいから，$q'\in C_p\cap N$ で $q\perp q'$ となるものがとれる．このとき，$f(q)+f(q')=f(p)+f(p')=f(p)+k$ であり，(i)より $f(q')\leqq f(p_0)+k$ であるから，

$$f(p)=f(q)+f(q')-k\leqq f(q)+f(p_0).$$

(iii) N における f の値の下限を c とすれば，$c\leqq f(p)<c+\delta$ となる $p\in N$ が存在する．前補題より M_p に含まれる空でない開集合 G がとれる．任意の $q\in G$ に対して，$r\in C_q\cap N$，$p\in C_r$ となる r が存在し，(ii)より

$$c\leqq f(q)\leqq f(r)+f(p_0)\leqq f(p)+2f(p_0)<c+3\delta.$$

よって，$\operatorname{osc}(f,G)\leqq 3\delta$ である．　　　　(証終)

補題 35.3. f は $\mathcal{E}$ 上の非負値フレーム関数とする．$\mathcal{E}$ における空でない開集合 G をとり，$\operatorname{osc}(f,G)=\delta$ とおく．

(i) $p\in G, q\perp p$ ならば，q の開近傍 G_q で $\operatorname{osc}(f,G_q)\leqq 2\delta$ となるものが存在する．

(ii) 任意の $r\in\mathcal{E}$ に対し，r の開近傍 G_r で $\operatorname{osc}(f,G_r)\leqq 4\delta$ となるものが存在する．

証明． (i) 十分小さい $\theta_0>0$ をとり，$\{s\in\mathcal{E};\ \angle sOp<\theta_0\}\subset G$ とする．p,q を通る大円の弧 pq の延長上に $\bar{q}$ を $\angle\bar{q}Oq=\theta_0/2$ となるようにとる．

$G_q=\{r\in\mathcal{E};\ r\neq\bar{q}$ で r と $\bar{q}$ を通る大円上に $r\perp r'$，$\bar{q}\perp q'$ となる $r',q'\in G$ がとれる$\}$

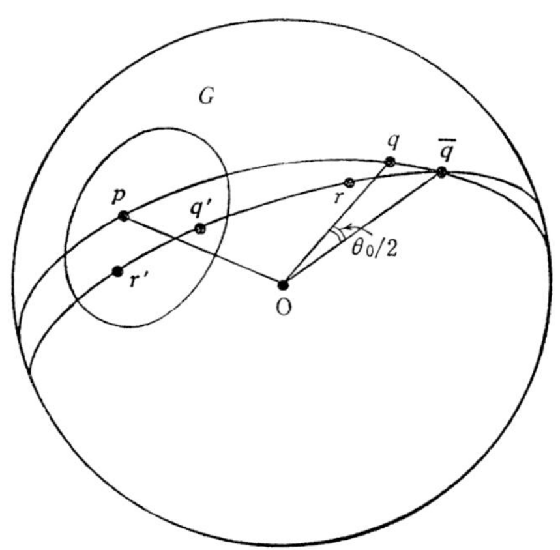

とおけば，明らかに $q\in G_q$ であり，G が開集合だから G_q も開集合である．$r\in G_q$ のとき，$f(r)+f(r')=f(\bar{q})+f(q')$ であるから，G_q 内の2点 r_1,r_2 をとるとき，

$$f(r_1)-f(r_2)+f(r_1')-f(r_2')=f(q_1')-f(q_2').$$

ここで，$r_1', r_2', q_1', q_2'\in G$ だから，$|f(r_1')-f(r_2')|\leqq\delta$，$|f(q_1')-f(q_2')|\leqq\delta$．よって，$|f(r_1)-f(r_2)|\leqq 2\delta$ となるから，$\mathrm{osc}(f, G_q)\leqq 2\delta$．

(ii)　$r\in\mathcal{E}$ に対して，$q\perp p$，$q\perp r$ となる $q\in\mathcal{E}$ をとることができるから，(i)を2回適用して(ii)が示される．　（証終）

定理 35.1.　$\mathcal{E}=\mathcal{E}(\boldsymbol{R}^3)$ 上の非負値フレーム関数は連続である．

証明． f の値の下限を c とすれば，$f-c$ はまた非負値フレーム関数であるから，$c=0$ と仮定してよい．$\varepsilon>0$ を任意にとり，$\delta=\varepsilon/52$ とおく．$f(p_0)<\delta/2$ となる $p_0\in\mathcal{E}$ を固定し，これを北極とするように座標軸をとる．z 軸のまわりの $\pi/2$ 回転を σ とおいて

$$f_0(p)=f(p)+f(\sigma(p))\quad(p\in\mathcal{E})$$

と定義すれば，f_0 は明らかに非負値フレーム関数で，さらに赤道 C_0 では定数値をとる．また，$f_0(p_0)=f(p_0)+f(p_0)<\delta$ であるから，補題35.2により，空でない開集合 G で $\mathrm{osc}(f_0, G)\leqq 3\delta$ となるものが存在する．よって，補題35.3より p_0 の開近傍 G_0 が存在して，$\mathrm{osc}(f_0, G_0)\leqq 12\delta$．しかるに，$f_0(p_0)<\delta$ であるから，G_0 における f_0 の上限は 13δ を超えず，$0\leqq f\leqq f_0$ であるから，$\mathrm{osc}(f, G_0)\leqq 13\delta$ である．よって，補題35.3より，任意の $r\in\mathcal{E}$ に対してその開近傍 G_r で $\mathrm{osc}(f, G_r)\leqq 52\delta=\varepsilon$ となるものが存在する．これより，f は各点 r で連続である．　（証終）

次に，連続なフレーム関数について，その性質を調べよう．

定義 35.2.　X は任意次元の Hilbert 空間とする．$T\in\boldsymbol{B}(X)$ が自己共役な核型作用素であるとき，単位球面 $\mathcal{E}(X)$ 上の関数 f_T を

(35.3)　$f_T(x)=\langle Tx, x\rangle\quad(x\in\mathcal{E}(X))$

と定義すれば，明らかに f_T はフレーム関数であって，その重さは $\mathrm{Tr}(T)$ である．このような形のフレーム関数を**正則なフレーム関数**と呼ぶ．フレーム関数が正則ならば明らかに連続であるが，$X=\boldsymbol{R}^3$ の場合にはこの逆が成立つことを次に示そう．

補題 35.4.　$\mathcal{E}(\boldsymbol{R}^2)=\{(\cos\theta, \sin\theta);\ 0\leqq\theta<2\pi\}$ の上の関数 f_n（n は整数）を

$$f_n((\cos\theta, \sin\theta))=\cos n\theta$$

と定義する．f_n がフレーム関数であるための必要十分条件は，n が 0 または $4m+2$（m は整数）に等しいことである．

証明． f_n がフレーム関数ならば，すべての θ に対し $\cos n\theta+\cos n\left(\theta+\frac{\pi}{2}\right)=W$ であるから，θ で微分すれば

$$n\left\{\sin n\theta+\sin n\left(\theta+\frac{\pi}{2}\right)\right\}=0.$$

よって，$n=0$ または

$$0=\sin n\theta+\sin n\left(\theta+\frac{\pi}{2}\right)=\sin n\theta\left(1+\cos\frac{n}{2}\pi\right)+\cos n\theta\sin\frac{n}{2}\pi.$$

これより，$\cos\frac{n}{2}\pi=-1$ かつ $\sin\frac{n}{2}\pi=0$ となるから，$n=4m+2$ である．十分であることも明らか．　（証終）

以下，$\boldsymbol{R}^3$ の場合にもどって，$\mathcal{E}=\mathcal{E}(\boldsymbol{R}^3)$ の上のフレーム関数を考える．

定義 35.3.　n は負でない整数とし，3変数 x, y, z についての n 次の同次多項式 $Q(x, y, z)$ で $\Delta Q=0$ $\left(ただし，\Delta=\frac{\partial^2}{\partial x^2}+\frac{\partial^2}{\partial y^2}+\frac{\partial^2}{\partial z^2}\right)$ となるものをとり，これを $\mathcal{E}$ 上に制限してできる f 上の連続関数を，**n 次の球関数**という．定数値関数0も n 次の球関数の中に含めておく．

補題 35.5.　(i)　0次と2次の球関数は $\mathcal{E}$ 上の正則なフレーム関数であり，逆に $\mathcal{E}$ 上の正則なフレーム関数は0次と2次の球関数の和として表される．

(ii)　$n\neq 0, 2$ のとき，n 次の球関数の中にフレーム関数でないものが存在する．

証明.　(i)　0次の球関数は一定値 k をとる関数であるから，$T=kI$ として f_T と一致する．2次の球関数 f は，

$$Q(x, y, z)=ax^2+by^2+cz^2+2lyz+2mzx+2nxy \quad (ただし，a+b+c=0)$$

を $\mathcal{E}$ 上に制限したものである．

$$p=(x, y, z)\in\mathcal{E},\quad T=\begin{pmatrix} a & n & m \\ n & b & l \\ m & l & c \end{pmatrix}$$

とおけば，$\langle Tp, p\rangle=Q(x, y, z)=f(p)$ で，T は $\boldsymbol{B}(\boldsymbol{R}^3)$ の元と考えて自己共役かつ核型であるから，f は正則なフレーム関数である．

次に，正則なフレーム関数 f_T をとるとき，T は上記のような対称行列で表されるから，$p=(x, y, z)\in\mathcal{E}$ に対し

$$f_T(p)=ax^2+by^2+cz^2+2lyz+2mzx+2nxy=Q(x, y, z)+d.$$

ただし，$d=(a+b+c)/3$ で

$$Q(x, y, z)=(a-d)x^2+(b-d)y^2+(c-d)z^2+2lyz+2mzx+2nxy.$$

このとき，$\Delta Q=0$ であるから，f_T は2次と0次の球関数の和である．

(ii)　フレーム関数 f は $f(-p)=f(p)$ をみたすから，1次の球関数はフレーム関数ではない．次に，$n\geqq 3$ とする．円柱座標 $x=\rho\cos\theta$，$y=\rho\sin\theta$，$z=z$ をとるとき，

$\Delta=\frac{\partial^2}{\partial\rho^2}+\frac{1}{\rho^2}\frac{\partial^2}{\partial\theta^2}+\frac{1}{\rho}\frac{\partial}{\partial\rho}+\frac{\partial^2}{\partial z^2}$ であるから，2つの n 次同次多項式

$$\rho^n\cos n\theta,\ \ \{\rho^n-2(n-1)z^2\rho^{n-2}\}\cos(n-2)\theta$$

はともに $\mathcal{E}$ 上で球関数であることが容易に確かめられる．もしこれらがともにフレーム関数であるとすれば，これらを2次元部分空間 $M=\{(x,y,z);z=0\}$ に制限したものは $\mathcal{E}(M)$ 上でフレーム関数の筈である．すなわち，$\cos n\theta$ と $\cos(n-2)\theta$ とがともにフレーム関数となるが，これは補題35.4に反する．（証終）

次に，証明は省略するが，球関数の基本的性質として次の2つの補題が成立つ（例えば，H. Weyl 著，群論と量子力学（山内訳），（現代工学社）の第2章を参照のこと）．

補題 35.6.　$\mathcal{E}$ 上の実数値連続関数全体の作る Banach 空間を $C(\mathcal{E})$ と書く．また，n 次の球関数全体を $\mathcal{F}_n$ と書く．

(i)　$\mathcal{F}_n$ は $2n+1$ 個の1次独立な球関数 $\{Y_n^k;\ k=0,\pm1,\cdots,\pm n\}$ から生成される．すなわち，$\mathcal{F}_n$ は $C(\mathcal{E})$ の $2n+1$ 次元部分空間である．

(ii)　x,y,z の任意の多項式は $\mathcal{E}$ 上で球関数の1次結合で表される．したがって，$C(\mathcal{E})$ の閉部分空間がすべての $\mathcal{F}_n$ を含むならば，$C(\mathcal{E})$ と一致する．

補題 35.7.　$\boldsymbol{R}^3$ の回転群を Σ とする．$f\in C(\mathcal{E})$ と $\sigma\in\Sigma$ に対し

$$f_\sigma(p)=f(\sigma^{-1}p)\quad(p\in\mathcal{E})$$

によって $f_\sigma\in C(\mathcal{E})$ が定義されるが，$C(\mathcal{E})$ の部分空間 $\mathcal{F}$ は

(35.4)　$f\in\mathcal{F},\ \sigma\in\Sigma$ ならば $f_\sigma\in\mathcal{F}$

であるとき，Σ 不変な部分空間と呼ばれる．

各 n に対して，$\mathcal{F}_n$ は Σ 不変であり，また $\mathcal{F}_n$ に含まれる Σ 不変な部分空間は $\{0\}$ と $\mathcal{F}_n$ 自身しか存在しない．これと前補題の(ii)より，$C(\mathcal{E})$ の閉部分空間 $\mathcal{F}$ が Σ 不変ならば，$\mathcal{F}$ はそれに含まれる $\mathcal{F}_n$ 全体から生成される閉部分空間と一致する．

定理 35.2.　$\mathcal{E}=\mathcal{E}(\boldsymbol{R}^3)$ の上のフレーム関数が連続ならば正則である．特に，非負値フレーム関数はすべて正則である．

証明．　補題35.5の(i)より，正則なフレーム関数の全体は $\mathcal{F}_0+\mathcal{F}_2$ と表される．一方，連続なフレーム関数全体を $\mathcal{F}$ とおけば，明らかに $\mathcal{F}$ は $C(\mathcal{E})$ の閉部分空間で，さらに Σ 不変である．また，$\mathcal{F}_n$ のうち $\mathcal{F}$ に含まれるものは補題35.5の(ii)より $\mathcal{F}_0$ と $\mathcal{F}_2$ だけ

である．よって前補題より，$\mathcal{F}$ は $\mathcal{F}_0$ と $\mathcal{F}_2$ より生成される閉部分空間と一致するが，$\mathcal{F}_0+\mathcal{F}_2$ は有限次元だから閉であって，$\mathcal{F}=\mathcal{F}_0+\mathcal{F}_2$ が成立つ．　（証終）

§36.　非負値フレーム関数の正則性

この節では，前節の結果を利用して，Hilbert 空間 X の次元が 3 以上の場合はいつでも，$\mathcal{E}(X)$ 上の非負値フレーム関数が正則となることを示す．X は，$\boldsymbol{K}=\boldsymbol{R}$ のとき実 Hilbert 空間，$\boldsymbol{K}=\boldsymbol{C}$ のとき複素 Hilbert 空間と呼ばれる．

補題 36.1.　X は実または複素 Hilbert 空間とし，f は $\mathcal{E}(X)$ 上の非負値フレーム関数とする．X の任意の 2 次元部分空間に f を制限したものが正則であるならば，f 自身が正則である．

証明．　複素 Hilbert 空間の場合を書く（実の場合はほとんど同様で少し簡単である）．$x\in X$ に対し

$$F(x)=\|x\|^2 f(\|x\|^{-1}x)\quad (\text{ただし，}F(0)=0)$$

とおく．X の 2 次元部分空間 M をとるとき，f を M 上に制限したものが正則であるから，自己共役な $T_M\in\boldsymbol{B}(M)$ が存在して，$x\in\mathcal{E}(M)$ ならば $f(x)=\langle T_M x, x\rangle$．よって

(36.1)　$x\in M$ ならば $F(x)=\langle T_M x, x\rangle$.

$x, y\in M$ に対し $\varphi_M(x,y)=\langle T_M x, y\rangle$ と定義すれば，φ_M は M 上の双線形汎関数で，明らかに $\varphi_M(y,x)=\overline{\varphi_M(x,y)}$ である．そこで，$X\times X$ の上の関数 φ を次のように定義する．$x,y\in X$ に対し，x と y を含む 2 次元部分空間 M をとり

$$\varphi(x,y)=\varphi_M(x,y)=\langle T_M x, y\rangle.$$

ここで，x と y が 1 次独立ならば，M は一意的に定まるから，φ の値も定まる．1 次従属のとき，例えば $x=\lambda y$ ならば，x を含む任意の M に対し (36.1) より

$$\varphi_M(x,y)=\lambda\langle T_M x, x\rangle=\lambda F(x)$$

であるから，φ の値は定まる．こうして定義された φ は明らかに次の 2 つの性質をもっている．

(36.2)　$\varphi(\lambda x, y)=\lambda\varphi(x,y)\ (\lambda\in\boldsymbol{K})$,

(36.3)　$\varphi(y,x)=\overline{\varphi(x,y)}$.

さらに，φ が双線形であることを示す．まず，次の 2 式が成立つ．

$$F(x+y)-F(x-y)=4\,\mathrm{Re}\,\varphi(x,y),$$
$$F(x+y)+F(x-y)=2F(x)+2F(y).$$

実際，x と y を含む 2 次元部分空間 M をとれば，(36.1) より $F(x+y)-F(x-y)=\langle T_M(x+y), x+y\rangle-\langle T_M(x-y), x-y\rangle=4\,\mathrm{Re}\,\langle T_M x, y\rangle=4\,\mathrm{Re}\,\varphi(x,y)$ であり，また第 2 式も明らか．この 2 式と (36.2) を用いて，$x,y,z\in X$ に対し

$$\mathrm{Re}\,\varphi(x,z)+\mathrm{Re}\,\varphi(y,z)=\frac{1}{4}\{F(x+z)-F(x-z)+F(y+z)-F(y-z)\}$$
$$=\frac{1}{8}\{F(x+y+2z)+F(x-y)-F(x+y-2z)-F(x-y)\}=\frac{1}{2}\mathrm{Re}\,\varphi(x+y,2z)$$
$$=\mathrm{Re}\,\varphi(x+y,z).$$

ここで，x と y を ix と iy に代えると

$$\mathrm{Im}\,\varphi(x,z)+\mathrm{Im}\,\varphi(y,z)=\mathrm{Im}\,\varphi(x+y,z).$$

よって，$\varphi(x,z)+\varphi(y,z)=\varphi(x+y,z)$ が成立つから，(36.2), (36.3) とあわせて，φ は双線形である．

次に，f の重さを W とするとき，任意の $x\in X$ に対し

$$|\varphi(x,x)|=|F(x)|=\|x\|^2 f(\|x\|^{-1}x)\leqq W\|x\|^2.$$

よって，定理 31.1 の証明と同様にして φ の有界性が示されるから，

$$\varphi(x,y)=\langle Tx,y\rangle\ \ (x,y\in X)$$

となる $T\in\boldsymbol{B}(X)$ が存在する．(36.3) より T は自己共役であり，$\mathcal{E}(X)$ 上では

$$f(x)=F(x)=\varphi(x,x)=\langle Tx,x\rangle.$$

さらに，(35.2) より T は核型であるから，f は正則である．　(証終)

定理 36.1.　実 Hilbert 空間 X の次元が 3 以上であるとき，$\mathcal{E}(X)$ 上の非負値フレーム関数 f はすべて正則である．

証明.　X の任意の 2 次元部分空間 M に対し，それを含む 3 次元部分空間 M_0 が存在する．f を M_0 に制限したものは定理 35.2 より正則であるから，それを M に制限したものも正則である．よって，前補題より f は正則である．　(証終)

次に，複素 Hilbert 空間の場合を調べよう．

定義 36.1.　複素 Hilbert 空間 X の実部分空間 M ($x,y\in M$, $\alpha,\beta\in\boldsymbol{R}$ ならば $\alpha x+\beta y\in M$) をとるとき，

(36.4)　すべての $x,y\in M$ に対し $\langle x,y\rangle\in\boldsymbol{R}$

が成立つならば，M は**完全実部分空間**と呼ばれる．このとき，明らかに M 自身は実 Hilbert 空間である．

X の 2 元 x,y が $\langle x,y\rangle\in\boldsymbol{R}$ であるとき，x と y から生成される実部分空間 (2 次元またはそれ以下) は完全実部分空間である．

補題 36.2.　X は実 Hilbert 空間とする．$\mathcal{E}(X)$ 上の正則な非負値フレーム関数 f をとり，その重さを W とすれば，任意の $x,y\in\mathcal{E}(X)$ に対し

$$|f(x)-f(y)|\leqq 2W\|x-y\|.$$

証明. $f(x)=\langle Tx,x\rangle$ となる自己共役な $T\in\boldsymbol{B}(X)$ が存在するが,

$$\|T\|=\sup\{|\langle Tx,x\rangle|;\ \|x\|\leqq 1\}=\sup\{f(x);\ x\in\mathcal{E}(X)\}\leqq W.$$ （付録F6参照）

また, $x,y\in\mathcal{E}(X)$ に対し, T の自己共役性によって

$$\langle T(x+y),x-y\rangle=\langle Tx,x\rangle-\langle Ty,y\rangle=f(x)-f(y)$$

であるから, $|f(x)-f(y)|\leqq\|T\|\|x+y\|\|x-y\|\leqq 2W\|x-y\|$.　　　　　　　　(証終)

補題 36.3.　2次元複素 Hilbert 空間 $X=\boldsymbol{C}^2$ において, $\mathcal{E}(X)$ 上の非負値フレーム関数 f をとる. X の任意の完全実部分空間に f を制限したものが正則であるならば, f 自身が正則である.

証明. $\mathcal{E}(X)$ を $\mathcal{E}$ と書く. まず, f が $\mathcal{E}$ 上で最大値をとることを示そう.

$$c=\sup\{f(x);\ x\in\mathcal{E}\}$$

とおけば, $x_n\in\mathcal{E}\,(n=1,2,\cdots)$ で $f(x_n)\to c$ となるものがとれるが, $\mathcal{E}$ はコンパクトであるから, 適当に部分列を選ぶことにより, $\{x_n\}$ は収束列としてよい（付録B10参照). x_n の極限を x_0 とすれば $x_0\in\mathcal{E}$. 各 n に対して

$$\lambda_n=|\langle x_0,x_n\rangle|^{-1}\langle x_0,x_n\rangle$$ （ただし, $\langle x_0,x_n\rangle=0$ ならば $\lambda_n=1$ とする）

とおけば, $\langle x_0,\lambda_n x_n\rangle$ は実数であり, また, $x_n\to x_0$ より $\lambda_n\to 1$ であるから, $\lambda_n x_n\to x_0$ となる. x_0 と $\lambda_n x_n$ より生成される完全実部分空間を M_n とすれば, f を M_n に制限したものが正則かつ非負値であるから, 前補題より

$$|f(x_0)-f(\lambda_n x_n)|\leqq 2W_n\|x_0-\lambda_n x_n\|\leqq 2W\|x_0-\lambda_n x_n\|.$$

ただし, W_n は f の M_n における重さ, W は X における重さである. $|\lambda_n|=1$ より $f(\lambda_n x_n)=f(x_n)$ であるから,

$$|f(x_0)-c|\leqq|f(x_0)-f(\lambda_n x_n)|+|f(x_n)-c|\leqq 2W\|x_0-\lambda_n x_n\|+|f(x_n)-c|\to 0.$$

よって, $f(x_0)=c$ となり, f は x_0 で最大値 c をとる.

x_0 と直交する $u\in\mathcal{E}$ をとると, $\xi^2+\eta^2=1$ となる $\xi,\eta\in\boldsymbol{R}$ に対して明らかに $\xi x_0+\eta u\in\mathcal{E}$ であるが, ここで

(36.5)　$f(\xi x_0+\eta u)=c\xi^2+(W-c)\eta^2$

であることを示そう. x_0 と u から生成される実部分空間 M は完全実であるから, f を M に制限したものは正則で, 自己共役な $T\in\boldsymbol{B}(M)$ が存在して $f(x)=\langle Tx,x\rangle$（ただし, $x\in\mathcal{E}(M)$）である. $f(x_0)+f(u)=W$ より $f(u)=W-c$ であるから,

$$f(\xi x_0+\eta u)=\langle T(\xi x_0+\eta u),\ \xi x_0+\eta u\rangle=\xi^2\langle Tx_0,x_0\rangle+2\xi\eta\langle Tx_0,u\rangle$$
$$+\eta^2\langle Tu,u\rangle=c\xi^2+2\xi\eta\langle Tx_0,u\rangle+(W-c)\eta^2.$$

しかるに, x_0 のとり方から, 単位円周 $\xi^2+\eta^2=1$ の上で $\eta=0$ のときこの値が最大であり, したがって $\langle Tx_0,u\rangle=0$ でなければならない. よって, (36.5) が成立つ.

次に, x_0 と直交する $y_0\in\mathcal{E}$ を固定し, $|\lambda|^2+|\mu|^2=1$ となる $\lambda,\mu\in\boldsymbol{C}$ に対し

(36.6)　$f(\lambda x_0+\mu y_0)=c|\lambda|^2+(W-c)|\mu|^2$

であることを示す．$\lambda \neq 0$，$\mu \neq 0$ の場合，$u=|\lambda|\lambda^{-1}\mu|\mu|^{-1}y_0$ とおけば，$u \in \mathcal{E}$ で u は x_0 と直交するから，(36.5) より

$$f(\lambda x_0+\mu y_0)=f(|\lambda|\lambda^{-1}(\lambda x_0+\mu y_0))=f(|\lambda|x_0+|\mu|u)=c|\lambda|^2+(W-c)|\mu|^2.$$

$\lambda \neq 0$，$\mu=0$ のときは，$u=|\lambda|\lambda^{-1}y_0$ とすればよい．$\lambda=0$ でも同様である．

任意の $x \in \mathcal{E}$ は，$x=\lambda x_0+\mu y_0(|\lambda|^2+|\mu|^2=1)$ と表される．x_0，y_0 を基本ベクトルとする座標軸をとって，行列

$$T=\begin{pmatrix} c & 0 \\ 0 & W-c \end{pmatrix}$$

を考えると，これは X 上の自己共役作用素を表し，(36.6) より

$$\langle Tx, x\rangle = c\lambda\bar{\lambda}+(W-c)\mu\bar{\mu}=f(\lambda x_0+\mu y_0)=f(x).$$

よって，f は正則である． （証終）

定理 36.2. 複素 Hilbert 空間 X の次元が 3 以上であるとき，$\mathcal{E}(X)$ 上の非負値フレーム関数 f はすべて正則である．

証明． X の任意の 2 次元複素部分空間 M をとるとき，M と直交する $x_0 \neq 0$ が存在する．M の完全実部分空間 M_R をとる．M_R が 2 次元の場合，M_R と x_0 から生成される 3 次元実部分空間は実 Hilbert 空間であるから，f をその上に制限したものは定理 35.2 より正則であり，したがって M_R 上に制限したものも正則である．これは M_R が 1 次元の場合も同様である．故に，f を M 上に制限したものは前補題より正則となる．よって，補題 36.1 より f 自身が正則である． （証終）

§37. 完全加法的な状態と台をもつ状態との一致

定理 37.1. 次元が 3 以上の標準量子論理 $P(\boldsymbol{B}(X))$ にともなう状態 α について次の 3 命題は同値である．

(α) $\alpha \in \boldsymbol{S}_a$，すなわち α は完全加法的である．

(β) $\alpha \in \boldsymbol{S}_s$，すなわち α は台をもつ．

(γ) $\alpha \in \boldsymbol{S}_W$，すなわちトレースが 1 の von Neumann 作用素 T が存在して

(37.1) $\alpha(P)=\mathrm{Tr}(TP)=\mathrm{Tr}(PT)\quad (P \in P(\boldsymbol{B}(X)))$．

証明． $\boldsymbol{S}_W \subset \boldsymbol{S}_s \subset \boldsymbol{S}_a$ は既知であるから，(α)⇒(γ) を示せばよい．$\alpha \in \boldsymbol{S}_a$ に対し，単位球面 $\mathcal{E}(X)$ 上の実数値関数 f を次のように定義する．

$$f(x)=\alpha(P_x)\quad (x \in \mathcal{E}(X)).$$

ただし，P_x は $\boldsymbol{K}x$ の上への射影作用素．この f は明らかに (35.1) をみたす．また，X の完全正規直交系 $\{e_\mu\}$ をとれば，$\vee_\mu P_{e_\mu}=I$ であるから，α の完全加法性より

$$\sum_\mu f(e_\mu)=\sum_\mu \alpha(P_{e_\mu})=\alpha(I)=1.$$

よって，f は重さ1の非負値フレーム関数である．前節の2つの定理より f は正則であるから，自己共役な $T\in \boldsymbol{B}(X)$ が存在して

$$f(x)=\langle Tx, x\rangle \quad (x\in\mathcal{E}(X)).$$

このとき，明らかに $T\geqq O$ で，完全正規直交系 $\{e_\mu\}$ に関して

$$\sum_\mu\langle Te_\mu, e_\mu\rangle=\sum_\mu f(e_\mu)=1$$

であるから，T はトレースが1の von Neumann 作用素である．任意の $P\in P(\boldsymbol{B}(X))$ に対し，PX を生成する正規直交系 $\{e_\mu\}$ と $(PX)^\perp$ を生成する正規直交系 $\{e_\nu'\}$ をとれば，$Pe_\mu=e_\mu$，$Pe_\nu'=0$ より

$$\begin{aligned}\mathrm{Tr}(TP)&=\sum_\mu\langle TPe_\mu, e_\mu\rangle+\sum_\nu\langle TPe_\nu', e_\nu'\rangle=\sum_\mu\langle Te_\mu, e_\mu\rangle\\&=\sum_\mu f(e_\mu)=\sum_\mu\alpha(P_{e_\mu})=\alpha(P).\end{aligned}$$

（証終）

可算次元のときは，すべての状態が完全加法的であるから次の結果を得る．

系．（Gleason の定理）次元が3以上で可算であるとき，標準量子論理にともなう状態はすべて，トレースが1の von Neumann 作用素によって (37.1) の形に表され，したがって台をもつ．

これまでの考察から，状態について標準量子論理は古典論理といくつかの共通性を持つことがわかる．その1つは $\boldsymbol{S}_a=\boldsymbol{S}_s$，すなわち

“完全加法的な状態はすべて台をもつ”

ことである（古典論理の場合は注意 27.1）．さらに，定理 28.2 で示された古典論理の性質と同様の次の結果が得られる．

定理 37.2.　$L=P(\boldsymbol{B}(X))$ を次元が3以上の標準量子論理とする．

(i)　L の原子元 Q に対し，それを台とする状態 α_Q がただ1つ存在する．

(ii)　台をもつ状態の全体 $\boldsymbol{S}_s(L)$ は正則な状態空間であり，$\boldsymbol{P}(\boldsymbol{S}_s(L))=\{\alpha_Q;\ Q$ は L の原子元$\}$ である．

証明． §33 で原子元 Q を台とする状態 α_Q を定義し，これから生成される正則な状態空間 S_0 を作ったが，§34 での考察より $S_0=S_W$ であることが示された．さらに，前定理より $\boldsymbol{S}_0=\boldsymbol{S}_s$ である．よって，定理 28.1 によって，上の(i), (ii)が成立つ．

注意 37.1.　Gleason の定理によって，次元が可算（3以上）の標準量子論理については $\boldsymbol{S}=\boldsymbol{S}_a=\boldsymbol{S}_s=\boldsymbol{S}_W$ である．ところで，非可算次元のときこれが成立つかという問題については，次のことが知られている（〔12〕参照）．

標準量子論理の次元が連続濃度 c または 2^c（一般には，Ulam 数と呼ばれるものであ

ればよい）であるとき，連続体仮説を仮定すれば，$\boldsymbol{S}=\boldsymbol{S}_a(=\boldsymbol{S}_s=\boldsymbol{S}_W)$が成立つ．

最後に，定理37.1より得られる結果をもう1つ加えておく．

定義 37.1. $\boldsymbol{B}(X)$ 上の線形汎関数φをとる，すなわちφは$\boldsymbol{B}(X)$から$\boldsymbol{K}$への写像で，$T, S\in\boldsymbol{B}(X)$，$\alpha, \beta\in\boldsymbol{K}$に対し$\varphi(\alpha T+\beta S)=\alpha\varphi(T)+\beta\varphi(S)$ となるものである．これが次の条件をみたすとき，**正線形汎関数**と呼ばれる．

(37.2)　$T\geqq O$ ならば$\varphi(T)\geqq 0$.

このとき，$P_1, P_2\in P(\boldsymbol{B}(X))$ で$P_1\leqq P_2$ならば，明らかに$\varphi(P_1)\leqq\varphi(P_2)$ である．正線形汎関数φがさらに次の2条件をみたすとき，φを$P(\boldsymbol{B}(X))$ 上に制限したものは，$P(\boldsymbol{B}(X))$ 上の確率測度，すなわち状態となる．

(37.3)　$\varphi(I)=1$,

(37.4)　$P_n\in P(\boldsymbol{B}(X))$，$P_n\leqq P_{n+1}\,(n=1, 2, \cdots)$ ならば，

$$\lim_{n\to\infty}\varphi(P_n)=\varphi(\vee_n P_n).$$

実際，$P\in P(\boldsymbol{B}(X))$ に対し，$O\leqq P\leqq I$ より$0=\varphi(O)\leqq\varphi(P)\leqq\varphi(I)=1$ であり，また，(37.4) よりσ加法性が成立つ．

次に，この逆が次の形で成立つ．

定理 37.3. 次元が3以上の標準量子論理$P(\boldsymbol{B}(X))$ にともなう状態αが完全加法的であるならば，$\boldsymbol{B}(X)$ 上の正線形汎関数φで$P(\boldsymbol{B}(X))$ 上でαと一致するものが存在する．

証明. 定理37.1より$T\in\boldsymbol{W}(X)$ が存在して (37.1) が成立つ．

$$\varphi(S)=\mathrm{Tr}(TS)=\mathrm{Tr}(ST)\quad(S\in\boldsymbol{B}(X))$$

とおけば，明らかにφは線形汎関数で，$P(\boldsymbol{B}(X))$ 上でαと一致する．$S\geqq O$ ならば，(34.10) を用いて

$$\varphi(S)=\mathrm{Tr}(\sqrt{S}(\sqrt{S}T))=\mathrm{Tr}((\sqrt{S}T)\sqrt{S})=\textstyle\sum_\mu\langle T\sqrt{S}e_\mu,\ \sqrt{S}e_\mu\rangle.$$

よって，$T\geqq O$ より$\varphi(S)\geqq 0$ となるから，φは正である．（証終）

§19で述べたように，$\boldsymbol{B}(X)$ を特別な例としてもつvon Neumann環$\boldsymbol{M}$を考えると，$P(\boldsymbol{M})$ は標準量子論理よりある程度一般化された論理である．$\boldsymbol{M}$の上でも定義37.1と同様にして，正線形汎関数φを定義することができるが，これが (37.3)，(37.4) と同様の条件をみたせば，φを$P(\boldsymbol{M})$ 上に制限したものは$P(\boldsymbol{M})$ にともなう状態である．この状態が完全加法的であること

は，φ が $\boldsymbol{M}$ に超弱位相と呼ばれる位相を入れて連続となることと同値であり，さらにこのとき状態は台をもつことが知られている（[53]，第5章参照）．von Neumann 環や C* 環の理論では，正線形汎関数 φ で $\varphi(1)=1$ となるものを状態と呼ぶことがある．

問　題

1.　Hilbert 空間 X における射影作用素の列 $\{P_n\}$ をとる．$P_n \leqq P_{n+1}(n=1,2,\cdots)$ で $\bigvee_n P_n = P$ ならば，

$$\text{すべての } x \in X \text{ に対し } \lim_{n\to\infty} \|P_n x - Px\| = 0.$$

（しかし，$\|P_n - P\|$ は0に収束しない．）$P_n \geqq P_{n+1}$ で $\bigwedge_n P_n = P$ のときも同様である．

2.　注意 31.1 の級数 $\sum_{n=1}^{\infty} f(\lambda_n)\langle P_n x, y\rangle$ は絶対収束する．

3.　オブザーバブル $u \in \boldsymbol{O}(P(\boldsymbol{B}(X)))$ に対応する自己共役作用素 $T=\int_R \lambda d\mu^u$ がコンパクトであるとき，u のスペクトルが有限集合であることと T が退化作用素であることは同値である．

4.　標準量子論理において，$P \in P(\boldsymbol{B}(X))$ がある状態の台であるための必要十分条件は，PX が可算次元となることである．

5.　Hilbert-Schmidt 作用素の全体 $\boldsymbol{H}(X)$ はノルム $\|T\|_H$ による距離について完備で，したがって $\boldsymbol{H}(X)$ は Hilbert 空間となる．

6.　$T \in \boldsymbol{B}(X)$ がコンパクト作用素であるとき，$|T|$ もコンパクト作用素で，$|T|$ の0でない固有値を大きい方から順に $\lambda_1, \lambda_2, \cdots$ とし，各 λ_n に属する固有空間の次元を d_n とすれば，

$$\|T\|_H{}^2 = \sum_n d_n \lambda_n{}^2, \quad \|T\|_t = \sum_n d_n \lambda_n.$$

7.　$T \in \boldsymbol{B}(X)$ がコンパクト作用素であるとき，

$$\|T\|_t = \sup\{\textstyle\sum_\mu |\langle Te_\mu, e_\mu'\rangle|;\ \{e_\mu\}, \{e_\mu'\} \text{ は完全正規直交系}\}.$$

これより，核型作用素の全体 $\boldsymbol{T}(X)$ は線形空間で，$\|T\|_t$ によってノルム空間かつ完備，したがって Banach 空間である．

8.　$\boldsymbol{R}^3$ における単位球 $\mathcal{E}(\boldsymbol{R}^3)$ の上のフレーム関数 f について次の4条件は同値である．(α) f は下に有界．(α') f は上に有界．(β) f は有界．(γ) f は連続．

9.　X は複素 Hilbert 空間とし，φ は $\boldsymbol{B}(X)$ 上の正線形汎関数とする．

(i)　$\varphi(T^*) = \overline{\varphi(T)}$.

(ii)　$|\varphi(T^*S)|^2 \leqq \varphi(T^*T)\varphi(S^*S)$.

(iii)　φ は有界線形汎関数で

$$\|\varphi\| = \sup\{|\varphi(T)|;\ \|T\| \leqq 1\} = \varphi(I).$$

参考ノート

量子力学の数学的基礎が Hilbert 空間論であることは，量子論理の研究が始まる以前に，von Neumann によって明確にされている〔57〕．ここで，物理量(オブザーバブル)には自己共役作用素が対応させられ，状態（純粋状態）にはノルムが 1 の元が対応させられているし，また §34 で述べた von Neumann 作用素に当る概念も現れている．本章の議論は，この von Neumann による考察が，前章での一般的なオブザーバブルと状態についての議論の特別な場合になっていることを示したものである．

§32 までのスペクトル測度とスペクトル積分についての記述は，Halmos の本〔19〕を参考にした．Hilbert-Schmidt 作用素と核型作用素については，〔16〕,〔11〕が参考になった．

§35 以後の Gleason の定理の証明の筋道は，1957 年の原論文によるが，細かいところは〔56〕の記述が参考になった．Gleason の定理が非可算次元の場合に拡張できることは〔12〕で示されている．

付　録

A. 代数系

A1. 集合 G の2元 x, y に対して積 $xy \in G$ が定まり

(A. 1)　$(xy)z = x(yz)$　　(結合法則)

が成立つとき，G は**半群**と呼ばれる．半群 G がさらに次の2条件をみたすとき，**群**と呼ばれる．

(A. 2)　すべての $x \in G$ に対し $xe = ex = x$ となる $e \in G$ が存在する．

(A. 3)　各 $x \in G$ に対し，$xx^{-1} = x^{-1}x = e$ となる $x^{-1} \in G$ が存在する．

(A. 2) の e は一意的に定まり，**単位元**と呼ばれる．また (A. 3) の x^{-1} も x に対して一意的に定まり，x の**逆元**と呼ばれる．

群 G の空でない部分集合 M が次の条件をみたすとき，**部分群**と呼ばれる．

(A. 4)　$x, y \in M$ ならば $xy, x^{-1} \in M$.

G 自身も部分群であり，また1元集合 $\{e\}$ は最小の部分群である．部分群 M がさらに次の条件をみたすとき，**正規部分群**と呼ばれる．

(A. 5)　$x \in M$ ならば，すべての $y \in G$ に対し $y^{-1}xy \in M$.

M_1, M_2 が正規部分群のとき，$M_1M_2 = \{xy; x \in M_1, y \in M_2\}$ も正規部分群である．

A2. 群（または半群）G の2元 x, y は，$xy = yx$ のとき**可換**であるという．群 G においてすべての2元が可換であるとき，G は**可換群**と呼ばれる．可換群では，すべての部分群は正規部分群である．可換群では群の演算を加法 $x+y$ で表すことが多いが，このような加法を演算とする可換群を**加群**と呼ぶ．このとき，単位元は0, x の逆元は $-x$ で表す．加群 G において2つの部分群 M_1, M_2 をとるとき，$M_1 + M_2 = \{x+y; x \in M_1, y \in M_2\}$ はまた部分群である．

A3. B が加群であって，さらに2元 x, y に対して積 $xy \in B$ が定まり，結合法則 (A. 1) と次の分配法則がみたされているとき，B は**環**と呼ばれる．

(A. 6)　$(x+y)z = xz + yz$,　$z(x+y) = zx + zy$.

環 B の空でない部分集合 M が次の条件をみたすとき，**部分環**と呼ばれる．

(A. 7)　$x, y \in M$ ならば $x+y, -x, xy \in M$.

A4. K が環であって，さらに乗法について群を作る（すなわち (A. 2), (A. 3) をみたす）とき，K は**体**と呼ばれる．例えば，実数の全体 R や複素数の全体 C は可換な体であり，四元数の全体は非可換な体である．

A5. 体 K を係数体とする**線形空間**（または簡単に K の上の線形空間）X は次の2条件で定義される．

(A. 8)　X は加群である．

(A. 9) $x \in X$ と $\lambda \in \boldsymbol{K}$ に対して $\lambda x \in X$ が定まり，次の関係が成立つ．

$$1x = x,\quad (\lambda\mu)x = \lambda(\mu x),\quad \lambda(x+y) = \lambda x + \lambda y,\quad (\lambda+\mu)x = \lambda x + \mu x$$

(ただし，$x, y \in X$，$\lambda, \mu \in \boldsymbol{K}$)．

線形空間 X の空でない部分集合 M が次の条件をみたすとき，**線形部分空間**または単に**部分空間**と呼ばれる．

(A. 10) $x, y \in M$，$\lambda, \mu \in \boldsymbol{K}$ ならば $\lambda x + \mu y \in M$.

1 元集合 $\{0\}$ は最小の部分空間である．有限個の $x_1, \cdots, x_n \in X$ に対し，$\lambda_1 x_1 + \cdots + \lambda_n x_n$ ($\lambda_i \in \boldsymbol{K}$) を $x_1, \cdots, x_n$ の **1 次結合**という．$x_1, \cdots, x_n$ の 1 次結合の全体 ($\boldsymbol{K}x_1 + \cdots + \boldsymbol{K}x_n$ と書ける) は，$x_1, \cdots, x_n$ を含む最小の部分空間である．一般に，空でない部分集合 $A \subset X$ に対し，A に属する有限個の元の 1 次結合の全体は A を含む最小の部分空間で，これを **A から生成される部分空間**という．

A6. 線形空間 X において，有限個の元 $x_1, \cdots, x_n$ をとる．

(A. 11) $\lambda_1 x_1 + \cdots + \lambda_n x_n = 0$ ($\lambda_i \in \boldsymbol{K}$) ならば $\lambda_1 = \lambda_2 = \cdots = \lambda_n = 0$

であるとき，$x_1, \cdots, x_n$ は **1 次独立**であるという．X の部分空間 M が n 個の 1 次独立な元から生成されているとき，M は **n 次元**であるという．M がいくらでも多くの 1 次独立な元を含むとき**無限次元**という．X 自身についても同様である．

B. 位相空間と距離空間

B1. 集合 X において，その部分集合の族 $\mathcal{O}$ が与えられて次の 3 条件をみたしているとき，X は**位相空間**と呼ばれる．

(B. 1) $X \in \mathcal{O}$，$\phi \in \mathcal{O}$.

(B. 2) 任意個の $G_\alpha \in \mathcal{O}$ に対し $\bigcup_\alpha G_\alpha \in \mathcal{O}$.

(B. 3) $G_1, G_2 \in \mathcal{O}$ に対し $G_1 \cap G_2 \in \mathcal{O}$.

$\mathcal{O}$ に属する部分集合を**開集合**といい，その補集合を**閉集合**という．X の任意の部分集合 A に対し，(B. 2) より A に含まれる最大の開集合が存在する．これを A の**開核**という．また，(B. 2) より

(B. 4) 任意個の閉集合 F_α に対し $\bigcap_\alpha F_\alpha$ は閉集合

であるから，部分集合 A に対しそれを含む最小の閉集合が存在する．これを A の**閉包**といい，$\bar{A}$ で表す．

B2. 集合 X の部分集合の族 $\mathcal{O}_0$ が (B. 1) と (B. 3) をみたしているとき，$\mathcal{O}_0$ の元の任意個の合併集合となるもの全体を $\mathcal{O}$ とすれば，$\mathcal{O}$ は (B. 1)，(B. 2)，(B. 3) をすべてみたし，X は位相空間となる．この位相は，**$\mathcal{O}_0$ を開集合の基**とする位相と呼ばれる．

B3. 位相空間 X において，次の分離公理が成立つとき，X は **Hausdorff 空間**と呼ばれる (X の位相は Hausdorff であるともいう)．

(B. 5) $x \neq y$ ならば，$G_1, G_2 \in \mathcal{O}$ で $x \in G_1$，$y \in G_2$，$G_1 \cap G_2 = \phi$ となるものが存在する．

Hausdorff 空間では，1 元集合はすべて閉集合である．

B4. 位相空間 X の部分集合 A は，次の条件をみたすとき**コンパクト**と呼ばれる．

(B.6) $G_\alpha \in \mathcal{O}(\alpha \in I)$ で $A \subset \bigcup_{\alpha\in I} G_\alpha$ ならば，有限個の $\alpha_1, \cdots, \alpha_n \in I$ が存在して $A \subset \bigcup_{i=1}^{n} G_{\alpha_i}$.（$A$ の開被覆は有限部分被覆をもつ．）

コンパクト集合に含まれる閉集合はまたコンパクトである．

Hausdorff 空間 X においては，コンパクト集合はすべて閉集合である．また，X におけるコンパクト集合 A とそれに属さない元 x をとるとき，$G_1, G_2 \in \mathcal{O}$ で $x \in G_1$, $A \subset G_2$, $G_1 \cap G_2 = \phi$ となるものが存在することが容易にわかる．

B5. 位相空間 X の部分集合 A は，その閉包 $\bar{A}$ が空でない開集合を含まない（すなわち，$\bar{A}$ の開核が空集合）とき，**疎集合**と呼ばれる．可算個の疎集合の合併集合で表される部分集合は**第1類集合**と呼ばれ，そうでない部分集合は**第2類集合**と呼ばれる．

定理． コンパクトな Hausdorff 空間 X において，空でない開集合はすべて第2類集合である．

これはよく知られた定理であるが，証明の要旨を述べておく．G を空でない開集合とすれば，開集合 $G_0 \neq \phi$ で $\bar{G}_0 \subset G$ となるものがとれる．実際，$X-G$ がコンパクトだから，$x \in G$ をとるとき，$G_0, G_1 \in \mathcal{O}$ で $x \in G_0$, $X-G \subset G_1$, $G_0 \cap G_1 = \phi$ となるものがとれ，この G_0 が求めるものである．

もし，空でない G が第1類であるとすれば，疎集合 A_n があって $G = \bigcup_{n=1}^{\infty} A_n$ となる．$\bar{A}_1$ は G を含まないから，$G \cap (X-\bar{A}_1)$ は空でない開集合である．よって，開集合 $G_1 \neq \phi$ で $\bar{G}_1 \subset G \cap (X-\bar{A}_1)$ となるものがとれる．さらに，$\bar{A}_2$ が G_1 を含まないことから，開集合 $G_2 \neq \phi$ で $\bar{G}_2 \subset G_1 \cap (X-\bar{A}_2)$ となるものがとれる．これをくり返して $G_n (n=1,2,\cdots)$ を作ると，$\{\bar{G}_n\}$ は単調減少する閉集合列で

$$\bigcap_{n=1}^{\infty} \bar{G}_n \subset G \cap \bigcap_{n=1}^{\infty} (X-A_n) = \phi.$$

これは，X がコンパクトであることに反する．

B6. 位相空間 X の2つの部分集合 A, B について $\bar{A} \supset B$ のとき，A は B で**稠密**であるという．とくに，$B=X$ の場合，すなわち $\bar{A}=X$ のとき，A は稠密な部分集合と呼ばれる．

B7. 集合 X において，2元 x, y に対し実数 $d(x,y)$ が定まり，次の3条件がみたされているとき，$d(x,y)$ は x と y との**距離**と呼ばれ，X は**距離空間**と呼ばれる．

(B.7) すべての x, y に対し $d(x,y) \geqq 0$ で，$d(x,y)=0$ と $x=y$ は同値．

(B.8) $d(x,y) = d(y,x)$.

(B.9) $d(x,z) \leqq d(x,y) + d(y,z)$. （三角不等式）

距離空間 X において，$x \in X$ と正数 ε に対し

$$U(x,\varepsilon) = \{y \in X; d(y,x) < \varepsilon\}$$

とおいて，これを x の **ε 近傍**と呼ぶ．X における開集合族 $\mathcal{O}$ は次のように定義する．まず，$\phi \in \mathcal{O}$ とする．次に，空でない部分集合 G については，任意の $x \in G$ に対し十分小さい $\varepsilon > 0$ をとって $U(x,\varepsilon) \subset G$ とできるとき，$G \in \mathcal{O}$ とする．このようにして定めた $\mathcal{O}$ は

(B. 1), (B. 2), (B. 3) をみたすことが容易に確かめられ，これより X は位相空間となる．さらに，X では (B. 5) も成立ち，X は Hausdorff 空間である．

B8. 距離空間 X の元の列 $\{x_n\}$ と $x\in X$ をとるとき，$\lim_{n\to\infty} d(x_n, x)=0$ ならば，$\{x_n\}$ は x に**収束**するといい，$\lim_{n\to\infty} x_n=x$ または $x_n\to x$ と書く．X の部分集合 A に対し，$x\in\bar{A}$ であるための必要十分条件は，A の元の列 $\{x_n\}$ で x に収束するものが存在することである．また，A が閉集合であるための必要十分条件は，

(B. 10)　$x_n\in A(n=1, 2, \cdots)$，$x_n\to x$ ならば $x\in A$.

B9. 距離空間 X の元の列 $\{x_n\}$ は，$\lim_{m,n\to\infty} d(x_m, x_n)=0$ であるとき，**Cauchy 列**（または基本列）と呼ばれる．収束列は明らかに Cauchy 列である．X におけるすべての Cauchy 列が収束列であるとき，X は**完備**と呼ばれる．距離空間 X の部分集合 A が完備ならば A は閉集合であり，また，完備な距離空間 X ではその閉集合はすべて完備である．

完備でない距離空間 X に対しては，それを稠密な部分集合として含むような完備距離空間 $\hat{X}$ がただ 1 つ（同形なものは同一とみなす）存在する．$\hat{X}$ を X の **完備化** という．$\hat{X}$ の作り方は，Cauchy 列の全体を $\tilde{X}$ とし，2 つの Cauchy 列 $\tilde{x}=\{x_n\}$，$\tilde{y}=\{y_n\}$ に対し $d(x_n, y_n)\to 0$ のとき $\tilde{x}\equiv\tilde{y}$ として，その同値類の全体を $\hat{X}$ とする．2 つの $\hat{x}, \hat{y}\in\hat{X}$ に対しその距離 d は，$\hat{x}, \hat{y}$ の代表元 $\{x_n\}, \{y_n\}$ をとって

$$\hat{d}(\hat{x}, \hat{y})=\lim_{n\to\infty} d(x_n, y_n)$$

と定義し，また，$x\in X$ に対し列 $\{x, x, \cdots\}$ を含む同値類を対応させれば，X は $\hat{X}$ の部分集合と考えられて，距離 $\hat{d}$ は X 上では d と一致する．さらに，$\hat{X}$ は完備であり，X は $\hat{X}$ で稠密であることが示される．

B10. 距離空間 X の部分集合 A がコンパクトであるための必要十分条件は，

(B. 11)　A に属する元の列は必ず収束する部分列をもつ（極限は A に属する）．

一般の位相空間では，(B. 11) をみたす A は**点列コンパクト**と呼ばれる．

C. 測度と積分

C1. 集合 X において 1 つの σ 集合体 $\mathcal{F}$ を定めるとき，$(X, \mathcal{F})$ は**可測空間**と呼ばれる．$\mathcal{F}$ の上で定義された関数 μ が次の 3 条件をみたすとき，**測度**と呼ばれる．

(C. 1)　すべての $A\in\mathcal{F}$ に対し $0\leqq\mu(A)\leqq+\infty$.

(C. 2)　$\mu(\phi)=0$.

(C. 3)　$A_n\in\mathcal{F}(n=1, 2, \cdots)$ が互いに素（$n\neq m$ ならば $A_n\cap A_m=\phi$）ならば，

$$\mu(\bigcup_{n=1}^{\infty} A_n)=\sum_{n=1}^{\infty}\mu(A_n). \qquad (\sigma\text{ 加法性})$$

このとき，$A\cap B=\phi$ ならば $\mu(A\cup B)=\mu(A)+\mu(B)$ であり，$A\subset B$ ならば $\mu(A)\leqq\mu(B)$ である．また，$A_n\in\mathcal{F}$ に対し一般には $\mu(\bigcup_n A_n)\leqq\sum_n\mu(A_n)$.

条件 (C. 1) を少し強くして $0\leqq\mu(A)<+\infty$ としたとき，μ は**正測度**と呼ばれ，さらに $\mu(X)=1$ としたとき，μ は**確率測度**と呼ばれる．

実数空間 $\boldsymbol{R}$ において Borel 集合全体の作る σ 集合体 $\mathcal{B}(\boldsymbol{R})$ をとるとき，$(\boldsymbol{R}, \mathcal{B}(\boldsymbol{R}))$

における測度を簡単に $\boldsymbol{R}$ 上の測度と呼ぶ．また，$A\in\mathcal{B}(\boldsymbol{R})$ をとるとき，$\mathcal{B}_A=\{B\in\mathcal{B}(\boldsymbol{R}); B\subset A\}$ として $(A, \mathcal{B}_A)$ における測度を A 上の測度と呼ぶ．

$\boldsymbol{R}$ 上の測度 μ に対し，$\mu(G)=0$ となる開集合 G の中で最大のものが存在するが，その補集合を μ の**台**といい $\mathrm{Supp}\,\mu$ と書く（定義 27.1 参照）．

$\boldsymbol{R}$ 上の測度の中で代表的なものは **Lebesgue 測度** m である．これは次の条件をみたすものとして一意的に定まる．

(C. 4)　$\boldsymbol{R}$ の半開区間 $[a, b)$ に対し $m([a, b))=b-a$.

$\boldsymbol{R}$ の可算集合 A については $m(A)=0$ である．また，m の台は $\boldsymbol{R}$ である．

C2.　可測空間 $(X, \mathcal{F})$ における測度の定義において，条件 (C. 1) の代りに $\mu(A)\in\boldsymbol{R}$ としたとき，μ は**実測度**と呼ばれ，$\mu(A)\in\boldsymbol{C}$ としたとき，μ は**複素測度**と呼ばれる．μ が実測度のとき，よく知られているように

$$\mu^+(A)=\sup\{\mu(B); B\in\mathcal{F}, B\subset A\},$$
$$\mu^-(A)=\sup\{-\mu(B); B\in\mathcal{F}, B\subset A\}$$

とおけば，μ^+ と μ^- は正測度で $\mu=\mu^+-\mu^-$ となる（Jordan 分解）．また，μ が複素測度のときは，

$$\mu^R(A)=\mathrm{Re}\,\mu(A),\quad \mu^I(A)=\mathrm{Im}\,\mu(A)$$

とおけば，明らかに μ^R と μ^I は実測度で $\mu=\mu^R+i\mu^I$ となる．

C3.　μ を $(X, \mathcal{F})$ における測度とする．X 上の $\mathcal{F}$ 可測関数 f（定義 24.3 参照）の**積分**は次のように定義される．f が非負値の単純関数 $\sum_{k=1}^n \alpha_k\chi_{A_k}$ $(A_k\in\mathcal{F}, \alpha_k\geqq 0)$ のときは，$\int_X f d\mu=\sum_{k=1}^n \alpha_k\mu(A_k)$ とし，f が非負値の可測関数のときは

$$\int_X f d\mu=\sup\left\{\int_X g d\mu;\ g\text{ は単純で }0\leqq g\leqq f\right\}$$

として，$\int_X f d\mu<+\infty$ のとき，f は μ **積分可能**という．実数値可測関数 f については，f^+ と f^- がともに μ 積分可能のとき，f は μ 積分可能といい

$$\int_X f d\mu=\int_X f^+ d\mu-\int_X f^- d\mu.$$

とする．さらに，f が複素数値可測関数，すなわち $\mathrm{Re}\,f$ と $\mathrm{Im}\,f$ とがともに可測関数の場合，それらが μ 積分可能ならば f は μ 積分可能といい

$$\int_X f d\mu=\int_X \mathrm{Re}\,f d\mu+i\int_X \mathrm{Im}\,f\,d\mu$$

とする．このとき，次の関係は明らかである．

$$\int_X \bar{f} d\mu=\overline{\int_X f d\mu},$$
$$\int_X (\alpha f+\beta g) d\mu=\alpha\int_X f d\mu+\beta\int_X g d\mu\quad (\alpha, \beta\in\boldsymbol{C}).$$

C4.　$\boldsymbol{R}$ 上の $\mathcal{B}(\boldsymbol{R})$ 可測関数は Borel 関数と呼ばれる．$\boldsymbol{R}$ 上の正測度 μ の台を $\boldsymbol{F}$ とするとき，複素数値 Borel 関数 f が $\boldsymbol{F}$ 上で有界ならば，μ 積分可能で

$$\left|\int_R f d\mu\right| \leqq \sup\{|f(\lambda)|;\ \lambda\in F\}\mu(F).$$

実際，積分についての Schwartz の不等式より

$$\left(\int_R \mathrm{Re}\, f d\mu\right)^2 \leqq \int_R (\mathrm{Re}\, f)^2 d\mu\cdot\mu(F),\quad \left(\int_R \mathrm{Im}\, f d\mu\right)^2 \leqq \int_R (\mathrm{Im}\, f)^2 d\mu\cdot\mu(F)$$

であるから，$c=\sup\{|f(\lambda)|;\ \lambda\in F\}$ として

$$\left|\int_R f d\mu\right|^2 = \left(\int_R \mathrm{Re}\, f d\mu\right)^2 + \left(\int_R \mathrm{Im}\, f d\mu\right)^2 \leqq \int_R |f|^2 d\mu\cdot\mu(F) \leqq c^2\mu(F)^2.$$

C5.　積分の定義を複素測度にまで拡張する．まず，μ を $(X,\ \mathscr{F})$ における実測度とする．複素数値可測関数 f が μ^+ と μ^- について積分可能のとき，f は μ 積分可能といい

$$\int_X f d\mu = \int_X f d\mu^+ - \int_X f d\mu^-$$

と定義する．μ_1, μ_2 が正測度で $\mu=\mu_1-\mu_2$ となるとき，明らかに $\mu_1\geqq\mu^+$，$\mu_2\geqq\mu^-$ である．よって，f が μ_1 と μ_2 について積分可能ならば，μ 積分可能で次の式が成立つ．

$$\int_X f d\mu = \int_X f d\mu_1 - \int_X f d\mu_2.$$

実際，$\mu_1-\mu_2=\mu^+-\mu^-$ より $\mu_1+\mu^-=\mu_2+\mu^+$ であるから，

$$\int_X f d\mu_1 + \int_X f d\mu^- = \int_X f d\mu_2 + \int_X f d\mu^+.$$

次に，μ を $(X, \mathscr{F})$ における複素測度とする．f が μ^R, μ^I について積分可能のとき，μ積分可能といい

$$\int_X f d\mu = \int_X f d\mu^R + i\int_X f d\mu^I$$

と定義する．ここで次の関係は容易に確かめられる．

$$\int_X (\alpha f+\beta g) d\mu = \alpha\int_X f d\mu + \beta\int_X g d\mu \quad (\alpha, \beta\in \boldsymbol{C}),$$

$$\int_X f d\mu = \overline{\int_X f d\bar{\mu}} \quad (\text{ただし } \bar{\mu}(A)=\overline{\mu(A)},\ \text{すなわち } \bar{\mu}=\mu^R-i\mu^I).$$

D.　ノルム空間と位相線形空間

D1.　線形空間 X の係数体 $\boldsymbol{K}$ は実数体 $\boldsymbol{R}$ または複素数体 $\boldsymbol{C}$ とする．X の各元 x に対し実数 $\|x\|$ が定まり，次の3条件がみたされているとき，$\|x\|$ は x の**ノルム**と呼ばれ，X は**ノルム空間**と呼ばれる．

(D. 1)　すべての x に対し $\|x\|\geqq 0$ で，$\|x\|=0$ と $x=0$ は同値．

(D. 2)　$\|\alpha x\|=|\alpha|\,\|x\|\,(\alpha\in\boldsymbol{K})$.

(D. 3)　$\|x+y\|\leqq\|x\|+\|y\|$.

ノルム空間 X の2元 x, y に対し，$d(x,y)=\|x-y\|$ と定義すれば，明らかに X は距離空間である．X がこの距離について完備のとき，**Banach 空間**と呼ばれる．

D2.　線形空間 X が位相空間であって，$X\times X$ から X への写像 $(x,y)\to x+y$ と，$X\times$

$\boldsymbol{K}$からXへの写像$(x,\alpha)\to\alpha x$がともに連続であるとき，Xは**位相線形空間**と呼ばれる．ノルム空間は位相線形空間である．

位相線形空間Xの部分空間Mが閉集合のとき，**閉部分空間**という．Xの位相がHausdorffならば，$\{0\}$は閉部分空間である．また，Mが閉部分空間のとき，任意の$x\in X$に対し$M+\boldsymbol{K}x$は閉部分空間であることが示される．

D3.　ノルム空間Xからその係数体$\boldsymbol{K}$への写像fで次の2条件をみたすものをX上の**有界線形汎関数**という．

(D. 4)　$f(\alpha x+\beta y)=\alpha f(x)+\beta f(y)$　$(x, y\in X,\ \alpha, \beta\in\boldsymbol{K})$.

(D. 5)　すべての$x\in X$に対し$|f(x)|\leqq c\|x\|$となるような正数cが存在する．

X上の有界線形汎関数全体をXの**共役空間**といい，X^*で表す．X^*は明らかに線形空間（$\boldsymbol{K}$の上の）であり，さらに(D. 5)をみたすcの最小値をfのノルムとすれば，X^*はBanach空間となることが示される．

Xの各元xに対して，X^*から$\boldsymbol{K}$への写像$f\to f(x)$はX^*上の有界線形汎関数となっている．すべての$x\in X$についてこの写像を連続にするようなX^*の位相の中で最も弱い(開集合の数が少ない)ものを**汎弱位相**という(これはノルムによる位相より弱い)．X^*は汎弱位相によって位相線形空間となっている．X^*の部分空間M^*が汎弱位相で閉集合であるとき，**汎弱閉部分空間**と呼ばれる．

Xの部分集合Aに対し

$$A^{\perp}=\{f\in X^*;\ \text{すべての}\ x\in A\ \text{に対し}\ f(x)=0\}$$

とおけば，これはX^*の汎弱閉部分空間である．逆に，X^*の汎弱閉部分空間M^*をとるとき

$$(M^*)^{\perp}=\{x\in X;\ \text{すべての}\ f\in M^*\ \text{に対し}\ f(x)=0\}$$

はXの閉部分空間であり，$(M^*)^{\perp\perp}=M^*$が成立つ．また，MがXの閉部分空間ならば，$M^{\perp\perp}=M$が成立つ．よって，$M\to M^{\perp}$はXの閉部分空間全体からX^*の汎弱閉部分空間全体への全単射である．

以上のことは，一般にXが局所凸という条件をみたす位相線形空間であるときに成立つ．

E.　Hilbert空間における直交系と次元

E1.　XはHilbert空間（係数体$\boldsymbol{K}$は$\boldsymbol{R}$または$\boldsymbol{C}$）とする．Xの2元x, yは$\langle x, y\rangle=0$のとき**直交する**といい，互いに直交するようなXの元の集まりを**直交系**という．$\{x_1, \cdots, x_n\}$が直交系ならば，内積の性質から明らかに

$$\|x_1+\cdots+x_n\|^2=\|x_1\|^2+\cdots+\|x_n\|^2.\quad \text{(Pythagoras の定理)}$$

直交系$\{x_\mu;\mu\in I\}$は，すべての$\mu\in I$に対し$\|x_\mu\|=1$のとき，**正規直交系**と呼ばれる．さらに，それが極大であるとき，すなわち，すべてのx_μと直交する元は0だけであるとき，**完全正規直交系**と呼ばれる．

Hilbert 空間 X に対し，X における完全正規直交系の濃度は一定であり，これを X の**次元**という．例えば，$\boldsymbol{K}$ の元の列 (ξ_n) で $\sum_{n=1}^{\infty}|\xi_n|^2<+\infty$ となるもの全体が作る Hilbert 空間 (l^2)（内積は $\langle(\xi_n),(\eta_n)\rangle=\sum_{n=1}^{\infty}\xi_n\bar{\eta}_n$）は可算無限次元である．また，$\boldsymbol{K}^n$ は内積を $\langle(\xi_1,\cdots,\xi_n),(\eta_1,\cdots,\eta_n)\rangle=\sum_{i=1}^{n}\xi_i\bar{\eta}_i$ として n 次元 Hilbert 空間となる．($\boldsymbol{K}=\boldsymbol{R}$ のときは，$\bar{\eta}=\eta$ とする．)

Hilbert 空間 X が可算次元であるための必要十分条件は，X が可分，すなわち X において稠密な可算集合が存在することである．

E2. Hilbert 空間 X において，完全正規直交系 $\{e_\mu;\mu\in I\}$ をとるとき，任意の $x\in X$ に対し，$\langle x,e_\mu\rangle\neq 0$ となる μ の数は可算個であって，次の 2 式が成立つ．

$$x=\sum_{\mu\in I}\langle x,e_\mu\rangle e_\mu,$$

$$\|x\|^2=\sum_{\mu\in I}|\langle x,e_\mu\rangle|^2.\quad\text{(Parseval の等式)}$$

E3. ここで非可算個の数の和について述べておく．無限個の負でない実数 $\{\alpha_\mu;\mu\in I\}$ に対し

(E.1) $\sum_{\mu\in I}\alpha_\mu=\sup\{\sum_{\mu\in I'}\alpha_\mu;\ I'$ は I の有限部分集合$\}$

と定義する．I が可算無限集合のときは通常の $\sum_{n=1}^{\infty}\alpha_n(=\lim_{n\to\infty}\sum_{i=1}^{n}\alpha_i)$ と同じである．また，次の式が明らかに成立つ．

$$\sum_{\mu\in I}(\sum_{\nu\in J}\alpha_{\mu\nu})=\sum_{(\mu,\nu)\in I\times J}\alpha_{\mu\nu}=\sum_{\nu\in J}(\sum_{\mu\in I}\alpha_{\mu\nu}).$$

次に，この定義の $\sum_{\mu\in I}\alpha_\mu=\alpha<+\infty$ の場合を一般化して，無限個の $\boldsymbol{K}$ の元 $\{\alpha_\mu;\mu\in I\}$ の和 α を次のように定義する．任意の正数 ε に対し I の有限部分集合 I_0 が存在して，I_0 を含むすべての有限部分集合 I' について

$$|\sum_{\mu\in I'}\alpha_\mu-\alpha|<\varepsilon$$

であるとき，$\alpha=\sum_{\mu\in I}\alpha_\mu$ とする．I が可算無限集合ならば通常の $\sum_{n=1}^{\infty}\alpha_n=\alpha$ と同義である．

$\sum_{\alpha\in I}|\alpha_\mu|<+\infty$ ならば，$\sum_{\mu\in I}\alpha_\mu$ が存在することは容易に確かめられるが，このとき $\sum_\mu\alpha_\mu$ は**絶対収束**するという．

F. 有界線形作用素

F1. X と Y は同じ係数体 $\boldsymbol{K}$ の上のノルム空間とする ($\boldsymbol{K}$ は $\boldsymbol{R}$ または $\boldsymbol{C}$)．X から Y への写像 T で次の 2 条件をみたすものを**有界線形作用素**と呼ぶ．

(F.1) $T(\alpha x+\beta y)=\alpha Tx+\beta Ty\ \ (x,y\in X,\ \alpha,\beta\in\boldsymbol{K})$

(F.2) すべての $x\in X$ に対し $\|Tx\|\leqq c\|x\|$ となるような正数 c が存在する．この (F.2) は T が連続写像であることと同値である．X から Y への有界線形作用素全体を $\boldsymbol{B}(X,Y)$ と書く．これはまた，$\boldsymbol{K}$ 上の線形空間であって，さらに (F.2) をみたす c の最小値を T のノルムとすれば，

(F.3) $\|T\|=\sup\{\|Tx\|/\|x\|;\ 0\neq x\in X\}=\sup\{\|Tx\|;\ \|x\|=1\}$

であり，$\boldsymbol{B}(X,Y)$ はノルム空間であることが確かめられる．もし，Y が完備，すなわ

ち Banach 空間であるならば，$\boldsymbol{B}(X, Y)$ も Banach 空間となる.

F2. X はノルム空間とし，X からそれ自身への有界線形作用素全体，すなわち $\boldsymbol{B}(X, X)$ を簡単に $\boldsymbol{B}(X)$ と書く．$T, S\in\boldsymbol{B}(X)$ に対して，その積を

$$(TS)x=T(Sx)\quad(x\in X)$$

と定義すれば，明らかに $TS\in\boldsymbol{B}(X)$ で，$\boldsymbol{B}(X)$ は環となり，さらに次のことが成立つ.

$$\lambda(TS)=(\lambda T)S=T(\lambda S),\quad \|TS\|\leqq\|T\|\|S\|.$$

また，$\boldsymbol{B}(X)$ における単位元は恒等作用素 I である.

$T\in\boldsymbol{B}(X)$ が逆元をもつ，すなわち $TT^{-1}=T^{-1}T=I$ となる $T^{-1}\in\boldsymbol{B}(X)$ が存在するとき，T は**可逆**であるという．T が可逆であるための必要十分条件は，T が全射であって次の条件をみたすことである.

(F. 4) すべての $x\in X$ に対し $\|Tx\|\geqq c\|x\|$ となるような正数 c が存在する.

以下 X は Hilbert 空間とする（係数体 $\boldsymbol{K}$ は $\boldsymbol{R}$ または $\boldsymbol{C}$).

F3. X の元 y を固定して

(F. 5) $f(x)=\langle x, y\rangle\quad(x\in X)$

とおけば，f は X 上の有界線形汎関数，すなわち $f\in X^*=\boldsymbol{B}(X, \boldsymbol{K})$ で，$\|f\|=\|y\|$ である．逆に，任意の $f\in X^*$ に対して (F. 5) をみたす $y\in X$ がただ 1 つ存在する (Riesz の定理).

F4. $X\times X$ から $\boldsymbol{K}$ への写像 φ が次の 2 条件をみたすとき，X 上の**双線形汎関数**と呼ばれる.（$\boldsymbol{K}=\boldsymbol{R}$ のときは，$\bar{\alpha}=\alpha$ とする.）

(F. 6) $\varphi(\alpha x_1+\beta x_2, y)=\alpha\varphi(x_1, y)+\beta\varphi(x_2, y)$

(F. 7) $\varphi(x, \alpha y_1+\beta y_2)=\bar{\alpha}\varphi(x, y_1)+\bar{\beta}\varphi(x, y_2)$.

φ がさらに次の条件をみたすとき，**有界双線形汎関数**と呼ばれる.

(F. 8) すべての $x, y\in X$ に対し $|\varphi(x, y)|\leqq c\|x\|\|y\|$ となる正数 c が存在する.

X からそれ自身への有界線形作用素 $T\in\boldsymbol{B}(X)$ をとるとき，

(F. 9) $\varphi(x, y)=\langle Tx, y\rangle\quad(x, y\in X)$

とおけば，φ は X 上の有界双線形汎関数となるが，逆に，X 上の任意の有界双線形汎関数 φ に対して (F. 9) をみたす $T\in\boldsymbol{B}(X)$ がただ 1 つ存在することが，F3 の定理によって証明される．（実際，$x\in X$ を固定して $f_x(y)=\overline{\varphi(x, y)}$ とおけば $f_x\in X^*$ であるから，$\overline{\varphi(x, y)}=\langle y, u\rangle$ となる $u\in X$ が存在する．そこで，$u=Tx$ とすればよい.）

F5. $T\in\boldsymbol{B}(X)$ に対して次の式をみたす $T^*\in\boldsymbol{B}(X)$ がただ 1 つ存在する.

(F. 10) $\langle T^*x, y\rangle=\langle x, Ty\rangle\quad(x, y\in X)$.

なぜならば，この右辺は X 上の有界双線形汎関数となるからである．T^* は T の**共役作用素**と呼ばれ，次の諸性質が容易に確かめられる.

$$(T^*)^*=T,\quad(T+S)^*=T^*+S^*,\quad(\lambda T)^*=\bar{\lambda}T^*,\quad(TS)^*=S^*T^*,$$
$$\|T^*\|=\|T\|,\quad\|T^*T\|=\|TT^*\|=\|T\|^2.$$

F6. $T\in\boldsymbol{B}(X)$ が**自己共役**，すなわち $T^*=T$ であって

(F. 11) すべての $x\in X$ に対し $\langle Tx, x\rangle\geqq 0$

であるとき，$T\geqq O$ と書く．例えば，任意の $T\in \boldsymbol{B}(X)$ に対し $T^*T\geqq O$ である．

$\boldsymbol{K}=\boldsymbol{C}$ の場合は，(F. 11) から T の自己共役性が証明される．多くの著書において（拙著，関数解析〔41〕でも）自己共役作用素に関連する議論では，$\boldsymbol{K}=\boldsymbol{C}$ の場合のみを扱っている．しかし，$\boldsymbol{K}=\boldsymbol{R}$ の場合も，$T\geqq O$ の定義に上のように T の自己共役性も加えておきさえすれば，以下 F10 までの結果は，$\boldsymbol{K}=\boldsymbol{C}$ の場合と同様に成立つ．

$T\geqq O$ のとき，任意の $x, y\in X$ に対して次の不等式が成立つ．

$$|\langle Tx, y\rangle|^2\leqq\langle Tx, x\rangle\langle Ty, y\rangle.$$

これより，T が自己共役で（$\boldsymbol{K}=\boldsymbol{C}$ のときこの仮定は不要）すべての $x\in X$ に対し $\langle Tx, x\rangle=0$ であれば，$T=O$ である．

また，T が自己共役であるとき，次の式が示される．

$$\|T\|=\sup\{|\langle Tx, x\rangle|;\ \|x\|\leqq 1\}.$$

F7. $T\in \boldsymbol{B}(X)$ が $T\geqq O$ であるならば，次の条件をみたす $Q\in \boldsymbol{B}(X)$ がただ 1 つ存在する．

(F. 12) $Q\geqq O$ かつ $Q^2=T$.

この Q は，T と可換な $S\in \boldsymbol{B}(X)$ と必ず可換である．Q を $\sqrt{T}$ と書く．任意の $T\in \boldsymbol{B}(X)$ に対し $\sqrt{T^*T}$ を $|T|$ と書く．

F8. $U\in \boldsymbol{B}(X)$ が次の性質をもつとき，**部分等長作用素**と呼ばれる．X の閉部分空間 M が存在して

(F. 13) $x\in M$ ならば $\|Ux\|=\|x\|$，$x\in M^{\perp}$ ならば $Ux=0$.

このとき，M を U の**始集合**，$UX=N$ を U の**終集合**という．N はまた閉部分空間で，U^* は N を始集合，M を終集合とする部分等長作用素である．さらに，

$$U^*U=P_M,\quad UU^*=P_N.$$

任意の $T\in \boldsymbol{B}(X)$ に対して，部分等長作用素 U が存在して

(F. 14) $T=U|T|$，$|T|=U^*T$（T の**極形式分解**）

が成立つ．ここで U の始集合は $\overline{T^*X}=\overline{|T|X}$ であり，終集合は $\overline{TX}$ である．

F9. $T\in \boldsymbol{B}(X)$ が X の単位球 $\{x\in X; \|x\|\leqq 1\}$ をあるコンパクト集合の中に写すとき，T は**コンパクト作用素**と呼ばれる．T が退化作用素（すなわち，TX が有限次元）ならば，T はコンパクト作用素である．

$T, S\in \boldsymbol{B}(X)$ がともにコンパクトならば，$\alpha T+\beta S$ もコンパクトである．また，T がコンパクトならば，すべての S に対して TS, ST はコンパクトである．さらに，$T_n(n=1, 2, \cdots)$ がすべてコンパクトで $\|T_n-T\|\to 0$ ならば，T もコンパクトである．

F10. $T\in \boldsymbol{B}(X)$ に対し，$Tx=\lambda x$ となる $0\neq x\in X$ が存在するような $\lambda\in \boldsymbol{K}$ を T の**固有値**といい，$\{x\in X; Tx=\lambda x\}$ を λ に属する T の**固有空間**という．これは X の閉部分空間である．

以下，T は自己共役とする．このとき，$\boldsymbol{K}=\boldsymbol{C}$ の場合でも固有値はすべて実数である．

実際，$Tx=\lambda x$ ならば，T の自己共役性より

$$\lambda\langle x, x\rangle=\langle Tx, x\rangle=\langle x, Tx\rangle=\bar{\lambda}\langle x, x\rangle$$

だから，$\lambda=\bar{\lambda}$.（また，$T\geqq O$ ならば，明らかに $\lambda\geqq 0$ である.）さらに，λ, μ を相異なる固有値とすれば，明らかにそれらに属する固有空間が互いに直交する．よって，固有空間の上への射影作用素を P_λ, P_μ とすれば，$P_\lambda P_\mu=O$.

特に，T が自己共役かつコンパクトな作用素であるとき，次のことが成立つ.

(i)　T の固有値は可算個であり，0でない固有値を絶対値の大きい方から $\lambda_1, \lambda_2, \cdots$ とするとき，これが無限個の場合は $\lim_{n\to\infty}\lambda_n=0$ である.

(ii)　各 λ_n に属する固有空間 M_n はすべて有限次元で，互いに直交する.

(iii)　M_n の上への射影作用素を P_n とおくとき，$\{\lambda_n\}$ が有限個の場合，$T=\sum_n\lambda_nP_n$ であり，$\{\lambda_n\}$ が無限個の場合，$T_n=\sum_{k=1}^n\lambda_kP_k$ とおいて $\lim_{n\to\infty}\|T_n-T\|=0$ である．よって，$T=\sum_{n=1}^\infty\lambda_nP_n$ と書くことができる.

G.　有界線形作用素のスペクトル

G1.　X は複素 Hilbert 空間とする（すなわち，$\boldsymbol{K}=\boldsymbol{C}$）．$T\in\boldsymbol{B}(X)$ に対して，$\lambda I-T$ が可逆でないような $\lambda\in\boldsymbol{C}$ の全体を T の**スペクトル**といい，$\sigma(T)$ と書く．例えば，T の固有値は $\sigma(T)$ に属する.

(G.1)　$r(T)=\sup\{|\lambda|; \lambda\in\sigma(T)\}$

を T の**スペクトル半径**という．$\sigma(T)$ は $\boldsymbol{C}$ の有界閉集合であって，$r(T)\leqq\|T\|$ であることが示される.

G2.　$T\in\boldsymbol{B}(X)$ が自己共役のときは，T が条件（F.4）をみたすだけで可逆であることが証明される．これを用いると，自己共役な T については次のことが示される.

$$\sigma(T)\subset\boldsymbol{R} \text{ かつ } r(T)=\|T\|=\sup\{|\langle Tx, x\rangle|; \|x\|\leqq 1\}.$$

G3.　$T\in\boldsymbol{B}(X)$ が自己共役のとき，実数係数の多項式

$$p(t)=\sum_{k=1}^n\alpha_kt^k\quad(\alpha_k\in\boldsymbol{R},\ \alpha_n\neq 0)$$

に対して $p(T)$ は自己共役作用素である．このとき，$\sigma(p(T))=\{p(\lambda); \lambda\in\sigma(T)\}$ であることが証明され，これを用いて次の式が示される.

$$\|p(T)\|=\sup\{|p(\lambda)|; \lambda\in\sigma(T)\}.$$

この付録のD以降は関数解析の内容であるが，参考書としては〔41〕でだいたい十分である.

参 考 文 献

〔1〕 J. C. Abbott, *Trends in lattice theory*, Von Nostrand, New York, 1970.

〔2〕 I. Amemiya and H. Araki, *A remark on Piron's paper*, Publ. R.I. M.S., Kyoto Univ., Ser. A2(1966), 423–427.

〔3〕 I. Amemiya and I. Halperin, *Complemented modular lattices*, Canad. J. Math., **11**(1959), 481–520.

〔4〕 R. Baer, *Linear algebra and projective geometry*, Academic Press, New York, 1952.

〔5〕 S.K. Berberian, *Baer *-rings*, Springer–Verlag, Berlin, 1972.

〔6〕 G. Birkhoff, *Lattice theory* (third ed.), Amer. Math. Soc. Colloq. Publ., Providence, 1967.

〔7〕 G. Birkhoff and J. von Neumann, *The logic of quantum mechanics*, Ann. of Math., **37**(1936), 823–843.

〔8〕 T.S. Blyth and M. F. Janowitz, *Residuation theory*, Pergamon Press, Oxford, 1972.

〔9〕 G. Boole, *The mathematical analysis of logic*, Cambridge, 1847.

〔10〕 R. Dedekind, *Über die von drei Moduln erzeugte Dualgruppe*, Math. Ann., **53**(1900), 371–403.

〔11〕 N. Dunford and J. Schwartz, *Linear operators*, Part Ⅱ, Interscience, New York, 1963.

〔12〕 M. Eilers and E. Horst, *The theorem of Gleason for nonseparable Hilbert spaces*, International J. Theo. Phys., **13**(1975), 419–424.

〔13〕 G.A. Elliott, *Perspectivity in the projection lattice of an AW*-algebra*, Proc. Amer. Math. Soc., **38**(1973), 367–368.

〔14〕 D.J. Foulis, *Baer *-semigroups*, Proc. Amer. Math. Soc., **11**(1960), 648–654.

〔15〕 D.J. Foulis, *A note on orthomodular lattices*, Portugal Math., **21**(1962), 65–72.

〔16〕 I.M. Gelfand and N. Ya. Vilenkin, *Generalized functions*, Vol. 4, Academic Press, New York, 1964.

〔17〕 A.M. Gleason, *Measures on the closed subspaces of a Hilbert space*, J. Math. Mech., **6**(1957), 885–893.

〔18〕 R.J. Greechie, *Orthomodular lattices admitting no states*, J. Combinatorial Theory, Ser. A, **10**(1971), 119–132.

〔19〕 P.R. Halmos, *Introduction to Hilbert space and the theory of spectral multiplicity*, Chelsea, New York, 1951.

〔20〕 C. A. Hooker, *Contemporary research in the foundations and philosophy of quantum theory*, Reidel, Dordrecht, 1973.

〔21〕 S. S. Holland, Jr., *A Radon–Nikodym theorem in dimension lattices*, Trans. Amer. Math. Soc., **108**(1963), 66–87.

〔22〕 岩村聯，束論，共立全書 161，共立出版，1966.

〔23〕 M. F. Janowitz, *Baer Semigroups*, Duke Math. J., **32**(1965), 85–96.

〔24〕 M. F. Janowitz, *A semigroup approach to lattices*, Canad. J. Math., **18** (1966), 1212–1223.

〔25〕 J. M. Jauch, *Foundations of quantum mechanics*, Addison–Wesley, Readings, 1968.

〔26〕 S. Kakutani and G. W. Mackey, *Two characterizations of real Hilbert space*, Ann. of Math., **45**(1944), 50–58.

〔27〕 S. Kakutani and G. W. Mackey, *Ring and lattice characterizations of complex Hilbert space*, Bull. Amer. Math. Soc., **52**(1946), 727–733.

〔28〕 I. Kaplansky, *Projections in Banach algebras*, Ann. of Math., **53**(1951), 235–249.

〔29〕 I. Kaplansky, *Any orthocomplemented complete modular lattice is a continuous geometry*, Ann. of Math., **61**(1955), 524–541.

〔30〕 I. Kaplansky, *Rings of operators*, Benjamin, New York, 1968.

〔31〕 L. H. Loomis, *The lattice theoretic backgroud of the dimension theory of operator algebras*, Memoirs of Amer. Math. Soc., No. 18, 1955.

〔32〕 G. W. Mackey, *On infinite-dimensional linear spaces*, Trans. Amer. Math. Soc., **57**(1945), 155–207.

〔33〕 G. W. Mackey, *Quantum mechanics and Hilbert space*, Amer. Math. Monthly, **64**(1957), 45–57.

〔34〕 G. W. Mackey, *The mathematical foundations of quantum mechanics*, Benjamin, New York, 1963.

〔35〕 S. MacLane, *A lattice formulation for transcendence degrees and p-bases*, Duke Math. J., **4**(1938), 455–468.

〔36〕 F. Maeda, *Kontinuierliche Geometrien*, Springer–Verlag, Berlin, 1958. (前田文友，連続幾何学，岩波書店，1952 の独訳).

〔37〕 F. Maeda and S. Maeda, *Theory of symmetric lattices*, Springer–Verlag, Berlin, 1970.

〔38〕 S. Maeda, *On a ring whose principal right ideals generated by idempotents form a lattice*, J. Sci. Hiroshima Univ., Ser. A, **24**(1960), 509–525.

〔39〕 前田周一郎，作用素環の束論的研究，数理解析研究所講究録，**9**(1966)，24–42.

〔40〕 S. Maeda, *On atomistic lattices with the covering property*, J. Sci. Hiroshima Univ., Ser. A–I, **31** (1967), 105–121.

〔41〕 前田周一郎，関数解析，森北出版，1974.

〔42〕 S. Maeda, *On *-rings satisfying the square root axiom*, Proc. Amer. Math. Soc., **52**(1975), 188–190.

〔43〕 S. Maeda and S. S. Holland Jr., *Equivalence of projections in Baer *-rings*, J. Algebra, **39**(1976), 150–159.

〔44〕 前田周一郎，原子的束の有限モジュラー性について，数学，**31**(1979)，252–255.

〔45〕 K. Menger, *New foundations of projective and affine geometry*, Ann. of Math., **37**(1936), 459–482.

〔46〕 M. Nakamura, *The permutability in a certain orthocomplemented lattice*, Kodai Math. Sem. Reports, **9**(1957), 158–160.

〔47〕 C. Piron, *Axiomatique quantique*, Helv. Phys. Acta, **37**(1964), 439–468.

〔48〕 C. Piron, *Foundations of quantum physics*, Benjamin, Readings, 1976.

〔49〕 C. E. Rickart, *Banach algebras with an adjoint operation*, Ann. of Math., **47** (1946), 528–550.

〔50〕 U. Sasaki, *Orthocomplemented lattices, satisfying the exchange axiom*, J. Sci. Hiroshima Univ., Ser. A, **17**(1954), 293–302.

〔51〕 L. A. Skornyakov, *Complemented modular lattices and regular rings*, Oliver and Boyd, Edinburgh, 1964 (原本はロシヤ語，1961).

〔52〕 スコルニャコフ（斉藤訳），束論入門，東京図書，1971（原本はロシヤ語，1970).

〔53〕 S. Strătilă and L. Zsidó, *Lectures on von Neumann algebras*, Editura Academiei, Bucharest, 1979.

〔54〕 杉原丈夫，非古典論理学，槇書店（数学選書），1975.

〔55〕 G. Szász, *Introduction to lattice theory*, Academic Press, New York, 1963.

〔56〕 V. S. Varadarajan, *Geometry of quantum theory*, Vol. 1, Van Nostrand, Princeton, 1968.

〔57〕 J. von Neumann, *Die mathematische Grundlagen der Quantenmechanik*, Springer–Verlag, Berlin, 1932 (井上他による邦訳：J. V. ノイマン，量子力学の数学的基礎，みすず書房，1957).

〔58〕 J. von Neumann, *Continuous geometry*, Princeton University Press, Princeton, 1960.

〔59〕 W. J. Wilbur, *Quantum logic and the locally convex spaces*, Trans. Amer. Math. Soc., **207**(1975), 343–360.

索　引

イ

位相空間(topological space)　161
位相線形空間(topological linear space)　166
1次結合(linear combination)　161
1次独立(linearly independent)　161
一般射影幾何(generalized projective geometry)　46
イデアル(ideal)　6
ε近傍(ε-neighborhood)　162

エ

AC束(AC-lattice)　31
AW*環(AW*-algebra)　82
M*対称(M*-symmetric)　36
M対称(M-symmetric)　36
Hermite, C. (エルミート, 1822-1901) 71
Hermite形式(Hermitian form)　71

オ

オーソモジュラー束(orthomodular lattice)　16
オブザーバブル(observable)　105
重さ(weight)　146

カ

開核(open kernel)　161
開集合(open set)　161
下界(lower bound)　3
可換(commutative)
　オーソモジュラー束の元の――　61
　半群の元の――　160
可換群(commutative group)　160
可換族(commutative family)　65
可逆(invertible)　168
核型作用素(nuclear operator)　142
加群(additive group, module)　160
確率測度(probability measure)　114, 163
　論理Lの上の――　116
確率分布(probability distribution)　114
重ね合せ(superposition)　125
重ね合せの原理(superposition principle)　127
可測(measurable)　107
可測空間(measurable space)　163
カバー(cover)　8
カバリング性(covering property)　29
可分(separable)
　σ集合体の――　54
　σ完備直可補束の――　112
可補束(complemented lattice)　12
下連続(lower continuous)　39
環(ring)　160
完全加法的(completely additive)　118
完全実部分空間(completely real subspace)　153
完全正規直交系(complete orthonormal system)　166
完全な部分束(complete sublattice)　64
完全不連結(totally disconnected)　53
完備(complete)　163
完備化(completion)　163
完備束(complete lattice)　5

キ

基(base)
　束の有限な元の——　30
　開集合の——　161
既約(irreducible)　17
既約分解定理(irreducible decomposition theorem)　26
逆元(inverse element)　160
球関数(spherical function)　150
共役空間(dual space)　166
共役作用素(dual operator)　168
共立的(compatible)　104
極形式分解(polar decomposition)　169
極大イデアル(maximal ideal)　50
距離(distance)　162
距離空間(metric space)　162

ク

区間(interval)　3
群(group)　160

ケ

原子元(atom)　8
原子元空間(atom space)　39
原子的束(atomistic lattice)　8

コ

交換性(exchange property)　29
Cauchy, A. L. (コーシー, 1789-1857)　163
Cauchy 列(Cauchy sequence)　163
合同関係(congruence relation)　57
固有空間(eigenspace)　169
固有値(eigenvalue)　169
コンパクト(compact)　162
コンパクト作用素(compact operator)　169

シ

C*環(C*-algebra)　82
σ 完備束(σ-complete lattice)　5
σ 集合体(σ-field of sets)　54
σ 準同形写像(σ-homomorphism)　58
σ 直部分束(σ-ortho-sublattice)　111
σ 凸部分集合(σ-convex subset)　121
σ-Boole 部分束(σ-Boolean sublattice)　112
σ-Baer＊半群(σ-Baer ＊-semigroup)　97
σ-Baer 半群(σ-Baer semigroup)　97
次元(dimension)
　束の元の——　30
　標準量子論理の——　129
　線形空間の——　161
　Hilbert 空間の——　167
自己共役(self-adjoint)　168
始集合(initial set)　169
実測度(real measure)　164
質問(question)　108
射影幾何(projective geometry)　46
射影元(projection)　68, 92
射影作用素(projection operator)　80
射影的(projective)　23
主イデアル(principal ideal)　6
集合体(field of sets)　52
集合束(lattice of sets)　10
集合 Boole 束(Boolean lattice of sets)　52
終集合(final set)　169
収束(converge)　163
充満な集合(full set)　120
順序を決定(determine the order)　120
　強い意味で——　120

順序集合(ordered set) 3
純粋状態(pure state) 121
準同形写像(homomorphism) 7
上界(upper bound) 3
剰余をもつ同調写像(residuated isotone mapping) 88
剰余写像(residual mapping) 88
状態(state) 117
状態を表す写像 115
上連続(upper continuous) 39
Jordan, C. (ジョルダン, 1838–1922) 28
Jordan–Dedekind の連鎖条件 (Jordan-Dedekind's chain condition) 28

ス

環(-ring) 67
正則環(-regular ring) 97
体(-field) 71
半群(-semigroup) 92
Stone, M. H. (ストーン, 1903–) 53
Stone 空間(stone space) 53
スペクトル(spectrum)
オブザーバブルの—— 107
有界線形作用素の—— 134, 170
スペクトル測度(spectral measure) 130
スペクトル積分(spectral integral) 133
スペクトル半径(spectral radius) 170
スペクトル表示(spectral representation) 135
スペクトル分解(spectral decomposition) 135

セ

正規直交系(orthonormal system) 166
正規部分群(normal subgroup) 160
正線形汎関数(positive linear functional) 157
正則開集合(regular open set) 60
正則環(regular ring) 96
正測度(positive measure) 163
正則な状態空間(regular state space) 121
正則なフレーム関数(regular frame function) 149
跡(trace) 143
積分可能(integrable) 164
絶対収束(absolutely convergent) 167
Z 完備束(*Z*-complete lattice) 19
線形空間(linear space) 160
線形集合(linear set) 44
線形部分空間(linear subspace) 161
全順序集合(totally ordered set) 3

ソ

素イデアル(prime ideal) 50
双線形汎関数(bilinear functional) 168
相対可補束(relatively complemented lattice) 12
双対(dual) 3
双対原子元(dual atom) 8
双対モジュラー対(dual-modular pair) 10
相補束(complemented lattice) 12
束(lattice) 3
測度(measure) 163
束同形(lattice-isomorph) 7
疎集合(nowhere dense set) 162
組成列(composition series) 28

タ

体(field) 160
台(support)

状態の——　118
$\boldsymbol{R}$ 上の測度の——　115, 164
第1類集合(set of the first category) 162
対称差(symmetric difference)　57
第2類集合(set of the second category) 162
高さ(height)　30
多値論理(many valued logic)　103
W *環(W *-algebra)　82
単位元(unit element)　160
単調減少系(monotone decreasing system) 38
単調増加系(monotone increasing system) 38

チ

値域(range)　112
中心(center)　17
中心元(central element)　17
中心包(central envelope)　19
稠密(dense)　162
中立元(neutral element)　17
直可補束(orthocomplemented lattice)　14
直準同形写像(ortho-homomorphism)　58
直積順序集合(direct product of ordered sets)　7
直部分束(ortho-sublattice)　64
直閉部分空間(ortho-closed subspace)　71
直補元(orthocomplement)　14
直和分解(direct sum decomposition)　19
直交(orthogonal)
直可補束の2元の——　15
Hilbert 空間の2元の——166
直交系(orthogonal system)
直可補束における——　15
Hilbert 空間における——　166

ツ

Zorn, M. A. (ツォルン)　8
Zorn の補題(Zorn's lemma)　8

テ

DAC 束(DAC-lattice)　37
Dedekind, J. W. R. (デデキント, 1831–1916)　10
Dedekind 束(Dedekind lattice)　10
点列コンパクト(sequentially compact) 163

ト

同形(isomorph)　7
同形写像(isomorphism)　7
同時観測可能(simultaneously observable) 114
同調写像(isotone mapping)　7
独立補元(independent complement)　13
凸集合(convex set)　45
トレース(trace)　143
トレースクラスの作用素(operator of trace class)　142

ナ

内積(inner product)　75
内積空間(inner product space)　75
長さ(length)　30

ニ

2値論理(two-valued logic)　101

ノ

ノルム(norm)　165

ノルム環(normed algebra) 79
ノルム空間(normed linear space) 165
ノルム＊環(normed＊-algebra) 79

ハ

Birkhoff, G. (バーコフ, 1911-) 25
配景的(perspective) 20
Hausdorff, F. (ハウスドルフ, 1868-1942) 161
Hausdorff 空間(Housdorff space) 161
Banach, S. (バナッハ, 1892-1945) 79
Banach 環 (Banach algebra) 79
Banach 空間(Banach space) 165
Banach ＊環(Banach ＊-algebra) 79
半群(semigroup) 160
汎弱位相(weak star topology) 166
汎弱閉部分空間(weak star closed subspace) 166
半順序集合(partially ordered set) 3

ヒ

非共立的(non-compatible) 104
非古典論理(non-classical logic) 103
左射影元(left projection) 92
左べき等元(left idempotent) 86
左零化集合(left annihilator) 67,86
非負値フレーム関数(non-negative valued frame function) 146
表現 Boole 空間(representation Boolean space) 54
標準量子論理(standard quantum logic) 129
Hilbert, D. (ヒルベルト, 1862-1943) 76
Hilbert 空間(Hilbert space) 76
Hilbert-Schmidt 作用素(Hilbert-Schmidt operator) 140

フ

Boole, G. (ブール, 1815-1864) 13
Boole 環(Boolean ring) 97
Boole 空間(Boolean space) 53
Boole 束(Boolean lattice) 13
von Neumann, J. (フォンノイマン, 1903-1957) 25
von Neumann 環(von Neumann algebra) 82
von Neumann 作用素(von Neumann operator) 143
複素測度(complex measure) 164
部分環(subring) 160
部分空間(subspace)
　原子元空間の―― 39
　線形空間の―― 161
部分群(subgroup) 160
部分＊環(sub＊-ring) 81
部分束(sublattice) 6
部分等長作用素(partially isometrie operator) 169
部分論理(sublogic) 112
フレーム関数(frame function) 146
分配束(distributive lattice) 9

ヘ

閉射影元(closed projection) 93
閉集合(closed set)
　φ についての―― 66
　位相空間の―― 161
閉部分空間(closed subspace) 166
閉包(closure) 161
Baer, R. (ベーア, 1902-) 69

Baer＊環(Baer ＊-ring)　69
Baer＊半群(Baer＊-semigroup)　95
Baer 半群(Baer semigroup)　88

ホ

補元(complement)　12
Borel, E. (ボレル, 1871–1956)　55
Borel 関数(Borel function)　108
Borel 集合(Borel set)　55
Borel 集合体(Borel field of sets)　55

マ

交わり(meet)　4
マトロイド束(matroid lattice)　41

ミ

右射影元(right projection)　92
右べき等元(right idempotent)　86
右零化集合(right annihilator)　67, 86

ム

結び(join)　3

モ

モジュラー束(modular lattice)　10
モジュラー対(modular pair)　10

ユ

有界線形作用素(bounded linear operator)　167
有界線形汎関数(bounded linear functional)　166
有界双線形汎関数(bounded bilinear functional)　168
有限な元(finite element)　29
有限モジュラー(finite-modular)　36
有向集合(directed set)　38

リ

Rickart, C. E(リッカート, 1913–)　70
Rickart＊環(Rickart＊-ring)　70, 94
Rickart＊半群(Rickart＊-semigroup)　92
Rickart 半群(Rickart semigroup)　86
量子論理(quantum logic)　103

ル

Lebesgue, H. (ルベーグ, 1875–1941)　164
Lebesgue 測度(Lebesgue measure)　164

レ

零化集合(annihilator)　67
劣射影的(subprojective)　23
劣配景的(subperspective)　21
連続(continuous)　39
　∧――　39
　∨――　39
連続幾何(continuous geometry)　39

ロ

論理(logic)　105

著 者 略 歴

前田　周一郎（まえだ・しゅういちろう）

1950年　大阪大学理学部数学科卒業
1960年　理学博士
　　　　広島大学教養部講師・助教授を経て
1964年　愛媛大学理学部教授

著　　　書

対称束の理論（シュプリンガー書店, 1970）
関数解析（森北出版, 1974）

束論と量子論理［POD版］

2015年8月28日　　発行

著　者　　前田　周一郎

発行者　　森北　博巳

発　行　　森北出版株式会社
〒102-0071
東京都千代田区富士見1-4-11
TEL 03-3265-8341　FAX 03-3264-8709
http://www.morikita.co.jp/

印刷・製本　　ココデ印刷株式会社
〒173-0001
東京都板橋区本町34-5

ISBN978-4-627-05399-1　　Printed in Japan